PLC应用实训教程
（西门子S7-1200）

主　编　韩志斌　赵元君

副主编　阮丽秀　崔　蕾　李丹丹　任广禄

参　编　王天翔　王振霞　孟庆月　朱明洋
杨春生　吴东民　黄　荣　倪金金
王婵娟　张胜香　梁　兴　刘建军
贾宝刚　方晓群　李勇文　杨玉杰
张家荃　毛宏航　徐天崇　李福利
乔　实

微信扫码　绑定资源
刮涂层　获取学习卡号

合肥工业大学出版社

图书在版编目(CIP)数据

PLC应用实训教程:西门子S7-1200/韩志斌,赵元君主编．--合肥:合肥工业大学出版社,2023.8(2025.1重印)

ISBN 978-7-5650-6330-5

Ⅰ.①P…　Ⅱ.①韩…　②赵…　Ⅲ.①PLC技术-教材　Ⅳ.①TM571.61

中国国家版本馆CIP数据核字(2023)第152446号

PLC应用实训教程(西门子S7-1200)

PLC YINGYONG SHIXUN JIAOCHENG(XIMENZI S7-1200)

韩志斌　赵元君　主编　　　责任编辑　郭　敬

出　版	合肥工业大学出版社	版　次	2023年8月第1版
地　址	合肥市屯溪路193号	印　次	2025年1月第2次印刷
邮　编	230009	开　本	787毫米×1092毫米　1/16
电　话	理工图书出版中心:0551-62903004	印　张	12.5
	营销与储运管理中心:0551-62903198	字　数	254千字
网　址	press.hfut.edu.cn	印　刷	安徽联众印刷有限公司
E-mail	hfutpress@163.com	发　行	全国新华书店

ISBN 978-7-5650-6330-5　　　定价:48.00元

前言 PREFACE

中国由制造大国向制造强国迈进，由传统制造向智能制造转型，将产生哪些新的职业岗位？传统的岗位将发生什么变化？这些岗位的工作任务有哪些？完成这些工作任务需要哪些知识和操作技能？职业学校一直在思考、探索。

PLC是以微处理器为核心的工业自动控制通用装置，具有控制功能强、可靠性高、使用灵活方便、易于扩展、通用性强等一系列优点，尤其是现代PLC的功能已经大大超过了编辑控制的范围，还包括运动控制、闭环过程控制、数据处理、通信网络等。它不仅可以取代组电器控制系统，还可以进行复杂的生产过程控制和应用于工厂自动化网络。西门子S7系列被广泛应用于工业自动化生产中，拥有很高的市场占有率。西门子S7-1200 PLC是新一代小型控制器。

本书从西门子S7-1200 PLC应用技术出发，融入知识目标、技能目标、职业素养目标、课程思政目标，由浅入深，循序渐进。全书共分为7个项目，项目1为初识PLC与电动机的传统控制，项目2为认识西门子S7-1200 PLC与TIA博途编程软件，项目3为西门子S7-1200 PLC基本指令及应用，项目4为西门子S7-1200 PLC工艺功能及应用，项目5为旋转供料模块控制系统，项目6为分拣模块控制系统，项目7为可编程控制器技能考核综合练习。其中项目5、项目6选取了两个实例，分别介绍了工业自动化控制中PLC与变频器的综合应用，以及PLC与步进驱动系统的综合应用，还拓展介绍了人机界面的使用。

此外，为了极大地丰富教学手段、显著提升学生的学习体验，本书还配备了极为丰富的数字资源，涵盖教学视频、教学课件及“1＋X”可编程控制器系统应用编程职业技能理论考核题库等，学生可扫码进行在线测试。

本书由天津市宝坻区职业教育与成人教育中心韩志斌、赵元君担任主编，阮丽秀、崔蕾、李丹丹、任广禄担任副主编。编写分工如下：阮丽秀、王天翔、王振霞共同编写项目1，崔蕾、孟庆月、朱明洋、黄荣共同编写项目2，李丹丹、倪金金、王婵娟、张胜香共同编写项目3，任广禄、梁兴、刘建军、贾宝刚共同编写项目4，赵元君、韩志斌、杨春生、吴东民共同编写项目5、项目6、项目7。在本书的编写和资源开发过程中，云南工贸职业技术学院徐天崇、佛山市南海信息技术学校李勇文、天津市南洋工业学校杨玉杰、天津市经济贸易学校张家荃、天津市机电工艺技师学院方晓群、天津市第一商业学校毛宏航负责本书配套资源建设并提供技术支持，亚龙智能装备集团股份有限公司的李福利、无锡信捷电气股份有限公司乔实提供支持与帮助，在此一并表示衷心的感谢！

由于编者水平有限，书中难免有不足和疏漏之处，恳请读者批评指正。

编者

2023年6月

目录 CONTENTS

二维码索引

扫一扫，练一练

【单选题】

"1+X"可编程控制器系统应用编程职业技能理论考核

扫一扫，练一练

【多选题】

"1+X"可编程控制器系统应用编程职业技能理论考核

扫一扫，练一练

【判断题】

"1+X"可编程控制器系统应用编程职业技能理论考核

项目1

初识PLC与电动机的传统控制

20世纪70年代以前，电气自动控制任务基本上是由继电器控制系统来实现的。继电器控制系统的优点是结构简单、价格低廉、抗干扰能力强，至今仍在许多简单的机械设备中大量应用。但继电器控制系统也存在灵活性差、机械性触点的工作频率低、易损坏、可靠性差等缺点。随着当前生产工艺新要求的不断提出，电气控制系统得到了飞速发展，由继电器控制系统逐步过渡到了以PLC（可编程逻辑控制器）为核心的控制系统。

【课件】
初识 PLC 与
电动机的传统控制

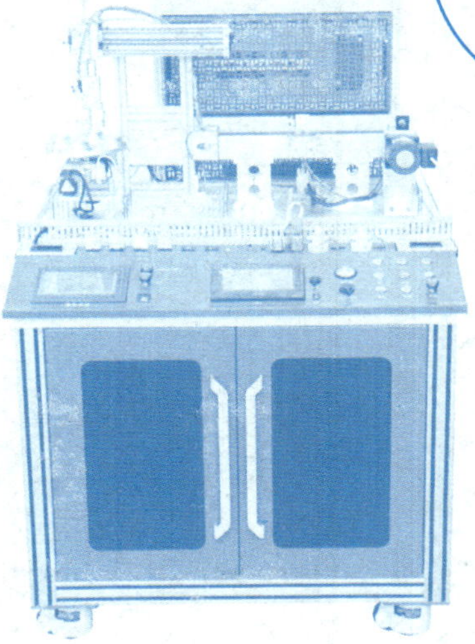

项目学习目标

知识目标：

了解电气控制技术与PLC的产生及发展；了解PLC的特点及分类；了解PLC的功能及应用；掌握各种常用低压电器的工作原理、图形符号、文字符号及使用方法；理解各常用低压电器的组成和结构特点；掌握电动机基本控制电路的原理。

技能目标：

熟练掌握各常用低压电器在电动机传统控制电路中的应用；掌握电动机传统控制电路的接线及调试。

职业素养目标：

通过本项目的学习，进一步培养学生的安全用电意识，并能从电气控制系统的发展轨迹中了解PLC在实际工程中的应用背景，了解PLC作为控制系统核心的重要性。

课程思政目标：

通过本项目的学习，使学生熟悉PLC与电动机的传统控制方法，培养学生自强不息、团队协作及勇于创新的精神，注重教育与引导学生弘扬劳动精神。

1.1 项目背景

【微课】
PLC概述

20世纪70年代以前，电气自动控制任务基本上是由继电器控制系统来实现的。之后，可编程逻辑控制器（Programmable Logic Controller，PLC）被发明出来，后又经过了飞速发展，产品的结构、种类和功能不断得到完善。特别是20世纪末期，PLC更适合现代工业控制的需要。PLC从控制规模上来说，由小型机到超大型机品种齐全；从控制能力上来说，有各种各样的特殊功能模块单元，用于压力、温度、转速、位移、数模、模数等各式各样的控制；从产品配套能力上来说，各种人机界面单元、通信单元使PLC工业配套的应用更加容易。伴随着工业以太网、现场总线的发展，PLC在机械制造、石油化工、冶金、汽车、轻工业等领域中得到了广泛的应用，在工业控制网络的各个层面上发挥着重要的作用。

1.2 电气控制技术及其应用

1.2.1 电气控制技术的基本概念

电气控制技术是以采用电动机驱动的传动装置与系统为对象，实现生产过程自动化的控制技术。

电气控制系统由各种控制电器和连接导线组成，以实现对机械设备的电气控制，是电气控制技术具体体现的主干部分，是实现工业生产自动化的重要技术手段。

1.2.2 电气控制技术的发展与应用

随着科学技术的发展和生产工艺的改进，特别是计算机技术的应用、新型控制策略的出现，电气控制技术得到了快速的发展。

电气控制技术在控制方法上，从手动控制发展到自动控制；在控制功能上，从简单控制发展到智能控制；在控制原理上，从单一的有触头硬接线继电器逻辑控制系统发展到以微处理器或微计算机为中心的网络化自动控制系统。现代电气控制技术综合应用了计算机技术、微电子技术、检测技术、自动控制技术、智能技术、通信技术、网络技术等先进的科技成果。总体来说，可将电气控制技术分为以下三个阶段。

第一阶段：从集中传动到分散传动。

20世纪初，电动机直接取代蒸汽机，开始是成组拖动，即用一台电动机通过中间机构实现能量分配与传递，拖动多台生产机械。

20 世纪 20 年代，出现了单电动机拖动，即由一台电动机拖动一台生产机械（即单独拖动）。随着生产发展及自动化程度的提高，又出现了多台电动机分别拖动各运动机构的多电动机拖动。

第二阶段：从继电器控制到 PLC 控制。

继电器-接触器控制系统至今仍是许多机械设备广泛采用的基本电气控制形式，也是学习先进电气控制系统的基础。它主要由继电器、接触器、按钮、行程开关等组成。由于其控制方式是断续的，因此称为断续控制系统。

以软件手段实现各种控制功能、以微处理器为核心的 PLC，是 20 世纪 60 年代出现并开始发展起来的一种新型工业控制装置。

第三阶段：从单台设备的 PLC 控制到整个生产线的 PLC 控制。

在自动化领域，PLC 与 CAD/CAM 工业机器人并称为加工制造业自动化的三大支柱，其应用日益广泛。自 20 世纪 70 年代以来，电气控制相继出现了直接数字控制（Direct Digital Control，DDC）系统、柔性制造系统、计算机集成制造系统（Computer Integrated Manufacturing Systems，CIMS），综合运用计算机辅助设计（Computer Aided Design，CAD）、计算机辅助制造（Computer Aided Manufacturing，CAM）、智能机器人、集散式控制系统（Distributed Control System，DCS）、现场总线控制系统等多项技术，形成了从产品设计与制造到生产管理的智能化生产的完整体系。

1.3 PLC 及其应用

1.3.1 PLC 的产生及发展

【微课】

PLC 及其应用

在传统的工业生产过程中存在着大量的开关量顺序控制（如按照逻辑条件进行顺序动作，并按照逻辑关系进行联锁保护动作的控制）和大量离散量的数据采集。这些功能是通过继电接触器控制系统来实现的。20 世纪 60 年代，汽车生产流水线的自动控制系统就是继电接触器控制的典型代表。当时汽车的每一次改型都直接导致了继电接触器控制装置的重新设计和安装。随着生产的发展，汽车型号更新的周期愈来愈短。这样，继电接触器控制装置就经常需要重新设计和安装，十分费时、费工、费料。为了改变这一现状，通用汽车公司公开招标，要求用新的控制装置取代继电接触器控制装置，并提出了十项招标指标：①编程方便，现场可修改程序；②维修方便，采用模块化结构；③可靠性高于继电接触器控制装置；④体积小于继电接触器控制装置；⑤数据可直接导入管理计算机；⑥成本相较于继电接触器控制装置有竞争力；⑦输入可以是交流 115 V；⑧输出为交流 115 V、2 A 以上，能直接驱动电磁阀、接触器等；⑨在扩展时，原系统只要很小变更；⑩用户程序存储器容量至少能扩展到 4 kB。

1969 年，美国数字设备公司（Digital Equipment Corporation，DEC）研制出第一台 PLC，并在通用汽车自动装配线上试用成功。它基于集成电路和电子技术，首次采用程序化的手段应用于电气控制。这种新型的工业控制装置以其简单易懂、操作方便、可靠性高、通用灵活、体积小、使用寿命长等一系列优点，在美国其他工业领域很快得到了推广应用。到 1971 年，这种新型的工业控制装置已经成功地应用于食品、冶金、造纸等领域。

早期（20 世纪 60 年代末至 70 年代中期）的 PLC 应该被看作继电接触器控制装置的替代物，其主要功能只是执行原先用继电接触器控制装置完成的顺序控制、定时控制步骤等。它在硬件上以准计算机的形式出现，在 I/O 接口电路上了做了改进，以适应工业控制现场的要求。装置中的元器件主要采用分立元件和中小规模集成电路，存储器采用磁芯存储器。另外，早期的 PLC 还采取了一些措施以提高其抗干扰的能力。例如，在软件编程上，早期的 PLC 采用了继电接触器控制线路的方式——梯形图。

中期（20 世纪 70 年代中期至 80 年代中后期）的 PLC 由于微处理器的出现而发生了巨大的变化。美国、日本、德国等一些厂家先后开始采用微处理器作为 PLC 的中央处理器（Central Processing Unit，CPU），使 PLC 的功能大大增强。在软件方面，除了保持其原有的逻辑运算、计时、计数等功能以外，还增加了算术运算、数据处理和传送、通信、自诊断等功能。在硬件方面，除了保持其原有的开关量模块以外，还增加了模拟量模块、远程 I/O 模块及各种特殊功能模块，并扩大了存储器的容量，使各种逻辑线圈的数量有所增加，还提供了一定数量的数据寄存器，使 PLC 的应用范围得以扩大。

近期（20 世纪 80 年代中后期至今）的 PLC 由于超大规模集成电路技术的迅速发展，微处理器的市场价格大幅度下跌，各种类型的 PLC 所采用的微处理器的档次普遍提高。而且，为了进一步提高 PLC 的处理速度，各制造厂商还纷纷研制开发了专用逻辑处理芯片，使得 PLC 的软件和硬件功能发生了巨大变化。

1.3.2 PLC 的定义

国际电工委员会（International Electrotechnical Commission，IEC）于 1982 年 11 月（第一版）和 1985 年（修订版）对 PLC 作了定义，其中修订版的定义：PC（即 PLC）是一种数字运算操作的电子系统，专为在工业环境下应用而设计。它采用可编程序的存储器，用来在其内部存储执行逻辑运算、顺序控制、定时、计数和算术运算等操作指令，并通过数字式或模拟式的输入与输出，控制各种类型的机械或生产过程。可编程序控制器及其有关外部设备，都按易于与工业控制系统连成一个整体、易于扩充其功能的原则设计。

1.3.3 PLC 的特点

PLC 的产生基于工业控制的需要，是面向工业控制领域的专用设备。它具有以下 7 个主要特点。

1. 可靠性高，抗干扰能力强

用程序来实现的逻辑顺序和时序，能最大限度地取代传统继电器系统中的硬件线路，大大减少机械触点和接线的数量，在可靠性上优于继电器系统。

在抗干扰性能方面，PLC 在结构设计、内部电路设计、系统程序执行等方面都进行了充分的考虑。例如，对主要器件和部件用导磁性良好的材料进行屏蔽，对供电系统和输入电路采用多种形式的滤波，在 I/O 回路与微处理器电路之间用光电耦合器隔离，系统软件具有故障检测、信息保护和恢复、循环扫描时间的超时警戒等功能。

2. 灵活性强，具有良好的柔性

当生产工艺和流程进行局部的调整和改动时，通常只需要对 PLC 的程序进行改动或者配合外围电路的局部调整即可实现对控制系统的改造。

3. 编程简单，使用方便

梯形图是 PLC 最重要也是最常用的一种编程语言，其图形符号和表达方式与继电器电路原理图相似，电气技术人员和技术工人可以很快掌握梯形图语言，并用来编制用户程序。

4. 易于实现，开发工作量少，周期短

由于 PLC 具有系列化、模块化、标准化的特性，以及良好的扩展性和联网性能，在大多数情况下，PLC 都是一个较好的选择。它不仅能够完成多数情况下的控制要求，还能够大量节省系统设计、安装、调试的时间和减少工作量。

5. 维修方便

PLC 有完善的故障诊断功能，可以根据装置上的发光二极管（Light Emitting Diode，LED）和软件提供的故障信息，方便地查明故障源。由于 PLC 的体积小，且有些采用了模块化结构，因此可以通过更换整机或模块的方式迅速排除故障。

6. 体积小，能耗低

由软件实现的逻辑控制，可大量节省继电器和定时器。一台小型的 PLC 相当于几个继电器的体积，控制系统所消耗的能量也大大降低。

7. 功能强，性价比高

用户程序逻辑控制所需要的继电器、中间继电器、定时器、计数器等功能元件，都由存储单元来替代，其数量非常庞大。而一台小型的PLC所具备的元件（软元件）数量就有成百上千个，相当于过去一个大规模甚至超大规模的继电器控制系统。同时，PLC所提供的软元件的触点（如软继电器）可以被无限次使用，方便实现复杂的控制功能。另外，PLC的联网通信功能有利于实现分散控制、远程控制、集中管理等功能，与同等规模或成本的继电器控制系统相比，其具有无可比拟的优势。

1.3.4 PLC的分类

PLC产品种类繁多，其规格和性能也不尽相同。人们通常根据PLC的I/O点数的多少、结构形式的不同和功能差异等对PLC进行大致分类。

1. 按I/O点数分类

根据PLC的I/O点数的多少，可将PLC分为小型PLC、中型PLC和大型PLC。

（1）小型PLC：I/O点数在256之内，具有单CPU及8位或16位处理器，用户存储器容量为4 kB以下，适合于单机控制或小型系统的控制。

例如，西门子S7-200 PLC、西门子S7-1200 PLC，如图1-1和图1-2所示。西门子S7-200 PLC基本配置：处理速度为0.8～1.2 ms/千字，存储器容量为2 kB，数字量为248点，模拟量为35路。

（2）中型PLC：I/O点数在256～2048，可对设备进行直接控制，还可以对多个下一级的可编程控制器进行监控，适合中型或大型控制系统。中型PLC具有双CPU，用户存储器容量为2～8 kB。

例如，西门子S7-300 PLC，如图1-3所示。西门子S7-300 PLC基本配置：处理速度为0.8～1.2 ms/千字，存储器容量为2 kB，数字量为1024点，模拟量为128路，网络为PROFIBUS。

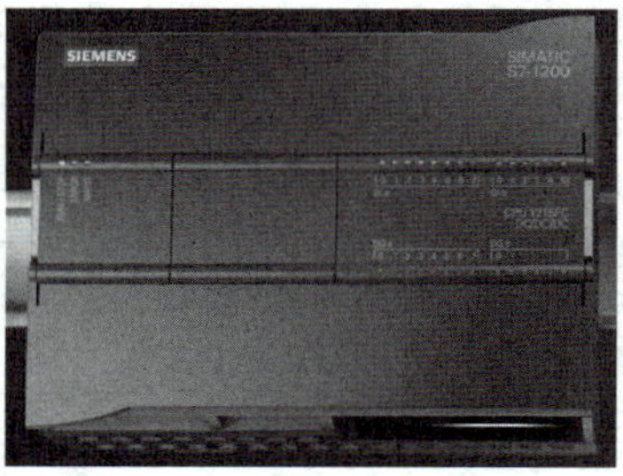

图1-1 西门子S7-200系列PLC

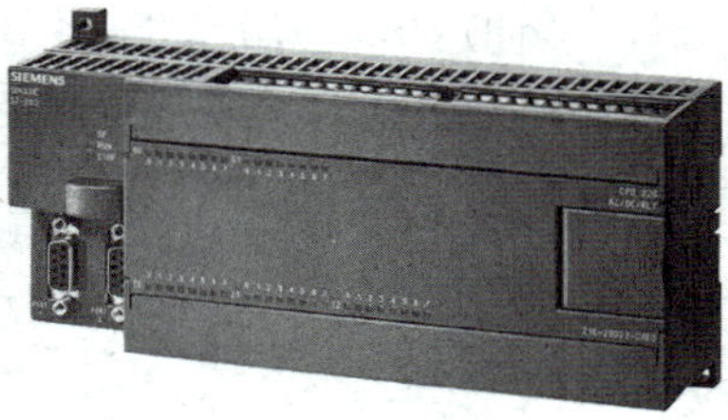

图1-2 西门子S7-1200系列PLC

（3）大型PLC：I/O点数一般大于2048点，具有多CPU及16位或32位处理器，不仅能完成较复杂的算术运算，还能进行复杂的矩阵运算。它不仅可以对设备进行直接控制，还可以对多个下一级的可编程控制器进行监控。

例如，西门子 S7-400 PLC，如图 1-4 所示。西门子 S7-400 PLC 基本配置：处理速度为 0.3 ms/千字，存储器容量为 512 kB，I/O 点数为 12672 点。

图 1-3　西门子 S7-300 系列 PLC

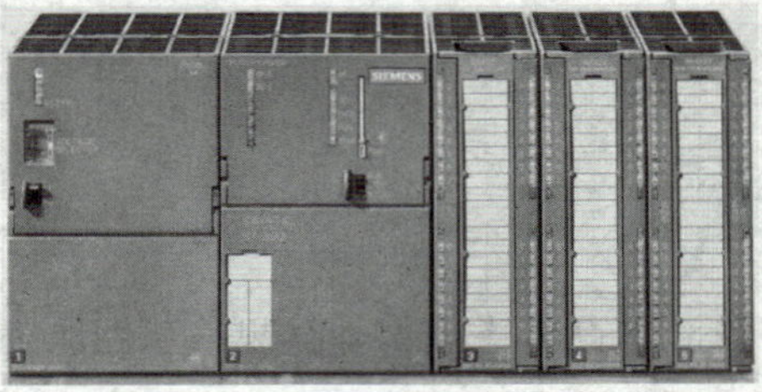
图 1-4　西门子 S7-400 系列 PLC

2. 按结构形式分类

根据 PLC 的结构形式，可将 PLC 分为整体式 PLC 和模块式 PLC 两类。

（1）整体式 PLC：将电源、CPU、I/O 接口等部件都集中装在一个机箱内，具有结构紧凑、体积小、价格低的特点。整体式 PLC 由不同 I/O 点数的基本单元（又称主机）和扩展单元组成。基本单元内有 CPU、I/O 接口、与 I/O 扩展单元相连的扩展口以及与编程器或 EPROM 写入器相连的接口等；扩展单元内只有 I/O 接口和电源等，而没有 CPU。基本单元和扩展单元之间一般用扁平电缆连接。整体式 PLC 一般还可配备特殊功能单元，如模拟量单元、位置控制单元等。一体化结构的 PLC 追求功能完善、性能提高、体积越来越小。小型 PLC 一般采用整体式结构，如西门子 S7-200 PLC、西门子 S7-1200 PLC。

（2）模块式 PLC：将 PLC 的各组成部分分别做成若干个单独的模块，如 CPU 模块、I/O 模块、电源模块（有的位于 CPU 模块中）以及各种功能模块。模块式 PLC 由框架或基板和各种模块组成，模块装在框架或基板的插座上，利用单一功能的各种模块拼装成一台完整的 PLC。用户在设计自己的 PLC 控制系统时拥有极大的灵活性，并使设备的性价比达到最优，模块式结构也有利于系统的维护、换代和升级，并使系统的扩展能力大大加强。中型 PLC 和大型 PLC 一般采用模块式结构，如西门子 S7-300 PLC、西门子 S7-400 PLC。

3. 按功能分类

根据 PLC 的功能的不同，可将 PLC 分为低档 PLC、中档 PLC 和高档 PLC。

（1）低档 PLC：具有逻辑运算、定时、计数、移位、自诊断以及监控等基本功能，还具有少量模拟量输入/输出、算术运算、数据传送和比较及通信等功能，主要用于逻辑控制、顺序控制或少量模拟量控制的单机控制系统，如西门子 S7-200 PLC。

（2）中档 PLC：除具有低档 PLC 的功能外，还具有较多的模拟量输入/输出、算术运算、数据传送和比较、数制转换、远程 I/O、子程序及通信联网等功能，有些还可增设中断控制、PID 控制等功能，适用于复杂的控制系统，如西门子 S7-300 PLC。

（3）高档 PLC：除具有中档 PLC 的功能外，还增加了带符号算术运算、矩阵运算、位逻辑运算、平方根运算及其他特殊功能函数的运算，制表及表格传送功能等。高档 PLC 具有更强的通信联网功能，可用于大规模过程控制或构成分布式网络控制系统，进而实现工厂自动化，如西门子 S7-400 PLC、西门子 S7-1500 PLC。

1.3.5　PLC 的性能指标

各厂家的 PLC 虽然各有特色，但其主要性能指标是相同的。

（1）输入/输出（I/O）点数。输入/输出点数是指 PLC 能够连接外部输入、输出的端口数，常称为点数，用输入与输出点数的和表示。点数越多表示 PLC 可接入的输入器件和输出器件越多，控制规模越大。点数是 PLC 选型时极为重要的指标之一。

（2）扫描速度。扫描速度是指 PLC 执行程序的速度。以 ms/k 为单位，即执行 1000 步指令所需的时间，1 步占 1 个地址单元。

（3）存储容量。存储容量通常用 MB 或 kB 来表示。存储容量包括 RAM 和 ROM 两种存储类型。

（4）指令系统。指令系统表示该 PLC 软件功能的强弱。指令越多，编程功能就越强。在完成相同功能的情况下，指令越多，用户程序实现起来就越简单方便。

（5）内部寄存器。PLC 内部有许多寄存器用来存放变量、中间结果、数据等，还有许多辅助寄存器可供用户使用。因此，寄存器的配置也是衡量 PLC 功能的一项重要指标。

（6）扩展能力。扩展能力是反映 PLC 性能的重要指标之一。PLC 除了主控模块外，还可配置实现各种特殊功能的功能模块，如 A/D 模块、D/A 模块、高速计数模块和远程通信模块等。

1.3.6　PLC 的应用

目前，PLC 在国内外已被广泛应用于石油化工、电力、机械加工、建筑建材、纺织、交通运输、环保以及文化娱乐等领域。随着 PLC 性价比的不断提高，其应用范围还将不断扩大，从技术的角度来讲其具体应用大致可归纳为如下几类。

1. 顺序控制

顺序控制是 PLC 最基本、最广泛的应用领域。PLC 能用于单机控制、多机群控制和自动化生产线控制，如数控机床、注塑机、印刷机械、电梯和纺织机械控制等。

2. 计数和定时控制

PLC 为用户提供了足够的定时器和计数器，并设置了相关的定时和计数指令。PLC 的计数器和定时器精度高、使用方便，可以取代继电器系统中的时间继电器和计数器。

3. 位置控制

目前大多数的 PLC 制造商都提供拖动步进电动机或伺服电动机的单轴或多轴位置控制模块。这一功能可广泛应用于各种机械，如金属切削机床和装配机械等。

4. 模拟量处理

PLC 通过模拟量的输入/输出模块，实现模拟量与数字量的转换，并对模拟量进行控制。有的还具有 PID 控制功能，如用于锅炉的水位、压力和温度控制。

5. 数据处理

PLC 具有数学运算、数据传递、转换、排序和查表等功能，也能完成数据的采集、处理和分析工作。

6. 通信联网

PLC 的通信包括 PLC 之间、PLC 与上位计算机之间以及 PLC 与其他智能设备之间的通信。PLC 系统与通用计算机可以直接相连，或通过通信处理单元、通信转接器相连，构成通信网络，以实现信息交互，并可构成“集中管理、分散控制”的分布式控制系统，满足工厂自动化系统的需求。

【课件】
S7 通信应用实例

【课件】
自由口通信应用实例

1.3.7 PLC 的发展

随着技术的进步和市场的需求，PLC 总的趋势是向高速度、高性能、高集成度、小体积、大容量、信息化、标准化，以及与现场总线技术紧密结合等方向发展，主要体现在以下 6 个方面。

1. PLC 通信的网络化和无线化

在信息时代的今天，几乎所有 PLC 制造商都注意到了加强 PLC 联网通信的信息处理能力。小型 PLC 设置通信接口，大型、中型 PLC 设置专门的通信模块。随着计算机网络技术的飞速发展，PLC 的联网通信功能使其与个人计算机（Personal Computer，PC）和其他智能控制设备很方便地交换信息，实现分散控制和集中管理。也就是说，用户需要 PLC 与 PC 更好地融合，通过 PLC 在软件技术上协助改善被控过程的生产性能。因此，在 PLC 这一级就可以加强信息处理能力。

小型 PLC 之间通信“傻瓜化”。为了尽量减少 PLC 用户在通信编程方面的工作量，PLC 制造商做了大量工作，即使设备之间的通信周期性地自动进行，不需要用户为通信编程，用户的工作只是在组成系统时做一些硬件或软件上的初始化设置。例如，欧姆龙公司的两台 CPMIA 之间一对一连接通信，只需用 3 根导线将它们的 RS－232C 通信接口连在一起后，将通信有关的参数写入 5 个指定的数据存储器中，即可方便地实现两台 PLC 之间的通信。

目前的计算机集散控制系统（Distributed Control System，DCS）中已有大量的 PLC 应用。伴随着计算机网络的发展，PLC 作为自动化控制网络和国际通用网络的重要组成部分，将在工业及工业以外的众多领域发挥越来越大的作用。为了加强联网通信能力，PLC 生产厂家之间也在协商制定通用的通信标准，以构成更大的网络系统。PLC 已成为集散控制系统不可缺少的组成部分。

随着多种控制设备对协同工作的迫切需求，人们对 PLC 的以太网（Ethernet）扩展功能以及进步兼容 Web 技术提出了更高的要求。通过集成 Web Server，用户无须亲临现场即可通过互联网（Internet）浏览器随时查看 CPU 状态；过程变量以图形化方式进行显示，简化了信息的采集操作步骤。以太网接口已成标配，工业网络已经不再是初期的奢侈品，而是现代工业控制系统的基础，这标志着以 PLC 为代表的控制系统正在从基于控制的网络发展成为基于网络的控制。

21 世纪正处于“铜退光进”“铜退无线进”的网络通信时代，新一代 PLC 硬件的革命号角也已经吹响，输入/输出部分可以与 PLC 分离，直接留在现场底层，通过光纤或无线以一种新标准的工业信号与 PLC 连接，使 PLC 回归它的“可编程序逻辑过程控制”本质功能。未来，PLC 还可以与智能手机互联，甚至配置 Wi－Fi，更会带来工业现场的无线化革命。

2. 开放性和编程软件标准化、平台化

早期 PLC 的缺点之一是它的软件和硬件体系结构是封闭的而不是开放的，如专用总线、通信网络及协议、I/O 模块互不通用，甚至连机架、电源模块亦各不相同，编程语言之一的梯形图名称虽一致，但其组态、寻址、语言结构均不一致。因此，几乎各个公司的 PLC 均互不兼容。现在市面上的 PLC 采用了各种工业标准（如 IEC 61131－3，IEEE 802.3 以太网、TCP/IP、UDP/IP 等），以及各种事实上的工业标准（如 Windows NT、OPC 等）。PIC 的国际标准 IEC 61131－3 为 PLC 从硬件设计、编程语言、通信联网等各方面都制定了详细的规范。近几年，众多 PLC 厂商都开发了自己的模块型 I/O 或端子型 I/O，使通信总线都符合 IEC 61131－3 标准，从而使

PLC迅速向开放式系统发展。

高度分散控制是一种全新的工业控制结构，不但控制功能分散化，而且网络也分散化。所谓高度分散化控制，是指控制算法常驻在该控制功能的节点上，而不是常驻在PLC或PC上。挂在网络节点上的设备，均处于同等的位置，将“智能”扩展到控制系统的各个环节，从传感器、变送器到I/O模块，乃至执行器，无处不采用微处理芯片，因而产生了智能分散系统（Smart Distributed System，SDS）。随着软件价值在自动化系统中的提升，未来真正的自动化、平台化软件指日可待。

3. 体积小型化、模块化、集成化

PLC小型化的好处是节省空间、降低成本、安装灵活。目前，一些大型PLC的外形尺寸比它们前一代的同类产品的安装空间要小50%左右。同时，用户对功能的要求越来越高，这意味着产品的集成度更高。下一代PLC需要集成更多的操作和维护功能，如内置CPU显示屏、集成DIN导轨、屏蔽夹等。

近几年，很多PLC厂商推出了超小型PLC，用于实现单机自动化或组成分布式控制系统。西门子公司的超小型PLC称为通用逻辑模块，它采用整体式结构，集成了控制功能、实时时钟和操作显示单元，可用面板上的小型液晶显示屏和6个键来编程。PLC的模块化能带来灵活的扩展性，延伸了PLC的应用范围。一般要求模块间的连接抗震性能佳、可靠牢固、端口插拔方便、接线操作简单。

4. 运算高速化，性能更可靠

运算高速化是PLC技术发展的重要特点。在硬件上，PLC的CPU模块采用32位的RISC芯片，这使PLC的运算速度大幅度提高，一条基本指令的运算时间仅为数十纳秒。PLC的CPU模块通过系统总线与装在基板上的各种I/O模块、特殊功能模块、通信模块等交换数据。基板上装的模块越多，PLC的CPU与模块之间数据交换的时间就会越长，这在一定程度上会使PLC的扫描时间延长。为此不少PLC厂商采用新技术，增加PLC系统的带宽，使一次传送的数据量增多。系统总线数据存取方式采用连续成组传送技术实现连续数据的高速批量传送，大大缩短了存取每个字节所需的时间；通过与系统总线相连接的模块实现全局传送，即针对多个模块同时传送同一数据的技术，有效地利用了系统总线。

当前PLC已经具有较强的抗干扰能力和较高的可靠性，但随着PLC控制系统的应用领域越来越广泛，使用环境越来越复杂，系统经受的干扰也会随之增多。用户对下一代PLC的抗干扰能力和可靠性提出了更高的要求：应该具备更强的故障检测和处理能力。统计表明，在所有系统故障中CPU和I/O接口故障仅占20%，其余都为外部故障。其中，传感器故障占45%，执行器故障占30%，接线故障占5%。依靠PLC本身的硬件和软件就能实现对CPU和I/O接口故障的自检测和处理。因此，需进一步研发检测外部故障的专用智能模块，以提高控制系统的抗干扰能力和可靠性。

5. 向超大型、超小型两个方向发展

今后 PLC 会向超大型和超小型两个方向发展。现有 I/O 点数达 14336 点的超大型 PLC，其使用 32 位微处理器和大容量存储器，多 CPU 并行工作，功能强大。在不久的将来，超大型 PLC 会全部使用 64 位 RISC 芯片。

小型 PLC 整体结构向小型模块化结构发展，配置更加灵活。目前市面上已出现了各种简易、经济的超小型和微型 PLC，最小配置的 I/O 点数为 8～16 点，以满足单机及小型自动控制的需求。根据统计结果，超小型和微型 PLC 所占市场份额保持在 70%左右，所以未来市场对超小型和微型 PLC 的需求量很大。

6. 软 PLC 的发展

软 PLC 是指在 PC 平台上，在 Windows 操作环境中，用软件来实现 PLC 的功能。也就是说，软 PLC 是一种基于 PC 开发结构的控制系统，具有硬 PLC 的功能、高可靠性、快速故障查找等方面的特点，利用软件技术可以将标准的工业 PC 转换为全功能的 PLC 过程控制器。软 PLC 综合了计算机和 PLC 的开关量控制、模拟量控制、数学运算、数值处理、网络通信等功能，通过一个多任务控制内核，提供强大的指令集、快速而准确的扫描周期、可靠的操作及可连接各种 I/O 系统和网络的开放式结构。许多智能化的 I/O 模块本身带有 CPU，其占用主 CPU 的时间很少，减小了对 PLC 扫描速度的影响，具有很强的信息处理能力和控制能力。配置远程 I/O 和智能 I/O 后，软 PLC 能完成复杂的分布式控制任务。基于“PC＋现场总线＋分布式 I/O”的控制系统简化了复杂控制系统的体系结构，提高了通信效率和速度，降低了投资成本。

随着市场需求的提出和技术的发展，嵌入式软 PLC 技术也应运而生。这是一项软 PLC 技术的重大突破。嵌入式软 PLC 技术是软 PLC 技术与嵌入式系统相结合的产物。嵌入式软 PLC 技术在提高生产监控环节的监控能力方面有着无可比拟的优势，被广泛应用于工业控制环节，且具有不可替代的作用。这项技术能够跨平台运行，具有执行速度快等优势，影响并且改变着世界工业的发展方向。

1.4　电气安装模块中常用的低压电器

【课件】

电气安装模块中常用的低压电器

【微课】

电气安装模块中常用的低压电器

实验台中电气安装模块主要由低压断路器、接触器、热继电器等低压电器组成，如图 1-5 所示。

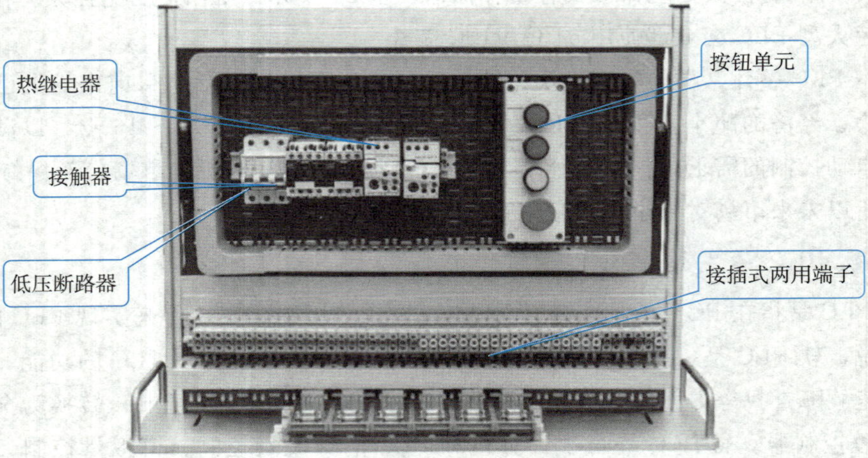

图 1-5　电气安装模块的组成

1.4.1　低压断路器

断路器是一种切断电流的设备，相当于水龙头。水龙头控制的是水流，而断路器控制的是电流。当电路中出现短路故障时，断路器立即断开电路，保护负载的安全，主要用于保护电路中出现的短路电流。

断路器按其使用范围可以分为高压断路器和低压断路器。

低压断路器又称为自动开关，它是一种既有手动开关作用，又能自动进行失压、欠压、过载和短路保护的电器。其外观、图形符号及文字符号如图 1-6 所示。它可用

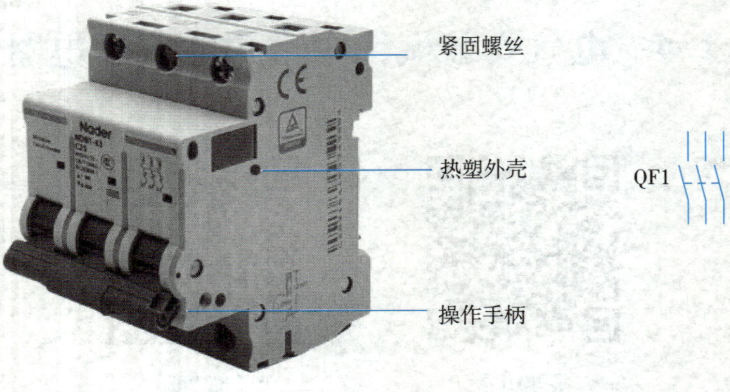

图 1-6　低压断路器外观、图形符号及文字符号

来分配电能，不频繁地启动异步电动机，对电源线路及电动机等实行保护。当发生严重的过载或者短路及欠压等故障时能自动切断电路，其功能相当于熔断器式开关与过电流继电器、欠电压继电器、热继电器等的组合。而且在分断故障电流后，低压断路器一般不需要变更零部件。

1.4.2 按钮

按钮是一种结构简单且使用广泛的手动电器，在控制电路中用于手动发出控制信号以控制接触器、继电器等。其外形如图1-7所示。

图1-7 按钮外形图

按钮主要由按钮帽、复位弹簧、触点和外壳等部分组成。按用途和结构的不同，按钮可分为启动按钮、停止按钮和复位按钮等。

启动按钮带有常开触头。按下按钮帽，常开触头闭合；松开按钮帽，常开触头复位。启动按钮的按钮帽颜色一般为绿色。

停止按钮带有常闭触头。按下按钮帽，常闭触头断开；松开按钮帽，常闭触头复位。停止按钮的按钮帽颜色一般为红色。复位按钮带有常开触头和常闭触头，按下按钮帽，先断开常闭触头再闭合常开触头；松开按钮帽，常开触头和常闭触头先后复位。按钮内部结构示意图及符号如图1-8所示。

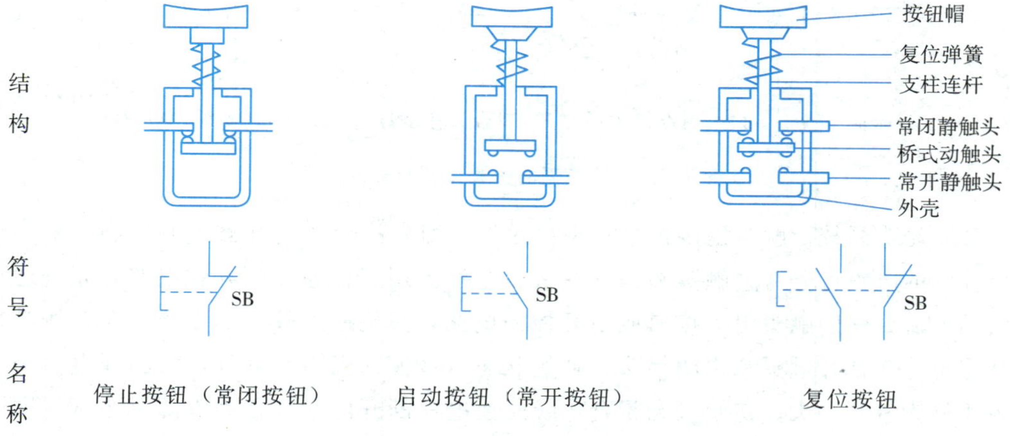

图1-8 按钮内部结构示意图及符号

1.4.3 接触器

接触器是一种用于频繁地接通和断开交流、直流主电路及大容量控制电路的自动切换电器，在电力拖动控制系统中被大量使用，其外观结构如图 1－9 所示。在功能上，接触器除能自动切换外，还具有一般手动开关所不能实现的远距离操作功能和欠（零）电压保护功能。在 PLC 控制系统中，接触器常作为输出执行元件，用于控制电动机、电热设备、电焊机、电容器组等负载。

图 1－9　接触器外观结构

1. 接触器的内部结构与工作原理

接触器的内部结构主要有电磁系统、触头系统和灭弧装置。

（1）电磁系统。电磁系统包括动铁心、静铁心和电磁线圈 3 部分，其作用是将电磁能转换成机械能。接触器的图形符号和文字符号如图 1－10 所示。

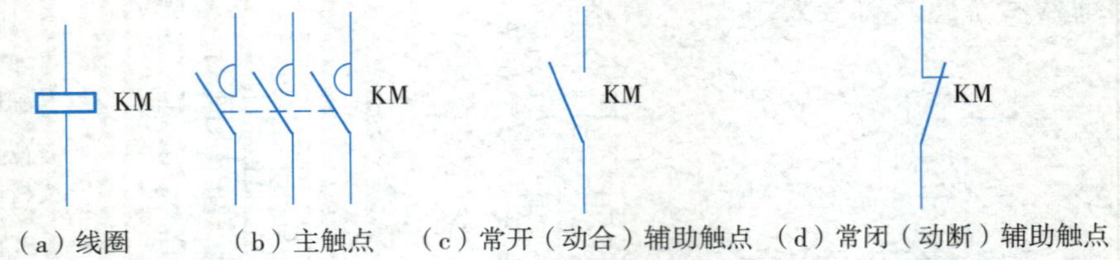

图 1－10　接触器的图形符号和文字符号

（2）触头系统。触头是接触器的执行元件，用来接通或断开被控制电路。触头按照所控制的电路可分为主触头和辅助触头。主触头用于接通或断开主电路，允许通过较大的电流；辅助触头用于接通或断开控制电路，只能通过较小的电流。触头按其初始状态可分为常开触头和常闭触头；初始状态（线圈未通电）断开，线圈通电后闭合的触头称为常开触头；初始状态闭合，线圈通电后断开的触头称为常闭触头（线圈断电后所有触头复原）。

（3）灭弧装置。触头在由闭合状态过渡到断开状态的过程中将产生电弧，这是气体自持放电形式之一。电弧的外部有白炽弧光，内部有很高的温度和密度很大的电流。电弧的出现延长了切断的时间，且电弧的高温会烧坏附近的电气绝缘材料，并腐蚀触头。为保证电路和电气元件工作安全可靠，必须采取有效的措施进行灭弧。要想使电弧熄灭，应设法降低电弧的温度和电场强度。常用的灭弧装置有电动力灭弧装置、灭弧栅和磁吹灭弧装置。

接触器的工作原理：当接触器的电磁线圈通电后，线圈电流产生磁场，使静铁心产生电磁吸力吸引衔铁，并带动触头动作，即常闭触头断开，常开触头闭合，两者是联动的。当线圈断电时，电磁吸力消失，衔铁在释放弹簧的作用下释放，使触头复原，即常开触头断开，常闭触头闭合。

2. 接触器的分类

接触器按其主触头所控制主电路电流的种类分为交流接触器和直流接触器两种。

（1）交流接触器。对交流接触器的电磁线圈通以交流电，主触头接通，切断交流主电路。当交变磁通穿过铁心时，将产生涡流和磁滞损耗，使铁心发热。为减少铁损，铁心用硅钢片冲压而成。为便于散热，将电磁线圈做成短而粗的圆筒状并绕在骨架上。交流电源频率的变化使衔铁产生强烈振动和噪声，甚至使铁心松散。因此，交流接触器的铁心端面上都安装了铜质的短路环。

（2）直流接触器。对直流接触器的电磁线圈通以直流电，主触头接通，切断直流主电路。对直流接触器的电磁线圈通以直流电，铁心中不会产生涡流和磁滞损耗，所以不会发热。为便于加工，铁心用整个钢块制成。为使电磁线圈散热良好，通常将线圈绕制成长而薄的圆筒状。直流接触器灭弧较困难，一般采用灭弧能力较强的磁吹灭弧装置。

从以上内容可以看出交流接触器和直流接触器是有区别的。因此，在使用的时候一定要根据电路的特点合理选用接触器。一般情况下，主要考虑电磁线圈是交流还是直流的，在市面上有电磁线圈是直流而触点可以通交流的接触器，在使用 PLC 控制电动机的运行中，绝大多数情况下都采用这种类型的接触器。

3. 接触器的选用

（1）接触器的额定电压是指主触头的额定电压，应等于负载的额定电压。通常交流接触器电压等级有 380 V、660 V、1140 V 等，直流接触器电压等级有 220 V、440 V、660 V 等。

（2）接触器的额定电流是指主触头的额定电流，应等于或稍大于负载的额定电流（按接触器设计时规定的使用类别来确定）。

（3）磁线线圈的额定电压等于控制回路的电源电压。通常交流电磁线圈电压等级有 36 V、127 V、220 V、380 V 等，直流电磁线圈电压等级有 24 V、48 V、110 V、220 V 等。使用时，一般交流负载用交流接触器，直流负载用直流接触器，但对于频繁动作的交流负载，可选用带直流电磁线圈的交流接触器。

（4）接触器的触头数目应能满足控制线路的要求。各种类型的接触器触头数目不同。接触器的主触头有 3 对（常开触头），辅助触头有若干对（最常见的有 2 对常开、2 对常闭）。

（5）接触器的额定操作频率是指每小时接通的次数。通常交流接触器的额定操作频率为 600 次/h，直流接触器的额定操作频率为 1200 次/h。

1.4.4 热继电器

热继电器是用于电动机或其他电气设备、电气线路的过载保护电器。流入热元件的电流产生热量，使有不同膨胀系数的双金属片发生形变，当形变达到一定程度时，就推动连杆动作，使控制电路断开，从而使接触器失电，主电路断开，实现电动机的过载保护。继电器作为电动机的过载保护元件，以其体积小、结构简单、成本低等优点在生产中得到了广泛应用。其外观、文字符号及图形符号如图 1-11 所示。

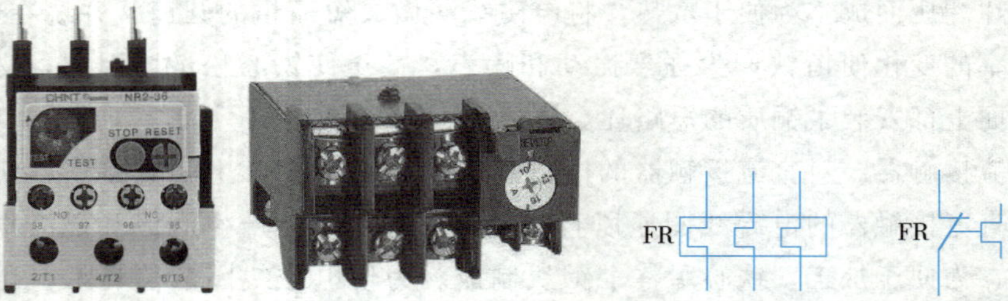

（a）热继电器外观1　（b）热继电器外观2　（c）加热元件　（d）热继电器触头

图 1-11　热继电器外观、文字符号及图形符号

1. 热继电器的主要技术参数

额定电压：热继电器能够正常工作的最高电压值，交流为 220 V、380 V、600 V。

额定电流：主要是指通过热继电器的电流。

额定频率：一般而言，其额定频率按照 45～62 Hz 设计。

整定电流范围：由本身的特性来决定。它描述的是在一定的电流条件下，热继电器的动作时间和电流的平方成正比。

热继电器的作用：主要用来对异步电动机进行过载保护，它的工作原理是过载电流通过热元件后，使双金属片加热弯曲，推动动作机构带动触点动作，从而将电动机控制电路断开，实现电动机断电停车，起到过载保护的作用。鉴于双金属片受热弯曲过程中，热量的传递需要较长的时间，因此热继电器不能用作短路保护，而只能用作过载保护。

2. 热继电器的选用

当热继电器用于保护长期工作制或间断长期工作制的电动机时，一般按电动机的额定电流来选用热继电器。例如，热继电器的整定值可等于 0.95～1.05 倍的电动机的额定电流，或者取热继电器整定电流的中值作为电动机的额定电流，然后进行调整。

3. 热继电器的工作原理

电动机在实际运行中，如拖动生产机械进行工作的过程中，若机械出现不正常的情况或电路异常使电动机过载，则电动机转速下降、绕组中的电流增大，从而使电动机的绕组温度升高。若过载电流不大且过载的时间较短，电动机绕组不超过允许温升，这种过载是允许的。但若过载时间长，过载电流大，电动机绕组的温升就会超过允许值，这样会使电动机绕组老化，缩短电动机的使用寿命，严重时甚至会使电动机绕组烧毁。所以，这种过载是电动机不能承受的。热继电器就是利用电流的热效应原理，在出现电动机不能承受的过载时切断电动机电路，为电动机提供过载保护的保护电器。

使用热继电器对电动机进行过载保护时，将热元件与电动机的定子绕组串联，将热继电器的常闭触头串联在交流接触器的电磁线圈的控制电路中，并调节整定电流调节旋钮，使人字形拨杆与推杆之间留有适当的距离。当电动机正常工作时，通过热元件的电流即电动机的额定电流，热元件发热，双金属片受热后弯曲，使推杆刚好与人字形拨杆接触，而又不能推动人字形拨杆。常闭触头处于闭合状态，交流接触器保持吸合，电动机正常运行。

若电动机出现过载情况，绕组中电流增大，通过热继电器元件中的电流增大，使双金属片温度升得更高，弯曲程度加大，推动人字形拨杆，人字形拨杆推动常闭触头，使触头断开，从而断开交流接触器线圈电路，使接触器释放、切断电动机的电源，电动机停转而得到保护。

热继电器其他部分的作用如下：人字形拨杆的左臂也用双金属片制成，当环境温度发生变化时，主电路中的双金属片会产生一定的变形弯曲，这时人字形拨杆的左臂也会发生同方向的变形弯曲，从而使人字形拨杆与推杆之间的距离基本保持不变，保证热继电器动作的准确性。这种作用称为温度补偿作用。

1.5　点动与连续控制电路

三相异步电动机点动运行控制电路（图 1 - 12）可分为主电路和控制电路两大部分。主电路是从电源 L1、L2、L3 经电源开关 QF、熔断器 FU、接触器 KM 的主触头到电动机 M 的电路，它流过的电流较大；从熔断器 FU2、按钮 SB 到接触器 KM 线圈为控制线路，流过的电流较小。

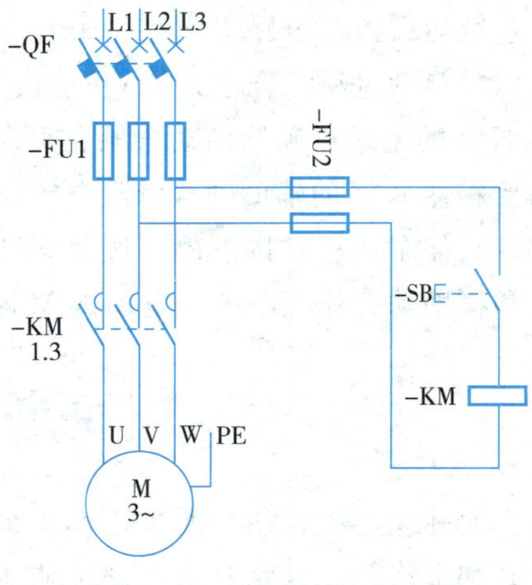

图 1 - 12　点动运行控制电路

点动运行控制电路工作过程如下。

（1）合上电源开关 QF，三相电源被引入控制电路，但电动机还不能启动运行。

（2）按下按钮 SB，接触器 KM 线圈通电，衔铁吸合，常开主触点接通，电动机定子接入三相电源，启动运转。

（3）松开按钮 SB，接触器 KM 线圈断电，衔铁松开，常开主触点断开，电动机因断电而停转。

（4）断开电源开关 QF。

1.6 连续运行控制电路

在实际生产中往往要求电动机能实现长时间连续转动，即所谓的长动控制。连续运行控制电路如图 1-13 所示。主电路由开关 QF、熔断器 FU1、接触器 KM 的主触点、热继电器 FR 的发热元件和电动机 M 组成，控制电路由熔断器 FU2、停止按钮 SB1、启动按钮 SB2、接触器 KM 的辅助动合触点和电磁线圈、热继电器 FR 的动断触点组成。

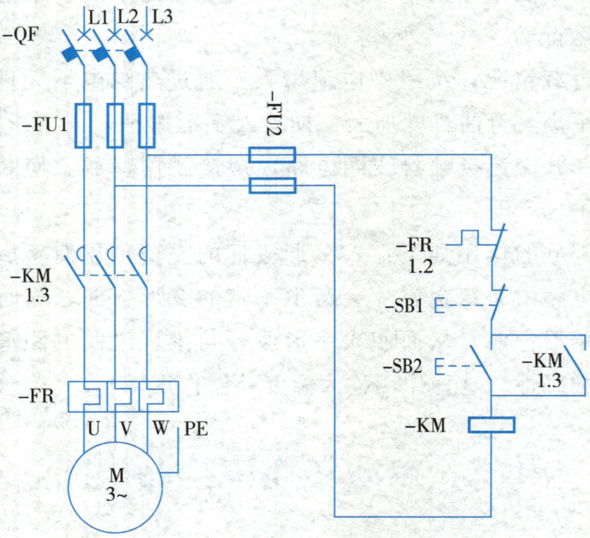

图 1-13 连续运行控制电路

连续运行控制电路工作过程如下。

（1）启动过程：合上开关 QF→按下启动按钮 SB2→接触器 KM 电磁线圈得电→接触器 KM 的主触点和辅助动合触点闭合→电动机 M 接通电源运转；松开 SB2，利用接通的接触器 KM 的辅助动合触点自锁，电动机 M 连续运转。

（2）停车过程：按下停止按钮 SB1→接触器 KM 电磁线圈失电→接触器 KM 的主触点和辅助动合触点断开→电动机 M 断电停转。

1.7 正转、反转控制电路

在实际应用中，往往要求生产机械改变运动方向，如工作台的前进和后退、电梯的上升和下降等，这就要求电动机能实现正转、反转的运行。对于三相笼型异步电动机来说，可通过两个接触器改变电动机定子绕组的电源相序来实现。接触器 KM1 为控制电动机 M 正向运转的接触器，接触器 KM2 为控制电动机 M 反向运转的接触器。正转、反转控制电路如图 1-14 所示。

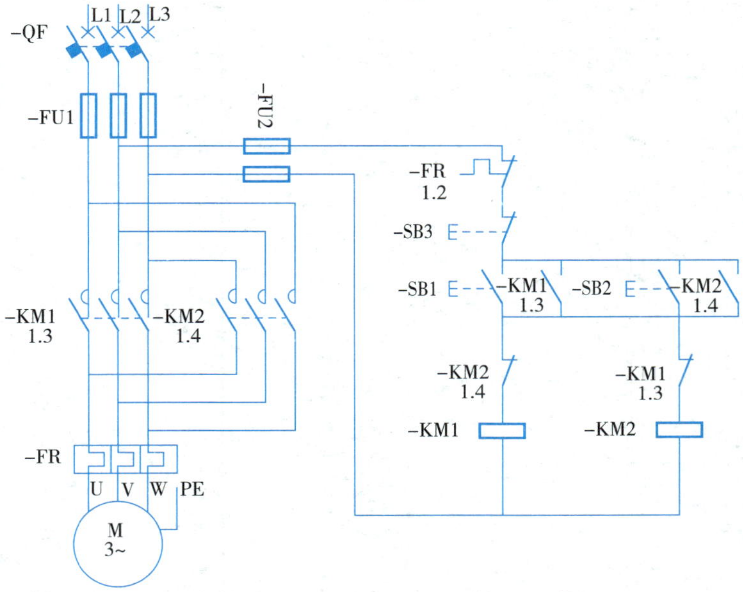

图 1-14　正转、反转控制电路

正转、反转控制电路工作过程如下。

（1）正转控制：合上开关 QF→按下正向启动按钮 SB1→正向接触器 KM1 电磁线圈得电→接触器 KM1 的主触点和自锁触点闭合→电动机 M 正转。

（2）反转控制：合上开关 QF→按下反向启动按钮 SB2→反向接触器 KM2 电磁线圈得电→接触器 KM2 的主触点和自锁触点闭合→电动机 M 反转。

（3）停机：按下停止按钮 SB3→接触器 KM1（或 KM2）电磁线圈失电→电动机 M 停转。

注意

此电路里，按钮 SB1 和 SB2 不能同时按下，若同时按下，会使接触器 KM1 和 KM2 的主触点同时接通，导致电源短路。为了避免此类误操作发生，可在电路中设置必要的连锁环节。

项目2

认识西门子S7-1200 PLC与TIA博途编程软件

西门子 PLC 系列应用广泛，在各种工业自动化控制领域中都有应用。其中，西门子 S7-1200 PLC 是一种中小型的控制系统，它有自身的特点和优势，目前在工业自动化控制系统中应用广泛，为控制系统的稳定运行提供了有力保证。而 TIA 博途编程软件是一款全新的全集成自动化软件，几乎适用于所有自动化任务。借助该软件平台，用户能够快速、直观地开发和调试自动化系统。

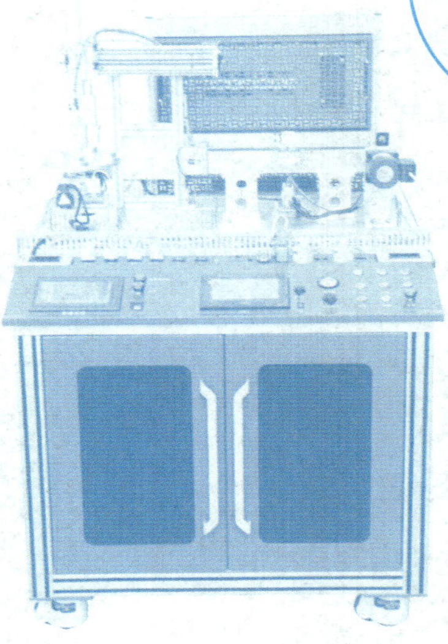

项目学习目标

知识目标：

了解 PLC 的硬件组成及各部分的作用；掌握 PLC 的基本工作原理。

技能目标：

能够完成 PLC 的常用硬件接线；掌握 TIA 博途编程软件的安装与使用方法。

职业素养目标：

通过本项目为学生普及安全用电常识，让学生有足够的细心、耐心来学习新知识、新技能，努力成长为一个敬业、精益、专注、创新的高技能人才。

课程思政目标：

通过本项目的学习，培养学生善于独立思考、交流沟通的协作能力，使学生养成“工欲善其事，必先利其器”的良好习惯，激发学生科技报国的家国情怀和使命担当。

2.1　项目背景

TIA 博途编程软件是西门子工业自动化集团发布的一款全新的全集成自动化软件，几乎适用于所有的自动化任务。借助该软件平台，用户能够快速、直观地开发和调试自动化系统。因此，它有易用性高、稳定性高和安全系数高的特点。

2.2　西门子 S7-1200 PLC 的结构组成

2.2.1　PLC 的基本结构

PLC 的种类繁多，但其基本结构和工作原理相同。PLC 一般由 CPU、存储器和通信接口等部分组成，其基本结构示意图如图 2－1 所示。

【课件】

西门子 S7-1200 PLC 的结构组成

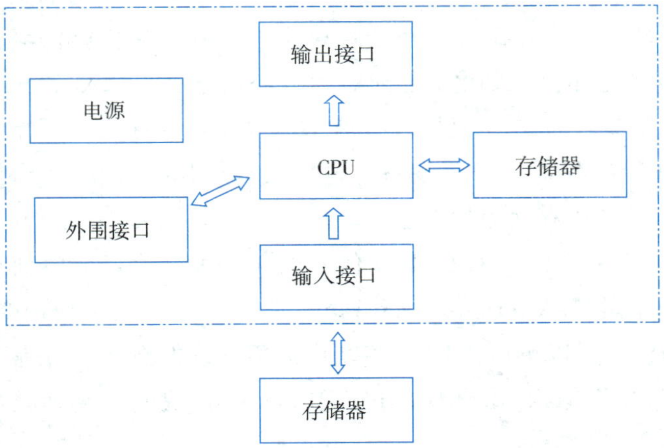

图 2－1　PLC 的基本结构示意图

【微课】

西门子 S7-1200 PLC 的结构组成

1. CPU

与通用计算机一样，PLC 中的 CPU 也是整个系统的核心部件，主要由运算器、控制器、寄存器及实现它们之间联系的地址总线、数据总线和控制总线构成。此外，还有外围芯片、总线接口及有关电路。CPU 在很大程度上决定了 PLC 的整体性能，如整个系统的控制规模、工作速度和内存容量等。

CPU 中的控制器控制 PLC 工作，由它读取指令，解释并执行命令。工作的时序

（节奏）则由振荡信号控制。

CPU 中的运算器用于完成算术或逻辑运算，在控制器的指挥下工作。

CPU 中的寄存器参与运算，并存储运算的中间结果。它也是在控制器的指挥下工作的。作为 PLC 的核心，CPU 的功能主要包括以下几个方面：

（1）接收从编程器或计算机输入的程序和数据，并送入用户程序存储器中存储；

（2）监视电源、PLC 内部各个单元电路的工作状态；

（3）诊断编程过程中的语法错误，对用户程序进行编译；

（4）在 PLC 进入运行状态后，从用户程序存储器中逐条读取指令，并分析、执行该指令；

（5）采集由现场输入装置送来的数据，并存入指定的寄存器中；

（6）按程序进行处理，根据运算结果，更新有关标志位的状态和输出状态或数据寄存器的内容；

（7）根据输出状态或数据寄存器的有关内容，将结果送到输出接口；

（8）响应中断和各种外围设备（如编程器、打印机等）的任务处理请求。

当 PLC 处于运行状态时，首先以扫描的方式接收现场各输入装置的状态和数据，并分别存入相应的输入缓冲区。然后从用户程序存储器中逐条读取用户程序，经过命令解释后，按指令的规定执行完毕后，将 I/O 缓冲区的各输出状态或寄存器内的数据传送到相应的输出装置。如此循环运行，直到 PLC 处于停机状态，用户程序停止运行。

CPU 模块一般都有相应的状态指示灯，如电源指示、运行停止指示、输入/输出指示和故障指示等。总线接口用于扩展连接 I/O 模块或特殊功能模块，内存接口用于连接外部存储器，外设接口用于连接编程器等外部设备，通信接口则用于通信。此外，CPU 模块上还有用来设定工作方式和内存区等的设定开关。

CPU 模块的工作电压一般是 5 V，而 PLC 的 I/O 信号电压一般较高，有直流电（Direct Current，DC）24 V 和交流电（Alternating Current，AC）220 V。在使用时，要防止外部尖峰电压和干扰噪声侵入，以免损坏 CPU 模块中的部件或影响 PLC 正常工作。因此，CPU 模块不能直接与外部输入/输出装置相连接，I/O 模块除了传递信号外，还需进行电平转换与噪声隔离。

2. 存储器

PLC 的内部存储器分为系统程序存储器和用户程序及数据存储器。系统程序存储器用于存放系统工作程序（或监控程序）、调用管理程序及各种系统参数等。系统程序相当于个人计算机的操作系统，能够完成 PLC 设计者规定的各种工作。系统程序由 PLC 生产厂家设计并固化在只读存储器（Read Only Memory，ROM）中，用户不能读取。用户程序及数据存储器主要用于存放用户编制的应用程序及各种暂存数据和中间结果，使 PLC 完成用户要求的特定功能。

PLC 使用以下几种物理存储器。

1）随机存取存储器（RAM）

用户可以用可编程序装置读出随机存取存储器（Random Access Memory，RAM）中的内容，也可以将用户程序写入 RAM，因此 RAM 又称为读/写存储器。它是易失性的存储器，电源中断后，储存的信息将会丢失。

RAM 的工作速度快，价格便宜，改写方便。在关断 PLC 的外部电源后，可用锂电池保存 RAM 中的用户程序和某些数据。锂电池可用 2～5 年，需要更换锂电池时，由 PLC 发出信号，通知用户。现在仍有部分 PLC 采用 RAM 来储存用户程序。

2）只读存储器（ROM）

ROM 的内容只能读出，不能写入。它是非易失的，它的电源消失后，仍能保存储存的内容。ROM 一般用来存放 PLC 的系统程序。

3）电擦除可编程只读存储器（EEPROM）

电擦除可编程只读存储器（Electrically Erasable Programmable Read Only Memory，EEPROM）是非易失性的，但是可以用编程装置对它编程。EEPROM 兼有 ROM 的非易失性和 RAM 的随机存取等优点，但是将信息写入它所需的时间比 RAM 长得多。EEPROM 用来存放用户程序以及需要长期保存的重要数据。

3. 输入/输出电路

输入模块和输出模块简称为 I/O 模块，I/O 模块是联系外部设备与 CPU 的桥梁。

1）输入模块

输入模块一般由输入接口、光耦合器、PLC 内部电路输入接口和驱动电源 4 部分组成，输入模块可以用来接收和采集两种类型的输入信号：一种是由按钮、选择开关、数字拨码开关、限位开关、接近开关、光电开关、压力继电器或速度继电器等提供的开关量（或数字量）输入信号；另一种是由电位器、热电偶、测速发电机或各种变送器等提供的连续变化的模拟信号。

各种 PLC 输入电路结构大多数相同，其输入方式有两种类型。一种是直流输入（DC 12 V 或 DC 24 V），其外部输入器件可以是无源触点，如按钮、行程开关等；也可以是有源器件，如各类传感器、接近开关、光电开关等。在 PLC 内部电源容量允许的前提下，有源输入器件可以采用 PLC 输出电源，否则必须外接电源。另一种是交流输入（AC 100～120 V 或 AC 200～240 V）。

当输入信号为模拟量时，信号必须经过专用的模拟量输入模块进行 A/D 转换，然后通过输入电路进入 PLC。输入信号通过输入端子经 RC 滤波、光隔离进入内部电路。

2）输出模块

数字量输出模块用来控制接触器、电磁阀、电磁铁、指示灯、数字显示装置和报警装置等设备。为满足不同负载的需要，各类 PLC 的数字量输出方式有三种，即继电器输出方式、晶体管输出方式和晶闸管输出方式。继电器输出方式最常用，适用于交流、直流负载，其特点是带负载能力强，但动作频率与响应速度慢；晶体管输出方式适用于直流负载，其特点是动作频率高、响应速度快，但带负载能力小；晶闸管输出方式适用于交流负载和响应速度快、带负载能力不强的场合。

模拟量输出模块用来控制调节阀、变频器等执行装置。

输入/输出模块除了传递信号外，还具有电平转换与隔离的作用。此外，输入/输出点的通断状态由发光二极管显示，外部接线一般接在模块面板的接线端子上，或使用可拆卸的插座型端子板，无须断开端子板上的外部连线，就可以迅速地更换模块。

4．编程装置

编程装置是用来对 PLC 进行编程和设置各种参数的装置。通常 PLC 编程有两种方法：一种方法是采用手持式编程器，又叫作指令编程器，该设备体积小，价格便宜，只能输入和编辑指令表程序，便于现场调试和维护；另一种方法是采用安装有编程软件的计算机和连接计算机与 PLC 的通信电缆，这种方式可以在线观察梯形图中触点和线圈的通断情况及运行时 PLC 内部的各种参数，便于程序调试和故障查找。程序编译后下载到 PLC，也可将 PLC 中的程序上载到计算机。程序可以存盘或打印，还可以通过网络实现远程编程和传送。

5．电源

PLC 使用 220 V 交流电源或 24 V 直流电源。内部的开关电源为各模块提供 5 V、24 V 等直流电源。小型 PLC 一般都可以为输入电路和外部的电子传感器（如接近开关等）提供 24 V 直流电源，驱动 PLC 负载的直流电源一般由用户提供。

6．外围接口

通过各种外围接口，PLC 可以与编程器、计算机、PLC、变频器、E^2PROM 写入器和打印机等连接，总线扩展接口用来扩展 I/O 模块和智能模块等。

2.2.2 西门子 S7-1200 系列 PLC

1．西门子 PLC 产品系列

西门子公司的第一代 PLC 是 1975 年投放于市场上的 SIMATIC S3 系列。在 1979 年，西门子公司将微处理器技术应用到 PLC 中，研制出了 SIMATIC S5 系列。20 世纪末，西门子公司在 S5 系列的基础上推出了 S7 系列产品。

SIMATIC S7 系列产品主要分为 S7-200、S7-200 SMART、S7-1200、S7-300、S7-400 和 S7-1500 等 7 个产品系列。西门子 S7-200 PLC 是西门子公司在收购的小型 PLC 的基础上发展而来的，因此其指令系统、程序结构及编程软件与西门子 S7-300/400 PLC 有较大的区别，属于西门子 PLC 产品系列中较为特殊的产品。西门子 S7-200 SMART PLC 是西门子 S7-200 PLC 的升级版本，于 2012 年 7 月发布，其绝大多数的指令和使用方法与西门子 S7-200 PLC 类似，其编程软件也与西门子 S7-200 PLC 类似。

而且在西门子 S7-200 PLC 中运行的程序，相当一部分可以在西门子 S7-200 SMART PLC 中运行。西门子 S7-1200 PLC 是 2009 年推出的小型 PLC，定位于西门子 S7-200 PLC 和 S7-300 PLC 产品之间。西门子 S7-300/400 PLC 是由西门子 S5 系列发展而来的，是西门子公司极具竞争力的 PLC 产品之一。2013 年西门子公司又推出了新品西门子 S7-1500 PLC。

2. 西门子 S7-1200 PLC 的性能特点

西门子 S7-1200 PLC 具有集成 PROFINET 接口、强大的集成功能和灵活的可扩展性等，为各种工艺任务提供了简单和有效的解决方案。西门子 S7-1200 PLC 新特性主要有以下几点。

【课件】
PROFINET 通信应用实例

1）集成了 PROFINET 接口

集成的 PROFINET 接口用于编程、HMI 通信和 PLC 间的通信。此外，它还通过开放的以太网协议支持与第三方设备的通信。该接口是一个标准的 RJ－45 连接器，数据传输速率可达 10 Mbit/s 或 100 Mbit/s，支持 TCP/IP、ISO－on－TCP 和 S7 通信，最大连接数为 23 个。

2）集成了工艺控制功能

① 西门子 S7-1200 PLC 是高速输入。S7-1200 控制器带有 6 个高速计数器。其中 3 个输入为 100 kHz，3 个输入为 30 kHz，用于计数和测量。

② 西门子 S7-1200 PLC 是高速输出。S7-1200 控制器集成了 4 个 100 kHz 的高速脉冲输出，用于步进电动机或伺服驱动器的速度和位置控制。这 4 个输出都可以输出脉宽调制信号来控制电动机速度、阀位置或加热元件的占空比。

③ 西门子 S7-1200 PLC 是 PID 控制。S7-1200 控制器中提供了 16 个带自动调节功能的 PID 控制回路，用于简单的闭环过程控制。

3）集成了高容量的存储器

西门子 S7-1200 PLC 为用户指令和数据提供 150 kB 的共用工作内存。同时，S7-1200 PLC 还提供了 4 MB 的集成装载内存和 10 kB 的掉电保持内存。

SIMATIC 存储卡是可选件，通过不同的设置，可用作编程卡、传送卡和固件更新卡。

4）智能设备

通过简单的组态，S7-1200 控制器通过对 I/O 映射区的读写操作，实现主从架构的分布式 I/O 应用。CPU 可以连接不同的网络系统。

5）支持丰富的通信协议

西门子 S7-1200 PLC 提供丰富的通信选项以满足网络通信要求。其可支持的通信协议有 I－Device、PROFINET、PROFIBUS、远距离控制通信、点对点通信、USS 通信、Modbus RTU、AS－I、I/O Link MASTER 等。

2.2.3 西门子 S7-1200 PLC 的硬件结构

西门子 S7-1200 PLC 将微处理器、集成电源、输入电路和输出电路组合到一个设计紧凑的外壳中，以形成功能强大的 PLC。西门子 S7-1200 PLC 作为紧凑型自动化产品的新成员，目前有 3 款 CPU——CPU 1211C、CPU 1212C、CPU 1214C，西门子 S7-1200 PLC 产品图片如图 2－2 所示。

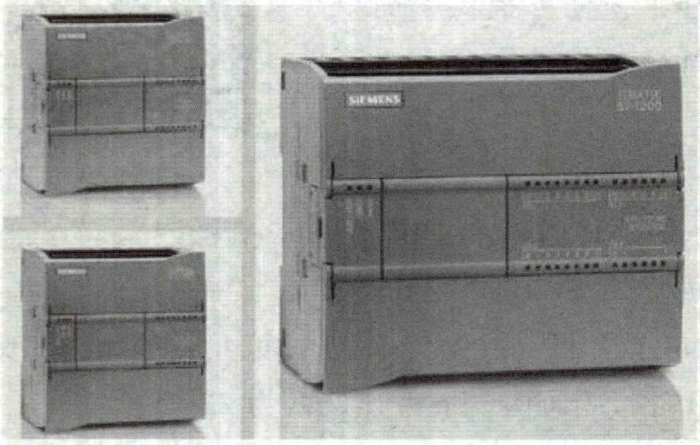

图 2－2 西门子 S7-1200 PLC 产品图片

【课件】

Modbus RTU 通信应用实例

【课件】

Modbus TCP 通信应用实例

根据电源信号和输入/输出信号的类型，每款 CPU 各有 3 种型号。3 款 CPU 本机自带数字量输入/输出点数有所差异。

西门子 S7-1200 PLC 最多支持扩展一个信号板，而对于信号模块 CPU 1211C 不支持扩展信号板，CPU 1212C 支持扩展两个信号板，CPU 1214C 最多支持扩展 8 个信号板。西门子 S7-1200 PLC 都自带一个 PROFINET 接口，最多支持 3 种扩展通信模块，目前包括 RS232 和 RS485 两种通信模块。

西门子 S7-1200 PLC 的附件还包括存储卡、电源和以太网交换机等。通过存储卡，将一个程序转移到多个 CPU 中，只需简单地将内存卡安装到 CPU 中并执行一个上电周期，处理过程中 CPU 内的用户程序不会丢失。

1. 西门子 S7-1200 PLC 的 CPU 模块

西门子 S7-1200 PLC 不同型号的 CPU 面板是类似的，如图 2－3 所示为 CPU 1214C 的面板示意图。

CPU 有 3 类状态指示灯，用于提供 CPU 模块的运行状态信息。

（1）STOP/RUN 指示灯

STOP/RUN 指示灯的颜色为橙色时指示“STOP”模式，绿色时指示“RUN”模式，绿色和橙色交替闪烁指示 CPU 正在启动。

（2）ERROR 指示灯

ERROR 指示灯为红色闪烁状态时指示有错误，如 CPU 内部错误、存储卡错误或组态错误（模块不匹配）等。

（3）MAINT 指示灯

MAINT 指示灯在每次插入存储卡时闪烁。

CPU 模块上的 I/O 状态指示灯用来指示各数字量输入或输出的信号状态。

CPU 模块提供一个以太网通信接口，用于实现以太网通信，还提供了两个可指示以太网通信状态的指示灯。其中，“Link”（绿色）点亮指示连接成功，“Rx/Tx”（黄色）点亮指示传输活动。

拆卸 CPU 上的挡板可以安装一个信号板，信号板的使用如图 2－4 所示。通过信号板可以在不增加空间的前提下给 CPU 增加 I/O。目前，信号板有 8 种，包括数字量输入、数字量输出、数字量输入/输出及模拟量输出等类型。另外，西门子 S7-1200 PLC 的 I/O 接线端子是可拆卸的。

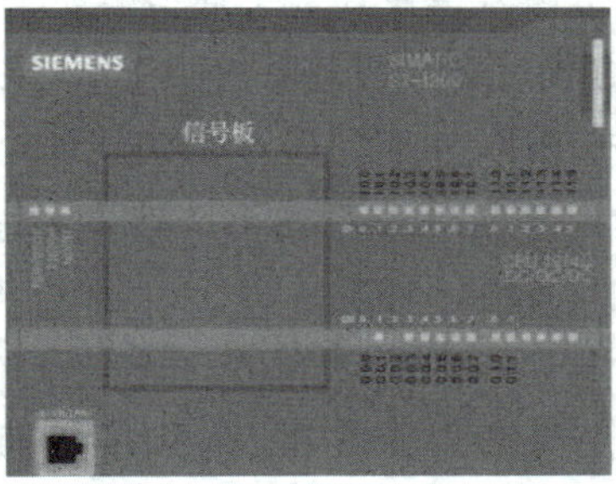

图 2－3　CPU 1214C 的面板示意图

图 2－4　信号板的使用

2. 西门子 S7-1200 PLC 的信号模块

西门子 S7-1200 PLC 提供了各种 I/O 信号模块，用于扩展其 CPU 能力，信号模块包括数字量输入模块、数字量输出模块、数字量输入/输出模块以及模拟量输入模块、模拟量输出模块、模拟量输入/输出模块等，各种信号模块如图 2－5 所示。

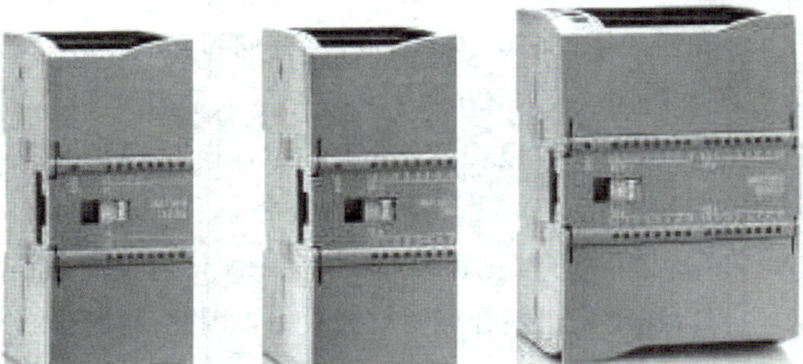

图 2－5　各种信号模块

各数字量信号模块还提供了指示模块状态的诊断指示灯。其中，绿色指示模块处于运行状态，红色指示模块有故障或处于非运行状态。

各模拟量信号模块为各路模拟量输入和输出提供了 I/O 状态指示灯。其中，绿色指示通道已组态且处于激活状态，红色指示个别模拟量输入或输出处于错误状态。此外，各模拟量信号模块还提供了指示模块状态的诊断指示灯。其中，绿色指示模块处于运行状态，红色指示模块有故障或处于非运行状态。

3. 西门子 S7-1200 PLC 的定位

西门子 S7-1200 PLC 作为新推出的紧凑型控制器，定位在原有的西门子 S7-200 PLC 和西门子 S7-300 PLC 产品之间。它与西门子 S7-200 PLC 和西门子 S7-300 PLC 之间的区别和差异主要体现在硬件、通信、工程、存储器、功能块、计数器、定时器、工艺功能等几个方面。

在硬件扩展方面，西门子 S7-200 PLC 最多支持 7 个扩展模块，西门子 S7-300 PLC 主机架最多支持 8 个扩展模块，且扩展模块全部在 CPU 的右侧（此时为水平放置状态），而西门子 S7-1200 PLC 最多支持扩展 8 个信号模块和 3 个通信模块。

在 CPU 本机输入/输出点及其信号面板方面，西门子 S7-1200 PLC 支持通过信号面板并根据需要增加 I/O 点，而西门子 S7-200 PLC 和西门子 S7-300 PLC 则是固定的。

在硬件组态方面，西门子 S7-200 PLC 的地址自动分配，不能改变；而西门子 S7-1200 PLC 和 S7-300 PLC 的地址可以由用户手动重新分配。

在通信方面，西门子 S7-200 PLC、西门子 S7-300 PLC 和西门子 S7-1200 PLC 支持通过 RS232 和 RS485 实现点对点通信，支持 ASCII、USS 和 Modbus 等通信协议。西门子 S7-200 PLC 需要 RS232 转换器实现 RS232 的串口通信，西门子 S7-300 PLC 需要选用带点对点接口的 CPU 或者 CP 模块实现 RS232 的串口通信，而西门子 S7-1200 PLC 通过 RS232 通信模块即可实现。西门子 S7-1200 PLC 集成了 PROFINET 以太网接口，支持与编程设备、HMI 和其他 CPU 的通信。

西门子 S7-1200 PLC 编程软件 STEP7Basic 提供了一个易用、集成的工程框架，可以用于西门子 S7-1200 PLC 和精简 HMI 面板的组态。

在存储器方面，西门子 S7-200 PLC 的程序存储器和数据存储器的大小是固定不变的，而西门子 S7-1200 PLC 和西门子 S7-300 PLC 的程序存储器和数据存储器的大小是浮动的。

在装载存储区方面，西门子 S7-1200 PLC 的符号表和注释可以在线获得，即西门子 S7-1200 PLC 的符号表和注释可以保存在 CPU 中，而西门子 S7-200 PLC 和西门子 S7-300 PLC 皆不支持此功能。

西门子 S7-1200 PLC 利用“符号化存取”，可以最优化地分配数据块所占的存储区。西门子 S7-300 PLC 中，数据类型在混合声明数据块中，因此存储区的分配使用非常杂乱。

在保持存储区方面，西门子 S7-200 PLC 中仅数据区可以设置为保持性的，西门子 S7-300 PLC 是以字节为单位进行保持性设置的。而西门子 S7-1200 PLC 最多可以设置

2048 字节的保持区，可以对数据块中的离散变量设置保持性。

在存储卡大小方面，西门子 S7-1200 PLC 的存储卡容量最大可到 24 MB。对于西门子 S7-200 PLC 和西门子 S7-1200 PLC 来说，存储卡都是可选的，可以存放的内容是相同的。而西门子 S7-300 PLC 的存储卡是必需的。西门子 S7-300 PLC 的存储卡无法存放配方和数据记录等。此外，西门子 S7-1200 PLC 的存储卡还将用来实现存储区扩展、程序分配及固件升级等功能。

在块的类型方面，西门子 S7-200 PLC 有主程序、子程序及中断子程序等，而西门子 S7-1200 PLC 和西门子 S7-300 PLC 类似，有 OB 块、FB 块、FC 块及数据块 DB 等。

在程序结构方面，西门子 S7-200 PLC 调用子程序，最大嵌套深度为 8，所有程序块共用一个通用数据块；而西门子 S7-1200 PLC 与西门子 S7-300 PLC 一样具有 FC 块、FB 块和 OB 块等，高度模块化，且可以重复利用，最大嵌套深度为 16。西门子 S7-200 PLC 将事件分配给中断，中断事件触发相应的子程序；而西门子 S7-1200 PLC 与西门子 S7-300 PLC 类似，都是通过组织块分配事件的。

西门子 S7-1200 PLC 的新数据类型使应用更加灵活。例如，用于日期和时间时，西门子 S7-200 PLC 需要读取相应的 V 区数据，西门子 S7-300 PLC 通过调用 SFC 读取日期和时间数据，而西门子 S7-1200 PLC 可以通过符号名访问 DTL 结构的所有组成部分。

在计数器指令方面，西门子 S7-200 PLC、西门子 S7-300 PLC 和西门子 S7-1200 PLC 也有不同。对于西门子 S7-200 PLC 的计数器，当计数值大于等于设定值时，计数器状态位置位；对于西门子 S7-300 PLC 的计器数，当计数值大于 0 时，计数器输出置位；而对于西门子 S7-1200 PLC 的计数器，当计数值大于等于设定值时，计数器输出置位。西门子 S7-200 PLC 计数器的计数范围为 0～32767，西门子 S7-300 PLC 计数器的计数范围为 0～999，西门子 S7-1200 PLC 计数器的计数范围可以调整。

在定时器指令方面，西门子 S7-200 PLC 和西门子 S7-1200 PLC 也有差异。对于 S7-200 PLC 的定时器，当计时值大于等于设定值时，定时器状态位置位；对于西门子 S7-300 PLC 的定时器，当计时值大于设定值时，定时器输出置位；而对于西门子 S7-1200 PLC 的定时器，当计时值大于等于设定值时，输出置位。西门子 S7-1200 PLC 的定时时间可以像西门子 S7-300 PLC 一样直接输入，不需要像西门子 S7-200 PLC 那样使用定时时基 1/10/100 ms 进行换算。

在工艺功能方面，西门子 S7-200 PLC 一般是通过向导来实现的，而西门子 S7-1200 PLC 则是通过调用相应的块来实现的。

2.2.4　西门子 S7-1200 PLC 的工作原理、工作模式和编程语言

1. 工作原理

PLC 采用的循环执行用户程序的方式称为循环扫描工作方式，其运行模式下的循

环扫描过程如图 2-6 所示。可以看出，当PLC 上电或者从停止模式转为运行模式时，CPU 执行启动操作，消除没有保持功能的位存储器、定时器和计数器，清除中断堆栈和块堆栈的内容，复位保存的硬件中断等。此外，CPU 还要执行用户可以编写程序的启动组织块（即启动程序），完成用户设定的初始化操作。然后，进入周期性循环运行。一个扫描周期可分为输入采样、程序执行、输出刷新 3 个阶段。

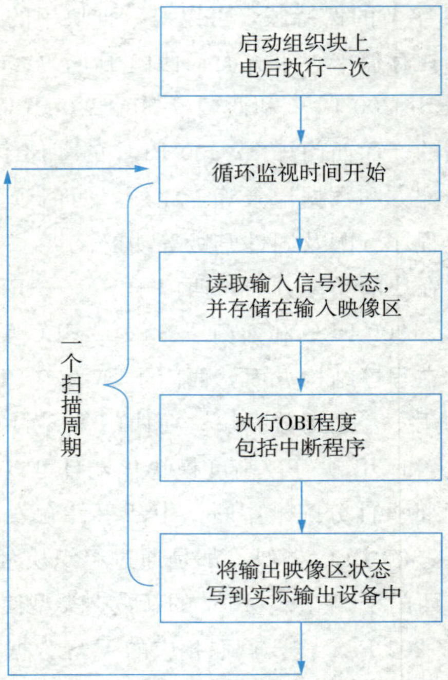

图 2-6 PLC 运行模式下的循环扫描过程

1）输入采样阶段

输入采样阶段 PLC 依次读入所有输入信号的状态和数据，并将它们存入 I/O 映像区中的相应单元内。

输入采样结束后，转入程序执行阶段和输出刷新阶段。在这两个阶段，即使输入状态和数据发生变化，I/O 映像区中的相应单元的状态和数据也不会改变。因此，若输入脉冲信号，则该脉冲信号的宽度必须大于一个扫描周期，才能保证在任何情况下，该输入均能被读入。

2）程序执行阶段

PLC 按照从左到右、从上至下的顺序对用户程序进行扫描，并分别从输入映像区和输出映像区获得所需的数据，进行运算、处理后，再将程序执行的结果写入寄存执行结果的输出映像区保存。这个结果在程序执行期间可能发生变化，但在整个程序未执行完毕之前不会送到输出端口。

3）输出刷新阶段

在执行完用户所有程序后，PLC 将输出映像区的内容送到处于寄存输出状态的输出锁存器中，这一过程称为输出刷新。输出电路要把输出锁存器的信息传送给输出点，再去驱动实际设备。

由以上描述可以看出 PLC 的工作特点如下。

所有输入信号在程序处理前统一读入，并在程序处理过程中不再变化，而程序处理的结果也是在扫描周期的最后时段统一输出，将一个连续的过程分解成若干个静止的状态，便于面向对象的思维。

PLC 仅在扫描周期的起始时段读取外部输入状态，该时段相对较短，对抵抗输入信号串入的干扰极为有利。

PLC 循环扫描执行输入采样、程序执行、输出刷新“串行”工作方式，这样既可避免继电器、接触器控制系统因“并行”工作方式而引发的触点竞争，又可提高 PLC 的运算速度，这是 PLC 系统可靠性高、响应快的原因。但是，在高速变化的过程中 PLC 系统可能会漏掉变化的信号，这会带来系统响应的滞后。可利用立即输入输出、脉冲捕获、高速计数器或中断技术等解决上述问题。

图 2－6 所示的工作过程是简化的过程，实际的 PLC 工作流程还要复杂些。除了I/O刷新及运行用户程序外，还要做些公共处理工作，如循环时间监控、外设服务及通信处理等。

PLC 的一个扫描周期是指操作系统执行一次如图 2－6 所示的循环扫描过程所需的时间，包括执行 OB1 中的程序和中断该程序的系统操作时间。循环扫描周期与用户程序的长度、指令的种类和 CPU 执行指令的速度有关系。当用户程序比较大时，指令执行时间在循环扫描周期中的占比较大。

在 PLC 处于运行模式时，利用编程软件的监控功能，在“在线和诊断”数据中，可以获得 CPU 运行的最大循环时间、最小循环时间和上一次的循环时间等。循环时间会因以下事件而延长：中断处理、诊断和故障处理、测试和调试功能、通信、传送和删除块、压缩用户程序存储器、读/写微存储器卡 MMC 等。

结合 PLC 的循环扫描工作方式，分析图 2－7 所示的梯形图程序，I0.1 代表外部的按钮，当按钮动作后，图 2－7（a）的程序只需要一个扫描周期就可完成对 M0.4 的刷新，而图 2－7（b）的程序要经过 4 个扫描周期才能完成对 M0.4 的刷新。

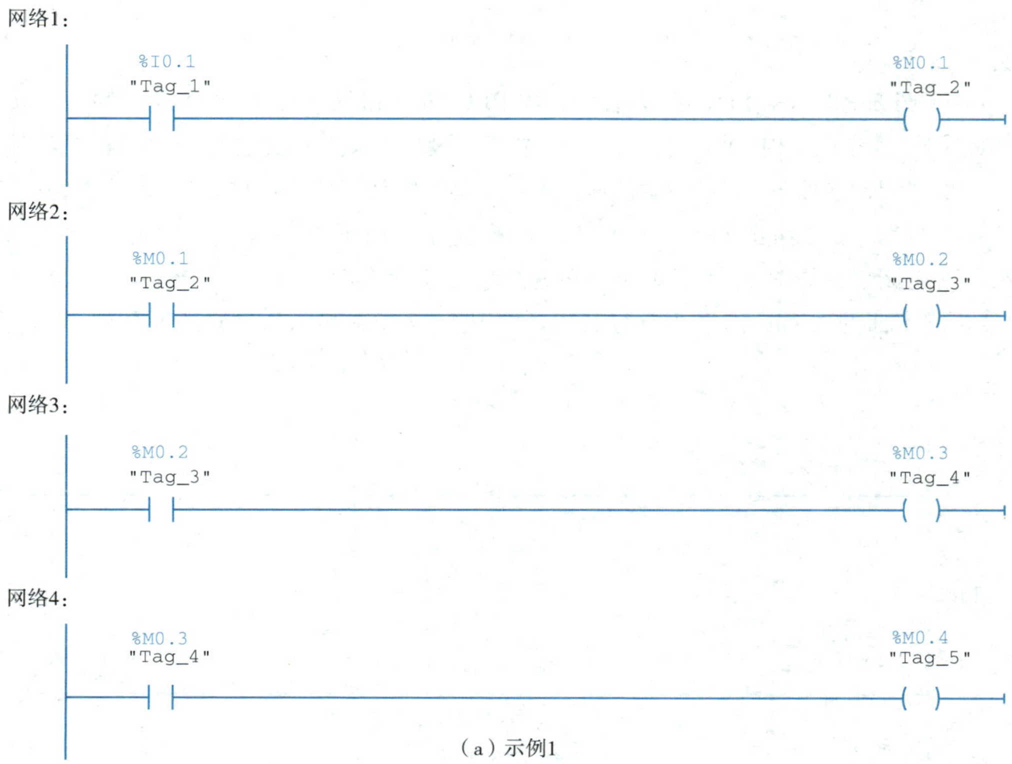

（a）示例1

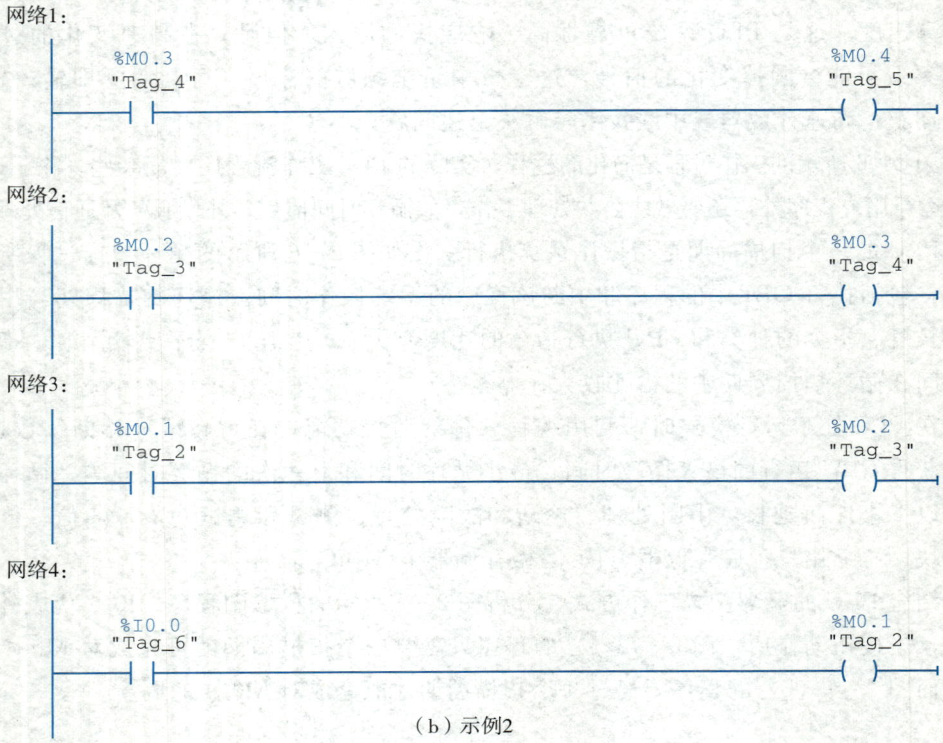

（b）示例2

图 2-7　梯形图程序例子

对于图 2-8（a）所示的程序，结合 PLC 循环扫描工作方式分析可知，当按下 I0.0，扫描程序段 1 时 Q0.0 为“1”，扫描程序段 2 时 Q0.0 又被写为“0”，最终输出 Q0.0 是“0”；当按下 I0.1，扫描程序段 1 时 Q0.0 为“0”，扫描程序段 2 时 Q0.0 又被写为“1”，最终输出 Q0.0 为“1”。若希望分别按下 I0.0 和 I0.1 时，Q0.0 都为“1”，则应该编写如图 2-8（b）所示的程序。注意，在图 2-8 中，“%I0.0”表示绝对地址，其下面的“Tag _ 1”为符号名称，而图 2-7 中只显示了绝对地址名称。

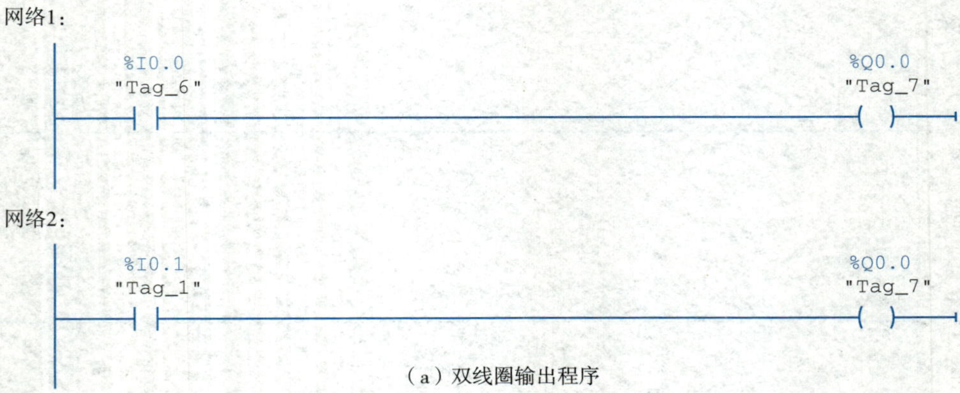

（a）双线圈输出程序

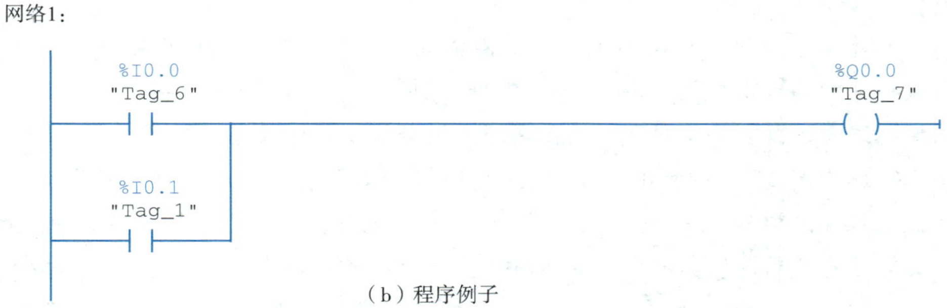

（b）程序例子

图 2-8 双线圈输出程序及程序例子

2. 工作模式

西门子 S7-1200 PLC 有以下三种工作模式：STOP（停止）模式、STARTUP（启动）模式和 RUN（运行）模式。CPU 的状态 LED 指示当前工作模式。

在 STOP 模式下，CPU 处理所有通信请求（若存在）并执行自诊断，但不执行用户程序，过程映像也不会自动更新。只有在 CPU 处于 STOP 模式时，才能下载项目。

在 STARTUP 模式下，执行一次启动组织块（若存在）。在 RUN 模式的启动阶段，不处理任何中断事件。

在 RUN 模式下，重复执行扫描周期，即重复执行程序循环组织块 OB1。中断事件可能会在程序循环阶段的任何点发生并进行处理。处于 RUN 模式下时，无法下载任何项目。

CPU 支持通过暖启动进入 RUN 模式。在暖启动时，所有非保持性系统及用户数据都将被复位为来自装载存储器的初始值，保留保持性用户数据。

可以在项目视图项目树中 CPU 下的“设备配置”属性对话框的“启动”项内，使用编程软件指定 CPU 的上电模式及重启动方法等。通电后，CPU 将执行一系列上电诊断检查和系统初始化操作，然后进入适当的上电模式。检测到的某些错误将阻止 CPU 进入 RUN 模式。CPU 支持以下几种启动模式。

（1）不重新启动模式：CPU 保持在停止模式。

（2）暖启动- RUN 模式：CPU 暖启动后进入运行模式。

（3）暖启动-断电前的工作模式：CPU 暖启动后进入断电前的模式。

使用编程软件在线工具“CPU 操作面板”上的“STOP”或“RUN”命令，可以更改当前工作模式，也可在程序中使用“STP”指令将 CPU 切换到 STOP 模式，根据程序逻辑停止程序的执行。

存储器复位“MRES”将清除所有工作存储器、保持性及非保持性存储区，并将装载存储器复制到工作存储器。存储器复位不会清除诊断缓冲区，也不会清除永久保存的 IP 地址值。

3. 编程语言

PLC从本质上讲是计算机系统，因此需要编写用户程序来实现控制任务。PLC的编程语言与一般的计算机语言相比，具有明显的特点：既不同于高级语言，又不同于一般的汇编语言；既要满足易于编写的要求，又要满足易于调试的要求。

IEC 61131是IEC（国际电工委员会）制定的PLC标准，第三部分IEC 61131－3是关于PLC编程语言的标准。目前，越来越多的PLC生产厂商提供了符合IEC 61131－3标准的产品。该标准也成为各种工控产品的软件标准。

IEC 61131－3标准详细说明了句法、语义和下述5种编程语言，既有图形化编程语言，又有文本化编程语言。①指令表（Instruction List，IL），西门子PLC称为语句表（Standard Template Library，STL）。STL语言是一种汇编语言，是面向机器底层的语言，可以直接操作寄存器，可读性不强。②结构化文本（Structured Text，ST），西门子PLC称为结构化控制语言（Structured Control Language，SCL）。③梯形图（Ladder Logic Diagram，LAD）。④功能块图（Function Block Diagram，FBD）。⑤顺序功能图（Sequential Function Chart，SFC），对应于西门子的S7-Graph。

在PLC控制系统设计中，不同的PLC编程软件对以上5种编程语言的支持种类是不同的。西门子S7-1200 PLC使用LAD、FBD和SCL这3种编程语言。

1）LAD

LAD编程语言是在继电器-接触器控制系统电气原理图的基础上演变而来的，其与继电器-接触器控制系统电气原理图的基本思想是一致的，只是在使用符号和表达方式上有一定区别。作为首先在PLC中使用的编程语言，LAD保留了继电器-接触器控制系统电气原理图的风格和习惯，成为广大电气技术人员最容易接受和广泛使用的编程语言。

LAD由触点、线圈和用方框表示的指令框组成。在LAD中，触点从左母线开始进行逻辑连接，代表逻辑输入条件，通常是外部的开关及内部条件；线圈通常代表逻辑运算的结果，用来控制外部负载或内部标志位；指令框也可以作为逻辑的输出，用来表示定时器、计数器或数学运算指令。

分析和编写LAD程序的关键是LAD的逻辑解算。LAD中逻辑解算是按从左至右、从上到下的顺序进行的。解算的结果马上可以被后面的逻辑解算所利用。逻辑解算是根据输入映像寄存器中的值来进行的，而不是根据解算瞬时外部输入触点的状态来进行的。

解算时，可假想有一个“概念电流”或“能流”，“能流”可以通过被激励（ON）的动合触点和未被激励（OFF）的动断触点从左向右流。“能流”在任何时候都不会通过触点从右向左流。如图2－9所示。LAD具有形象、直观、简单明了、易于理解的特点，特别适用于开关量逻辑控制，是所有编程语言的首选。

图 2-9　LAD

2）FBD

FBD 是一种类似于数字逻辑门电路的编程语言。该编程语言用类似“与门”“或门”的方框来表示逻辑运算关系，方框的左侧为逻辑运算的输入变量，右侧为输出变量，输入端、输出端的小圆圈表示“非”运算，方框被“导线”连接在一起，信号从左向右传输。

3）SCL

SCL 是一种基于 Pascal 语言的高级编程语言，这种语言基于 IEC 61131-3 标准。

SCL 除了包含 PLC 的典型元素（如输入、输出、定时器或存储器）外，还包含高级编程语言中的表达式、赋值运算和运算符。SCL 提供了简便的指令进行程序控制，如创建程序分支、循环或跳转。SCL 尤其适用于数据管理、过程优化、配方管理和数学计算、统计等领域。

如果想在 TIA 博途编程环境中切换编程语言，可以打开“项目树”中 PLC 的“程序块”文件，选中其中的某一个代码块，打开程序编辑器后，在“属性”选项卡的“语言”下拉列表中进行语言选择与切换。LAD 和 FBD 语言可以相互切换，而 SCL 只能在“添加新块”对话框中选择。

2.3　TIA 博途编程软件

【课件】
TIA 博途软件简介及应用

【微课】
TIA 博途软件简介及应用

2.3.1 TIA 博途编程软件简介

TIA 博途（Totally Integrated Automation Portal）编程软件是一款全新的全集成自动化软件。它是业内首个采用统一的工程组态和软件项目环境的自动化软件，几乎适用于所有自动化任务。借助该全新的工程技术软件平台，用户能够快速、直观地开发和调试自动化系统。

TIA 博途编程软件的特性是全面开放，与标准的用户程序结合非常容易，方法简便。在 TIA 博途编程软件中包含了对 PLC 进行编程的 STEP 7、对 HMI 进行组态的 WinCC、对驱动器进行配置的 StarDrive 等软件，如图 2－10 所示，在使用时用户可根据实际的情况进行选择安装。

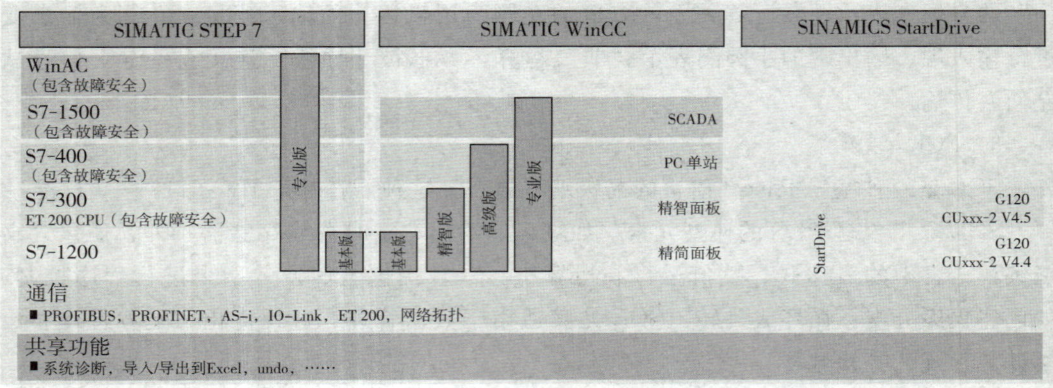

图 2－10　TIA 博途编程软件的组成

本课程安装的是 TIA 博途 V16 软件，软件架构主要包括 SIMATIC STEP 7 V16、SIMATIC WinCC V16、SINAMICS Startdrive V16、SCOUT TIA V4.5 及全新数字化软件选件等，下面主要介绍前 3 种。TIA 博途编程软件各个产品的版本与功能如图 2－11 所示。

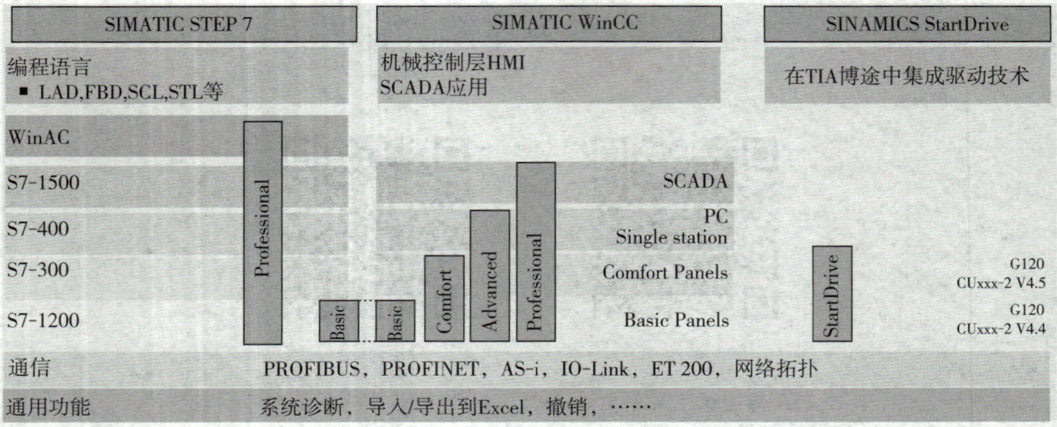

图 2－11　TIA 博途编程软件各个产品的版本与功能

1. TIA 博途 STEP 7

TIA 博途 STEP 7 是用于可编程控制器的编程软件。TIA 博途 STEP 7 产品的版本分为基本版（STEP 7 Basic）和专业版（STEP 7 Professional）两个版本，STEP 7 Basic 基本版组态 S7-1200 PLC 控制器，而 STEP 7 Professional 专业版用于组态 S7-1200/1500/300/400 PLC 以及 ET200 CPU 和 WinCC。

【课件】

博途 WinCC 仿真软件使用方法

2. TIA 博途 WinCC

TIA 博途 WinCC 是用于 HMI 的组态软件，分为基本版（Basic）、精智版、高级版（Advanced）及专业版（Professional），高一级版本的软件可以兼容低一级以下的所有版本软件的功能。不同版本支持的触摸屏型号各有不同，安装时也可根据实际需要进行选择安装。

【微课】

博途 WinCC 仿真软件使用方法

在所有的 HMI 设备中，基本版为精简系列面板，包含在 STEP 7 Basic 或 STEP 7 Professional 产品中；精智版用于组态所有面板（包括精简面板、精智面板和移动面板）；高级版用于通过 WinCC Runtime Advanced 高级版可视化软件组态所有面板和个人计算机；专业版用于组态 SCADA 系统，配套 WinCC Runtime 专业版使用。安装 TIA 博途 STEP 7 产品，会附带安装 TIA 博途 WinCC 产品中的基本版。

3. TIA 博途 StartDrive

StartDrive 是用于配置及优化驱动装置和控制器的工程组态平台，能够直观地将 SINAMICS 变频器集成到自动化环境中。由于具有相同操作概念，因此 TIA 博途 StartDrive 消除了接口瓶颈，并且具有较高的用户友好性。TIA 博途 StartDrive 可借助用户友好的向导和屏幕画面进行最佳参数设置；可根据具体任务实现结构化变频器组态；可对配套 SIMOTICS 电动机进行简便组态。因此，可将 SINAMICS 变频器快速集成到自动化环境中，并使用 TIA 博途对它们进行调试。

2.3.2 TIA 博途编程软件的安装环境

1. 硬件要求

安装 TIA 博途 V16 的计算机配置要求如下。

（1）处理器：Core i5－6440 EQ 3.4 GHz 或者相当。

（2）内存：至少 8 GB 或者更大（大型项目最好 32 GB）。

（3）硬盘：300 GB，配备至少 50 GB 的存储空间。

（4）图形分辨率：最小为 1920 像素×1080 像素。

（5）显示器：15.6 英寸宽屏显示（1920 像素×1080 像素）。

2. 支持的操作系统

TIA 博途 V16 支持的电脑操作系统如下。

1）Windows 7 操作系统（64 位）

（1）MS Windows 7 Home Premium SP1（仅适用于基本版）；

（2）MS Windows 7 Professional SP1；

（3）MS Windows 7 Enterprise SP1；

（4）MS Windows 7 Ultimate SP1。

2）Windows 10 操作系统（64 位）

（1）Windows 10 Home Version 1703（仅适用于基本版）；

（2）Windows 10 Professional Version 1703；

（3）Windows 10 Enterprise Version 1703；

（4）Windows 10 Enterprise 2016 LTSB；

（5）Windows 10 loT Enterprise 2015 LTSB；

（6）Windows 10 loT Enterprise 2016 LTSB。

3）Windows Server（64 位）

（1）Windows Server 2012R2 StDE（完全安装）；

（2）Windows Server 2016 Standard（完全安装）。

安装 TIA 博途 V16 需要管理员权限。

3. 软件安装顺序

软件安装顺序如下：

（1）安装 STEP 7 Professional V16；

（2）安装 WinCC Professional V16；

（3）安装 SIMATIC STEP 7 _ PLCSIM V16；

（4）工具授权；

（5）若不使用 Startdrive _ V16 则可以忽略。

【课件】

TIA 博途软件安装及操作方法

2.3.3 TIA 博途软件的安装

本课程主要介绍西门子 S7-1200 PLC 的应用，所以在软件安装中主要选择安装 STEP 7 Professional V16 编程软件和 S7-PLCSIM V16 仿真软件。

1. STEP 7 Professional V16 编程软件安装

STEP 7 Professional V16 编程软件安装的流程如下。

1）安装前准备

（1）安装前一定要关闭杀毒软件。除西门子软件兼容性列表中兼容的病毒扫描软件外，切记不能打开杀毒软件，否则无法保证安装能够成功，或者显示安装完成，但不能正常使用。

（2）为了防止计算机反复重启，先删除相应的注册列表信息后再进行安装。删除注册列表信息方式：在 Windows 10 系统下，按组合键（Windows 键＋字母键“R”），输入“regedit”（图 2－12），打开注册表编辑器窗口，在注册表编辑器左侧文件夹，按“计算机 \ HKEY _ LOCAL _ MACHINE \ SYSTEM \ CurrentControlSet \ Control \ Session Manager”逐级打开，找到“PendingFileRenameOperations”，直接删除该键值，如图 2－13 所示。

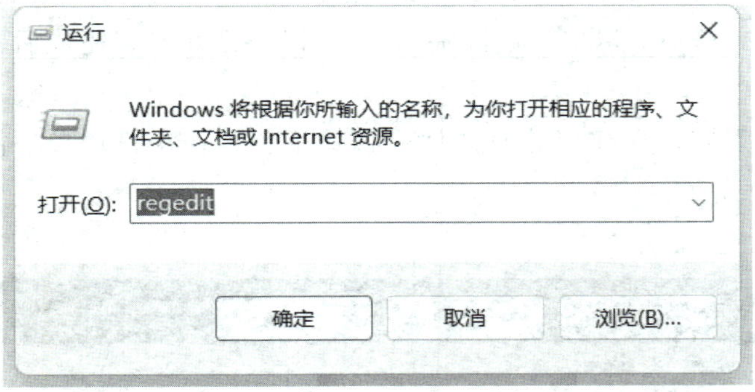

图 2－12　打开注册表编辑器窗口

【微课】
TIA 博途软件安装及操作方法

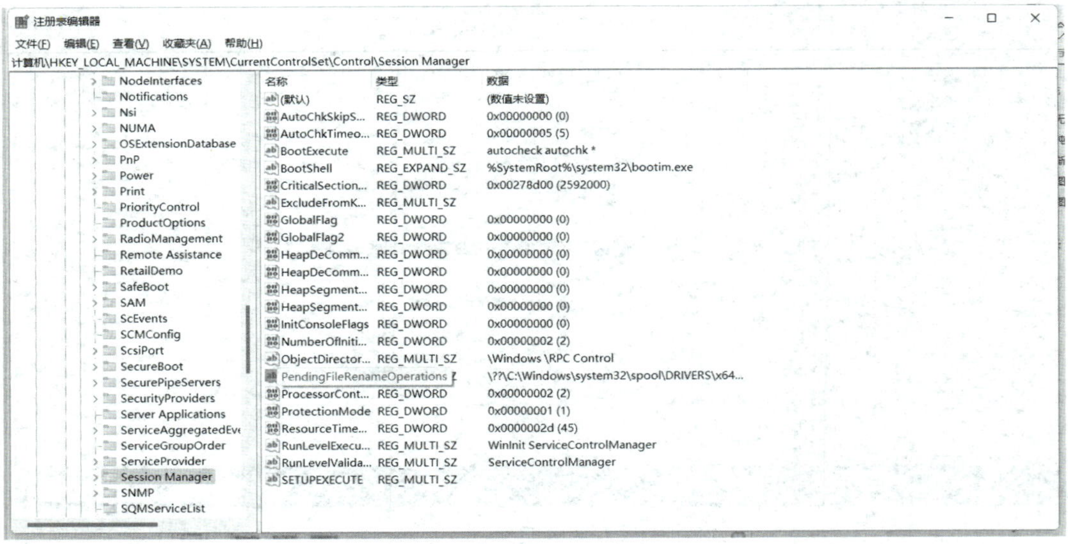

图 2－13　删除注册表编辑器内容

2）安装过程

从官方网站下载的安装文件总共为 4 个“TIA _ Portal _ STEP7 _ Prof _ Safety _ WINCC _ Prof _ V16”的文件。

（1）双击“TIA _ Portal _ STEP7 _ Prof _ Safety _ WINCC _ Prof _ V16. exe”，弹出界面，这一步的作用是将安装包文件解压。单击“下一步”按钮，会出现安装语言的选择界面，在这里选择“简体中文”。再单击“下一步”按钮，会出现解压路径选择的界面，需要注意的是，解压的路径需要选择英文路径（这里选择的是“G：\ TIA file”，也可以选择默认的路径）。需要明确的是，以上是安装包的解压路径，不是程序的安装路径，解压出来的文件在装完软件之后是可以删除的。之后的界面会有两个选项，如果勾选第 1 个选项“解压缩安装程序文件，但不进行安装”，则解压之后需要手动在解压目录找到安装文件进行安装；如果不勾选，则在解压之后软件会自动安装，本文选择不勾选。如果勾选第 2 个选项“退出时删除提取的文件”，则在安装完成后自动删除以上解压后的文件。

（2）解压完成后就开始自动安装，在弹出的对话框中选择语言，在这里选择“简体中文”，如图 2－14 和图 2－15 所示。

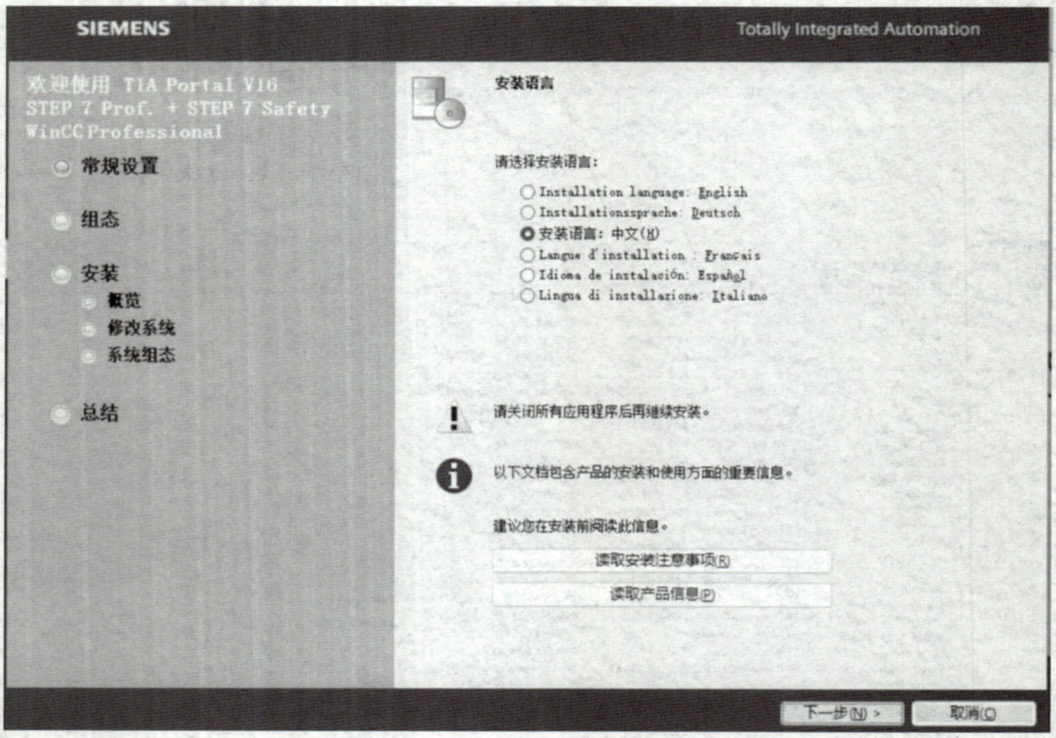

图 2－14 选择安装语言 1

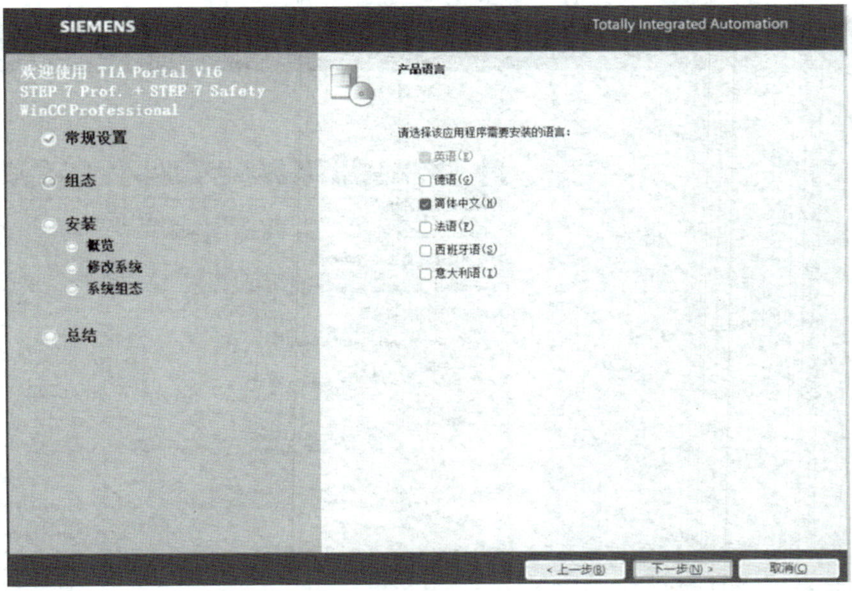

图 2-15　选择安装语言 2

（3）选择产品配置和安装路径（图 2-16），同意软件获取必要的计算机安全和权限设置，如图 2-17 所示，关于产品配置和路径推荐使用默认设置。单击“下一步”按钮会出现图 2-18 所示的界面，单击右下角的“安装”按钮便开始安装，安装进度显示如图 2-19 和图 2-20 所示。

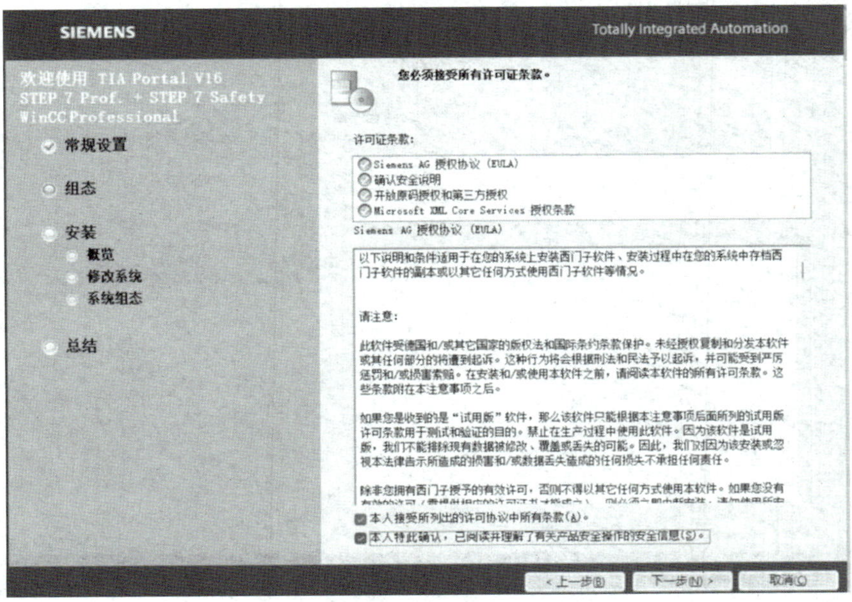

图 2-16　选择产品配置和安装路径

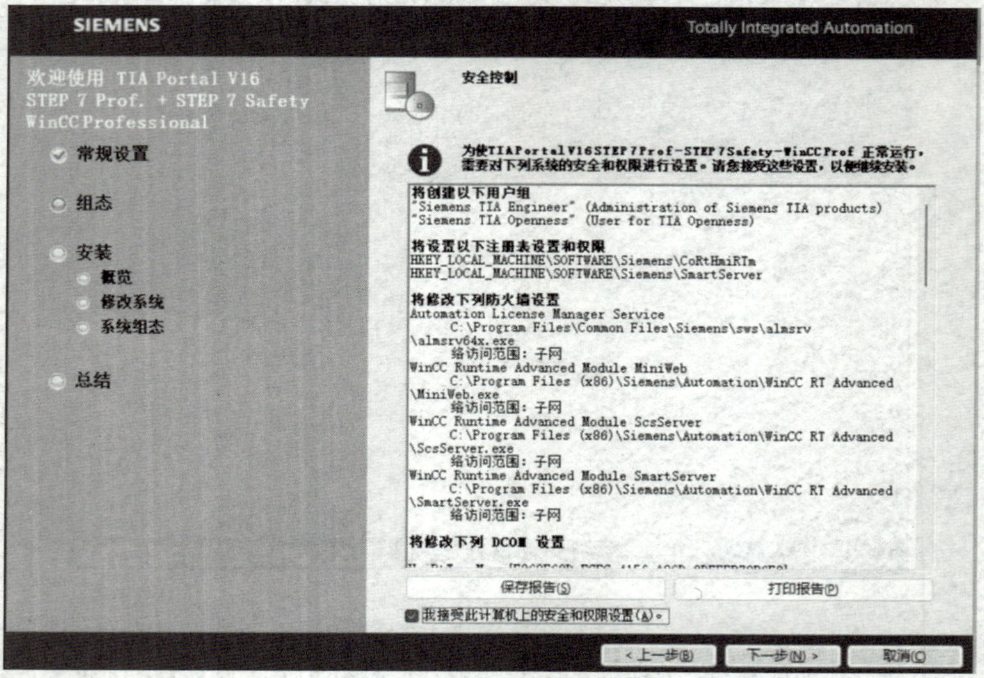

图 2－17　同意软件获取必要的计算机安全和权限设置

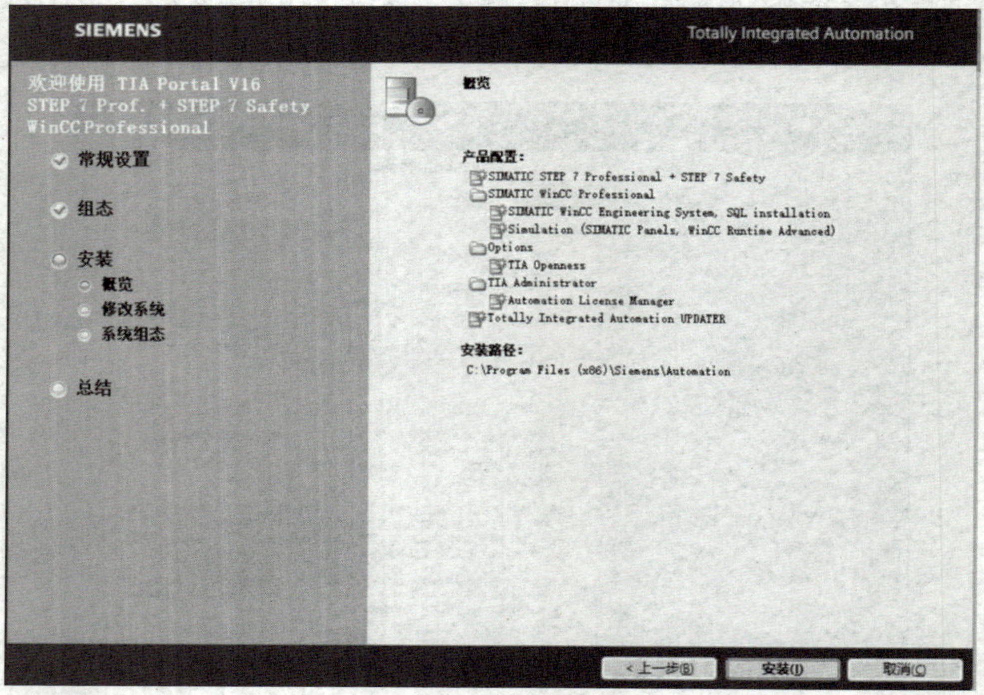

图 2－18　开始安装

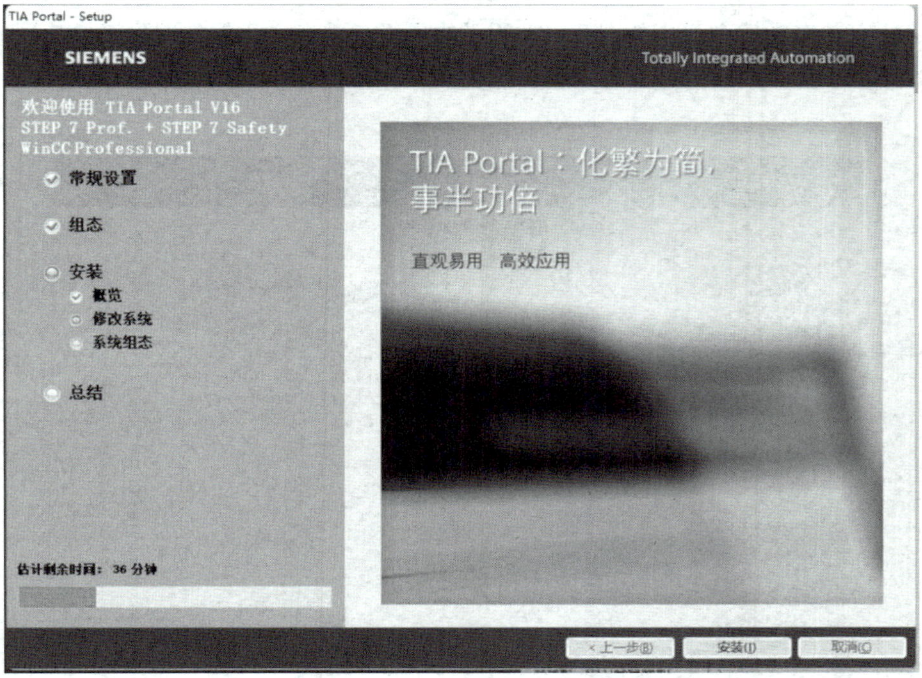

图 2-19　安装进度显示 1

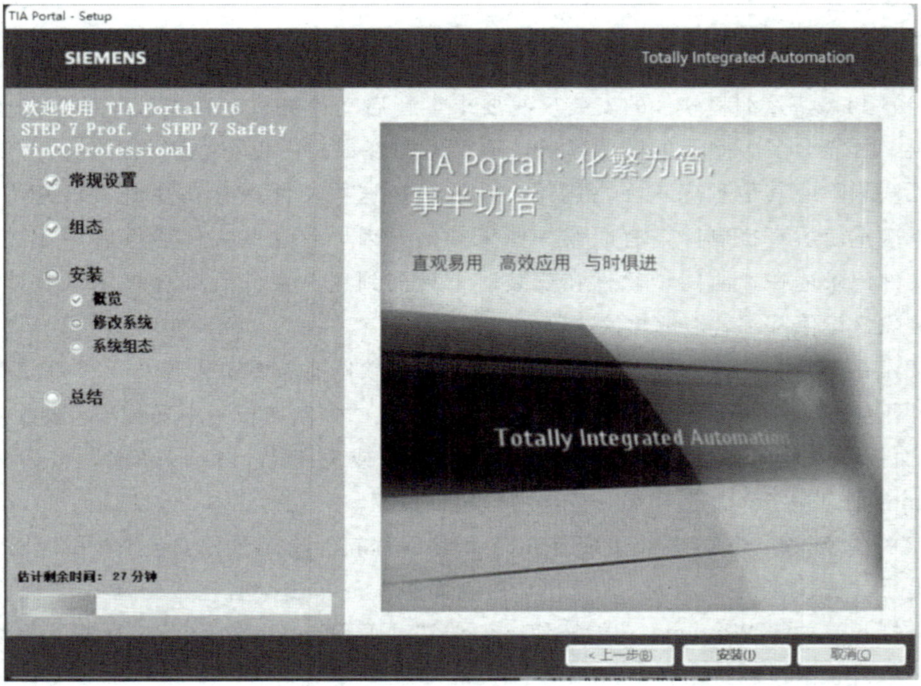

图 2-20　安装进度显示 2

（4）安装途中若需要重启则重启，重启后会自动继续安装。

（5）安装完成后会弹出如图2－21所示的界面，重启之后软件即可正常使用。需要说明的是，在获取西门子授权之前某些功能是受到限制的。

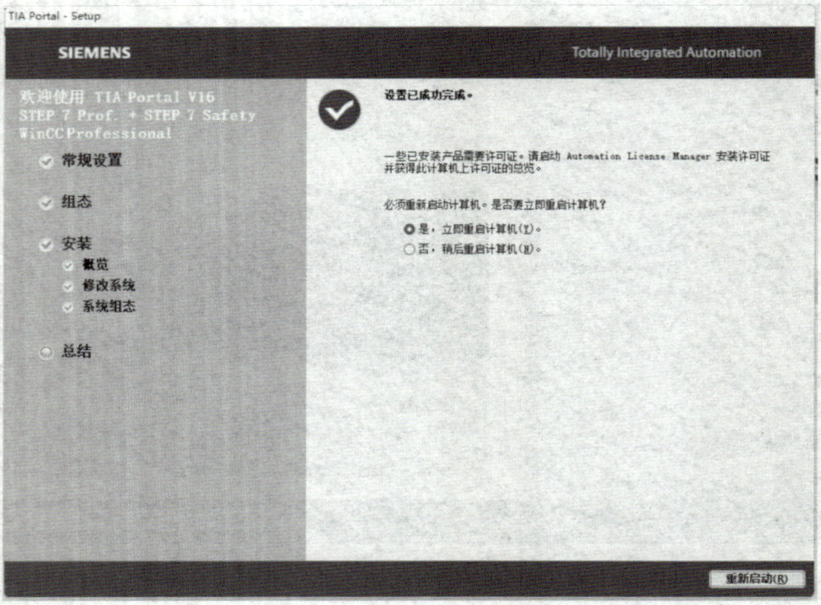

图2－21 安装完成

2. TIA博途安装过程中出现的问题

（1）TIA博途编程软件的安装反复要求重新启动计算机。在安装某些西门子软件的时候，可能会多次提示重启计算机，这个问题多数是由以下原因引起的：一般系统文件无法删除或其他程序正在占用等，系统会把这些文件保存在注册表该键值下面，以便下次重启后直接删除，有时候一些未知的原因导致这些文件在重启后无法删除，这些文件记录还在，西门子软件在安装时若检测到这些文件后则会提示重启计算机。手动删除该键值基本就能解决这个问题。

（2）在Windows 7系统上安装TIA博途编程软件前需要安装KB3033929安全补丁（可在网上搜索该补丁下载）。安装完补丁后需要在“控制面板”中安装IIS服务：打开“控制面板”→单击“程序和功能”→单击“打开或关闭Windows功能”按钮→勾选“Internet信息服务”复选按钮→单击“确定”按钮。

（3）在Windows 10系统上安装TIA博途编程软件前需要先安装NET3.5SP1，否则会提示“先决条件不满足”。打开“控制面板”→单击“程序”→单击“程序和功能”→打开或关闭Windows功能按钮→勾选“.NETFramework3.5”及其下的两个子文件→单击“确定”按钮，即可启用NET3.5SP1。安装过程中如果找不到文件，可以到微软官网下载。

2.3.4　新建项目和硬件组态

1. 新建项目

在桌面上，双击快捷图标，启动 TIA 博途 V16 编程软件，软件界面包括 Portal 视图和项目视图，两个视图界面都可以新建项目。

（1）在 Portal 视图中创建新项目（图 2－22）。执行“启动”→“创建新项目”命令，在“创建新项目”界面中输入项目名称、项目存放的路径、作者和项目注释等信息，然后单击“创建”按钮，即可生成新项目，并跳转到“新手上路”界面，如图 2－23 所示。

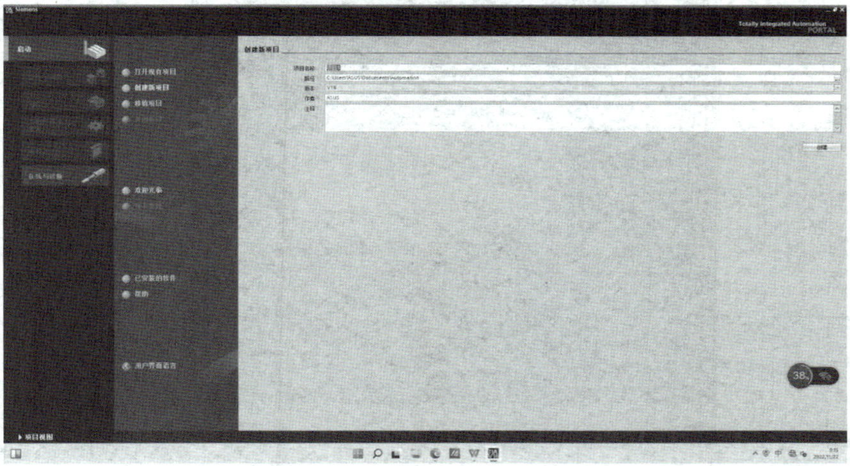

图 2－22　在 Portal 视图中创建新项目

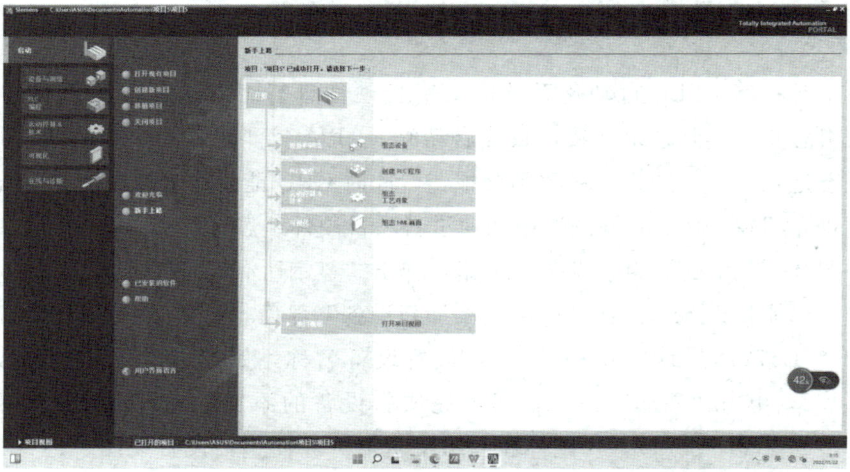

图 2－23　“新手上路”界面

本书安装的版本为 V16，所以创建好的新项目的后缀名与 TIA 博途编程软件的版本号相关，新项目的后缀名为“.ap16”，可以通过单击“打开现有项目”按钮来打开一个已有项目、单击“关闭项目”按钮来结束现有项目。

（2）在项目视图中创建新项目。“Portal 视图”和“项目视图”界面可以互相切换，“新手上路”界面如图 2－23 所示，单击左下角的“项目视图”按钮可以进入“项目视图”界面，单击菜单栏中的“项目”菜单，选择“新建”命令后，弹出“创建新项目”对话框，创建过程与 Portal 视图中创建新项目一致，在项目视图中创建新项目如图 2－24 所示。单击左下角的“Portal 视图”按钮可以进入“Portal 视图”界面。

图 2－24　在项目视图中创建新项目

2. 硬件组态

西门子 S7-1200 PLC 自动化系统需要对各硬件进行组态、参数设置和通信互联。项目中的组态要与实际系统一致，系统启动时，CPU 会自动监测软件的预设组态与系统实际组态是否一致，如果不一致则会报错，此时 CPU 能否启动取决于启动设置。

下面将介绍在“Portal 视图”中如何进行项目硬件组态。

单击图 2－23 中的“组态设备”按钮，弹出“显示所有设备”界面，如图 2－25 所示。单击“添加新设备”按钮，弹出“添加新设备”界面，如图 2－26 所示。选择“控制器”→“6ES7215－1BG40－0XB0”，设置设备名称，如 PLC _ 1。选择 CPU 的版本，如 V4.2，单击“添加”按钮，即可完成新设备的添加，进入“硬件和网络编辑器”界面，如图 2－27 所示。“硬件和网络编辑器”界面包括设备视图、巡视窗口和总览窗口。

图 2－25　“显示所有设备”界面

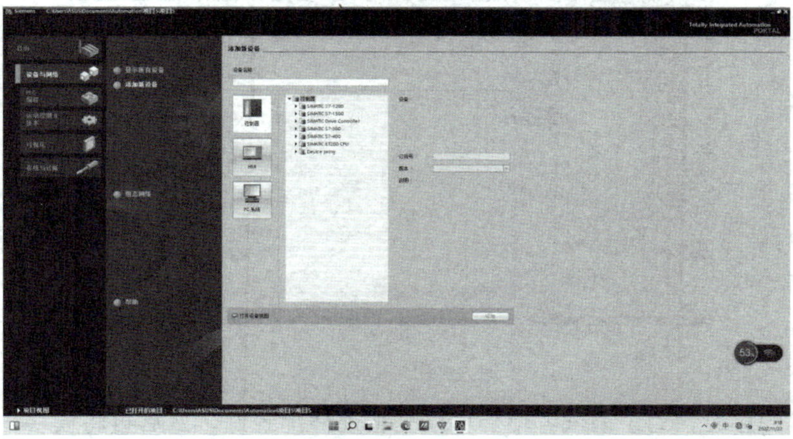

图 2－26　“添加新设备”界面

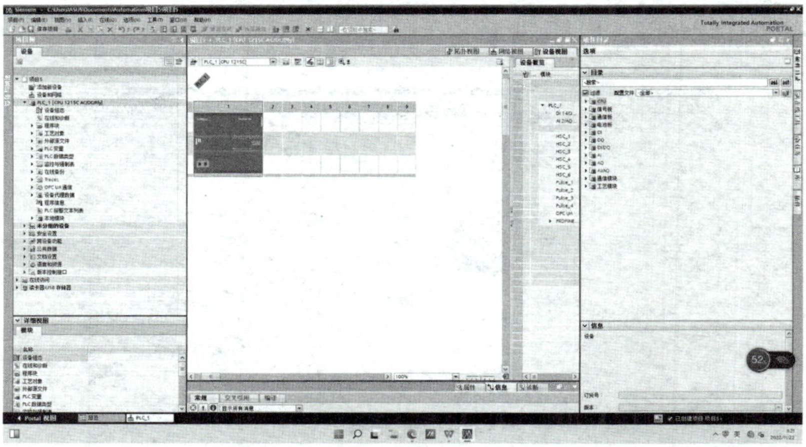

图 2－27　“硬件和网络编辑器”界面

（1）设备视图。如图 2-27 所示，在组态区域内，可以使用切换开关实现“拓扑视图”“网络视图”和“设备视图”的转换，选择“设备视图”，在“设备视图”的图形区域中能够看到西门子 S7-1200 PLC 可以添加的模块数量，在添加完新设备后，生成与设备匹配的机架（Rack _ 0），CPU 左侧最多可以添加 3 个通信模块，右侧最多可以添加 8 个扩展模块。

硬件组态如图 2-28 所示，在 CPU 本体上配置一块 CB1241，操作步骤如下：在硬件选项中，选择“通信板”→“点到点”→“CB1241（RS485）”→“6ES7 241-1CH30-1XB0”；用同样的方法，在 CPU 左侧配置通信模块 CM1241，选择“通信模块”→“点到点”→“CM1241（RS232）”→“6ES7 241-1AH30-0XBO”；在 CPU 右侧配置一块信号模块，选择“DI/DQ”→“DI16/DQ16x24VDC”→“6ES7 223-1BL30-0XB0”。

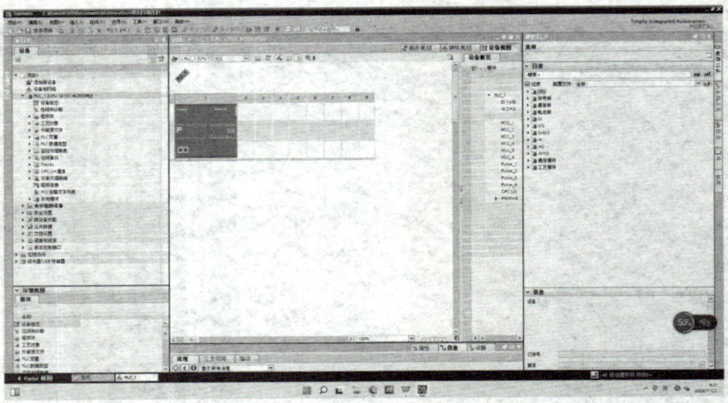

图 2-28 硬件组态

在调试程序时，为了调试方便，可以先将硬件配置好，然后再将模块“拔出”，如图 2-29 所示。单击“设备视图”工具栏中的“拔出的模块”按钮，选择显示/隐藏“拔出的模块”。有时硬件只有 CPU，缺少其他扩展模块。若按工程实际情况下载，硬件配置与实际情况不符，CPU 会报错。

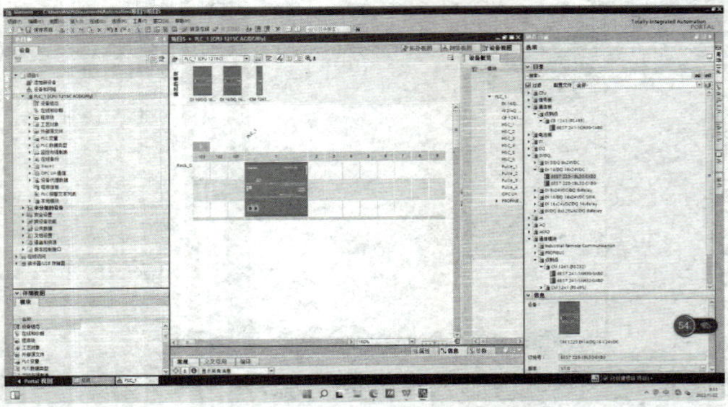

图 2-29 硬件组态——拔出的模块

（2）巡视窗口。巡视窗口有“属性”选项卡、“信息”选项卡和“诊断”选项卡。

“属性”选项卡显示所选对象的属性，用户可以在此处更改可编辑的属性。

“信息”选项卡显示有关所选对象的附加信息以及执行操作（如编译）时发出的报警。

“诊断”选项卡将提供有关系统诊断事件、已组态消息事件以及连接诊断的信息。

（3）总览窗口。单击左下角的“总览”按钮可以显示总览内容。总览窗口有 3 种显示形式，可以使用切换开关实现“详细信息”视图、“列表”视图和“缩略图”视图的转换。在“详细信息”视图中，对象显示在一个含有限件信息的列表中；在“列表”视图中，对象显示在一个简单列表中；在“缩略图”视图中，对象以图标的形式显示。

项目3

西门子S7-1200 PLC基本指令及应用

彩灯又名花灯，是我国普遍流行的传统的民间综合性工艺品。彩灯艺术也就是灯的综合性装饰艺术，城市因众多的彩灯而变得灿烂。本项目通过 PLC 程序控制实现灯池或灯带中不同灯的亮灭顺序，综合了 PLC 控制的定时器、计数器以及常规指令。

【课件】

西门子 S7-1200 PLC
基本指令及应用

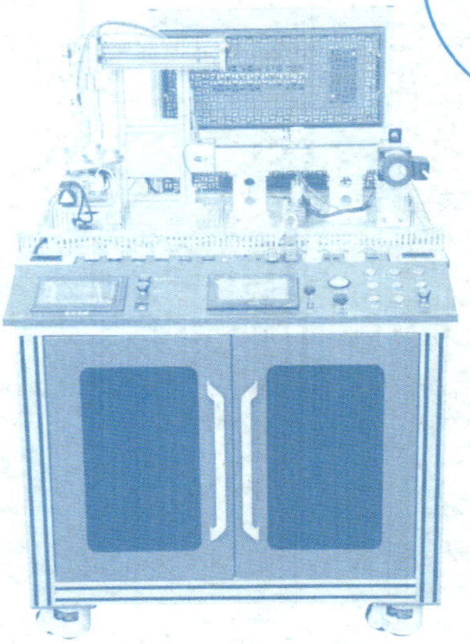

项目学习目标

知识目标：

了解西门子 S7-1200 PLC 定时器、计数器等指令及其应用特点。

技能目标：

熟练掌握 TIA Portal V15 设计环境中的 LAD 编辑编译及调试；能进行定时器、计数器等指令的应用编程；能通过实际工程项目分析来进行硬件设计、软件设计。

职业素养目标：

根据本项目的硬件设计和软件设计方案，进一步培养学生的工程意识和团队意识，锻炼学生的工程实施能力。

课程思政目标：

学生通过对本项目中基本指令和彩灯程序的编写的学习，提升解决问题的实践能力，培养自身严谨踏实、精益求精的工作态度和勇于探索的创新精神。

3.1　项目背景及控制要求

3.1.1　项目背景

PLC 内部提供了定时器指令来实现定时控制，也可以利用计数器记录时钟脉冲的个数实现计时功能，还可以利用移位和传送指令实现不同的彩灯控制。同学们还可以发挥主观能动性，根据自己的想法设计不同控制方式的彩灯，增强创新意识，提升创新能力。

3.1.2　控制要求

1. 控制要求一

现有 L1～L8 共 8 盏霓虹灯，要求按下“开始”按钮，霓虹灯 L1～L8 以正序每隔 1 s 轮流点亮，当 L8 亮后，停 2 s；然后，反向逆序隔 1 s 轮流点亮，当 L1 亮后，停 5 s；重复上述过程。按下“停止”按钮，霓虹灯停止工作。

2. 控制要求二

现有 L1～L8 共 8 盏霓虹灯，要求按下“开始”按钮，霓虹灯 L1～L8 以正序每隔 1 s 轮流点亮，当 L8 亮后，回到 L1 亮，如此循环 3 次后，停 2 s；然后，反向逆序隔 1 s 轮流点亮，当 L1 再亮后，回到 L8 亮，如此循环 5 次后，停 5 s；重复上述过程。按下“停止”按钮，霓虹灯停止工作。

【微课】

定时器指令

3.2　基础知识

3.2.1　定时器指令

在工业场合，定时器的应用非常广泛，如设备的延时启动、延时停止，设备的定时保养提示等。西门子 S7-1200 PLC 提供了 4 种类型的定时器，定时器类型及功能见表 3-1 所列。这些定时器都属于 IEC 定时器。

表 3-1 定时器类型及功能

类 型	功能描述
脉冲定时器（TP）	脉冲定时器可生成具有预设宽度时间的脉冲
接通延时定时器（TON）	接通延时定时器输出端 Q 在预设的延时过后设置为“ON”
关断延时定时器（TOF）	关断延时定时器输出端 Q 在预设的延时过后设置为“OFF”
保持型接通延时定时器（TONR）	保持型接通延时定时器输出端 Q 在预设的延时过后设置为“ON”

1. 脉冲定时器（TP）

当输入端 IN 从“0”变为“1”（信号上升沿）时，启动该定时器。定时器启动时，预设时间（Prest Time，PT）开始计时。无论后续输入信号的状态如何变化，Q 端都将输出由 PT 指定一段时间的置位信号。计时期间，即使检测到新的信号上升沿，Q 端的信号状态也不会受到影响，TP 指令如图 3-1 所示。

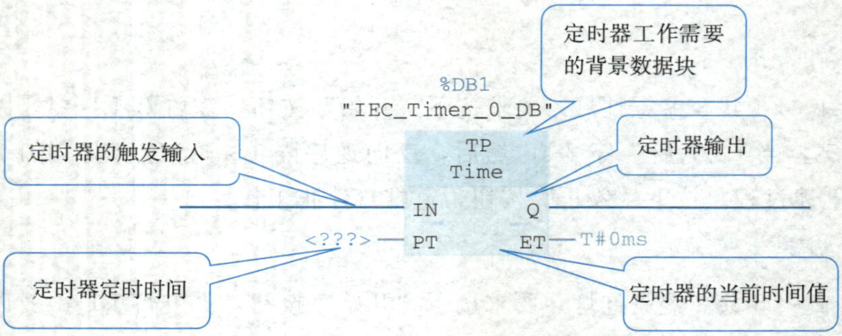

图 3-1 TP 指令

可以扫描输出端 ET 的当前时间值。该定时器值从“T＃0s”开始，在达到 PT 后结束。若 PT 用完且输入端 IN 状态为“0”，则为 ET 输出。每次调用脉冲定时器指令，都会为其分配一个 IEC 定时器的背景数据块，用于存储指令数据。

关于定时器的学习主要是分析其时序图。接下来通过具体的程序来分析其工作原理和使用方法，脉冲定时器 TON 程序应用及时序图如图 3-2 所示。

第一种情况：当 I0.0 变为“1”时，定时器启动且 Q 端变为“1”，到达设定的时间（本例中为 20 s）后，Q 端变为“0”；此时若 IN 端仍然是“1”，则定时器会保持当前的时间值；当 IN 端变为“0”时，定时器的时间值清零。

第二种情况：I0.0 变为“1”启动定时器后，定时器的 Q 端变为“1”，若计时还未结束 I0.0 变为“0”，甚至又变为“1”，这些都不会影响定时器计时，直至计时结束；若 I0.0 为“0”，则定时器时间值清零，且其 Q 端变为“0”。

第三种情况：I0.0 变为“1”启动定时器后，定时器的 Q 端变为“1”；在计时还未结束时，I0.0 变为“0”，紧接着 I0.1 变为“1”，这就会通过定时器复位指令［RT］将定时器复位；此时定时器的时间值被清零，同时 Q 端也会变为“0”。

第四种情况：I0.0 变为“1”启动定时器后，定时器的 Q 端变为“1”；在计时还未结束时，I0.0 保持“1”不变，紧接着 I0.1 变为“1”，这样同样会复位定时器，但是如果在计时还没结束的情况下，I0.1 又变为“0”，此时定时器会重新启动，在这期间定时器的 Q 端一直保持“1”。之后的工作情况和前面的几种情况类似，这里不再赘述。

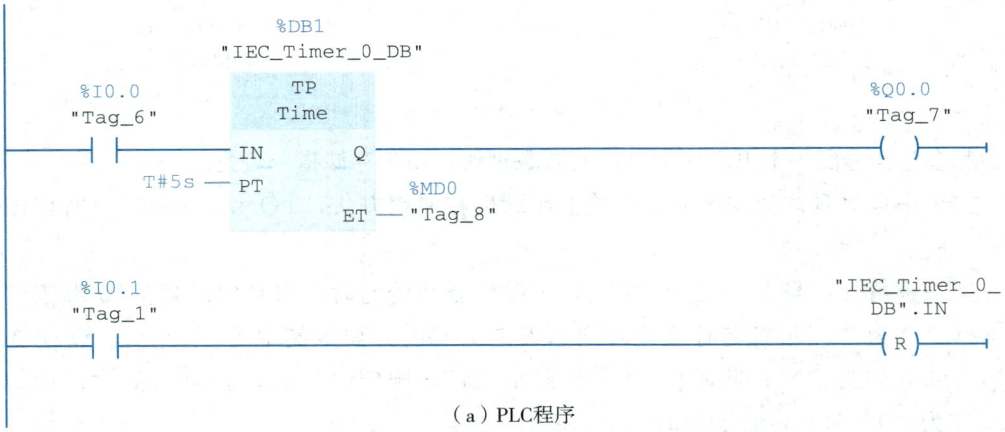

（a）PLC程序

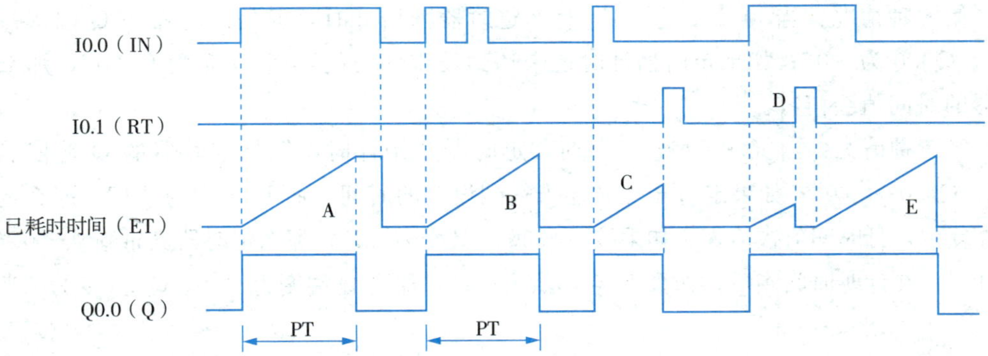

（b）时序图

图 3－2　脉冲定时器 TON 程序应用及时序图

2. 接通延时定时器（TON）

当输入端 IN 的 RLO 从“0”变为“1”（信号上升沿）时，启动该指令。指令启动时，PT 开始计时。超出 PT 之后，Q 端的信号状态将变为“1”。只要启动输入端信号仍为“1”，Q 端就保持置位。启动输入端信号状态从“1”变为“0”时，Q 端将复位。在启动输入端检测到新的信号上升沿时，定时器将再次启动。TON 指令如图 3－3 所示。

可以在 ET 端输出当前的时间值。该定时器值从“T＃0s”开始，在到达预设时间值 PT 后结束。只要 IN 端的信号状态变为“0”，ET 端就复位。每次调用 TON 指令，该定

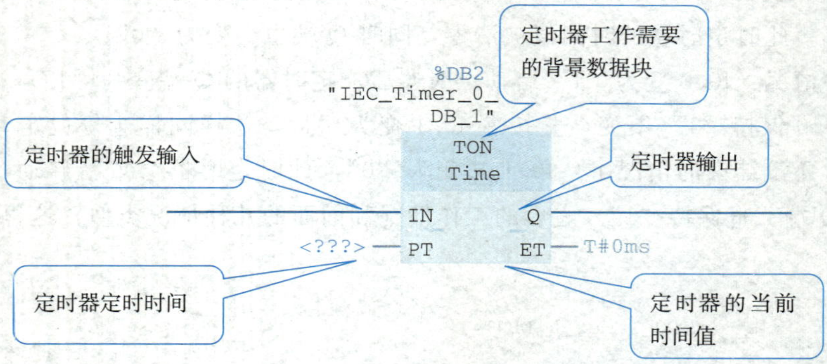

图 3-3　TON 指令

时器都会为其分配一个 IEC 定时器的背景数据块，用于存储指令数据。

接下来通过具体的程序来分析其工作原理和使用方法，TON 程序应用及时序图如图3-4所示。

第一种情况：当 I0.0 变为“1”时，定时器开始计时，但是定时器的 Q 端依然为“0”，Q0.0 为“0”；当定时器计时到达设定的时间（如本例中为 5 s）后，Q 端变为“1”，Q0.0 变为“1”；此时若 I0.0 依然是“1”，则定时器会保持当前的时间值；当 I0.0 变为“0”时，定时器的时间会清零。

第二种情况：当 I0.0 变为“1”时，定时器开始计时，但是定时器的 Q 端依然为“0”，Q0.0 为“0”；如果定时器计时还未达到设定的时间，而 I0.0 变为“0”，那么定时器的时间值会清零。

第三种情况：当 I0.0 变为“1”时，定时器开始计时，但是定时器的 Q 端依然为“0”，Q0.0 为“0”；如果定时器计时还未达到设定的时间，而 I0.1 变为“1”，那么定时器被复位，且时间值被清零；如果接下来 I0.1 又变为“0”，那么定时器又重新从“0”开始计时；在计时时间到后，如果 I0.0 仍然为“1”，那么 Q 端变为“1”，Q0.0 变为“1”。

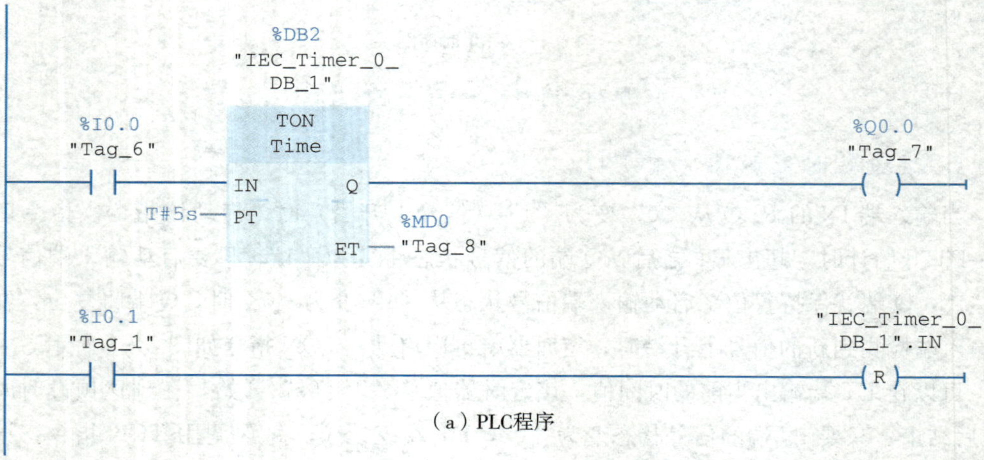

（a）PLC程序

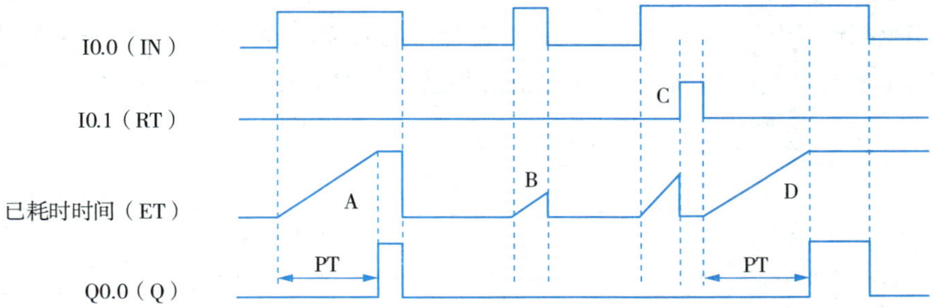

（b）时序图

图 3 - 4　TON 程序应用及时序图

3. TOF

当 IN 端的 RLO 从“0”变为“1”（信号上升沿）时，将置位 Q 端。当 IN 端处的信号状态变回“0”时，PT 开始计时。只要 PT 仍在计时，Q 端就保持置位。PT 计时结束后，Q 端将复位。若 IN 端的信号状态在 PT 计时结束之前变为“1”，则复位定时器，Q 端的信号状态仍将为“1”。TOF 指令如图 3 - 5 所示。

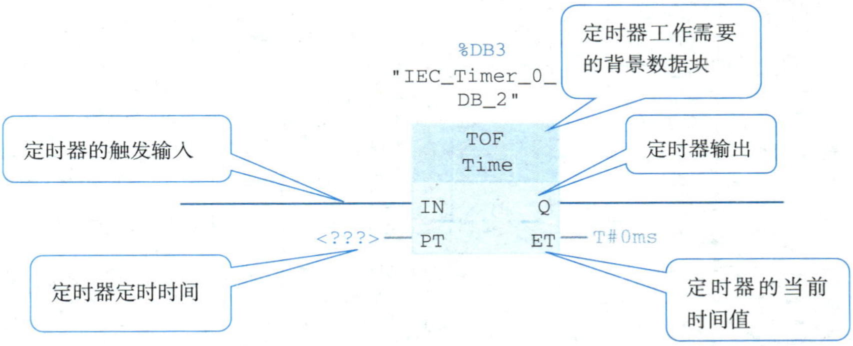

图 3 - 5　TOF 指令

接下来通过具体的程序来分析其工作原理和使用方法，TOF 程序应用及时序图如图3 - 6所示。

第一种情况：当 I0.0 变为“1”时，定时器的 Q 端变为“1”，Q0.0 变为“1”，此时定时器并未开始计时；当 I0.0 变为“0”时，也就是定时器的 IN 端出现了下降沿时，定时开始计时；在计时时间到达设定值（如本例中为 3 s）后，定时器的 Q 端变为“0”，Q0.0 变为“0”，此时定时器将保持当前的时间值直到 I0.0 出现上升沿。

第二种情况：当 I0.0 变为“1”时，定时器的 Q 端变为“1”，Q0.0 变为“1”；接着 I0.0 又变为“0”（也就是出现了下降沿），如果在计时还未结束时，I0.0 又变为“1”（即上升沿），此时定时器将重新开始计时，Q 端依然保持为“1”，Q0.0 依然为“1”；如果在新一轮计时中计时还未结束，I0.1 变为“1”，定时器被复位，定时器的当前时间值被清零，同时 Q 端变为“0”，Q0.0 变为“0”。

第三种情况：当 I0.0 变为“1”时，定时器的 Q 端变为“1”，Q0.0 变为“1”；此时如果 I0.1 变为“1”，定时器的 Q 端依然保持为“1”，Q0.0 依然为“1”。

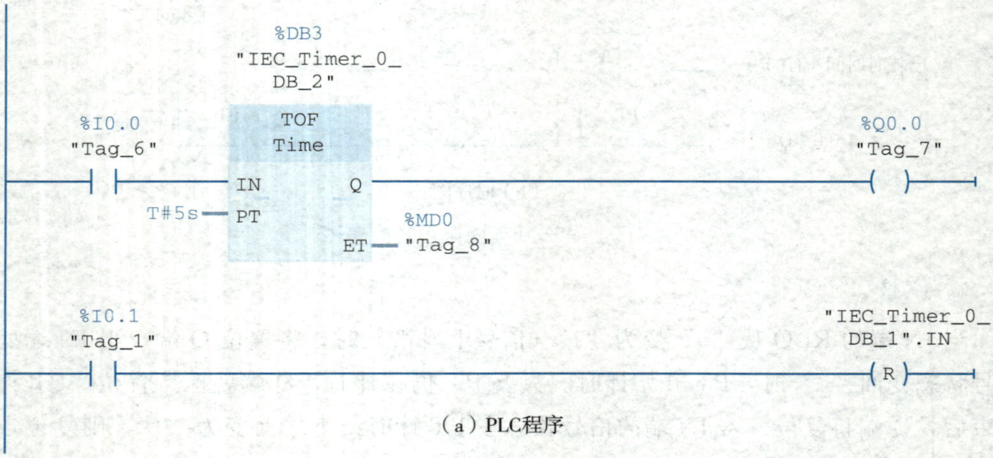

（a）PLC程序

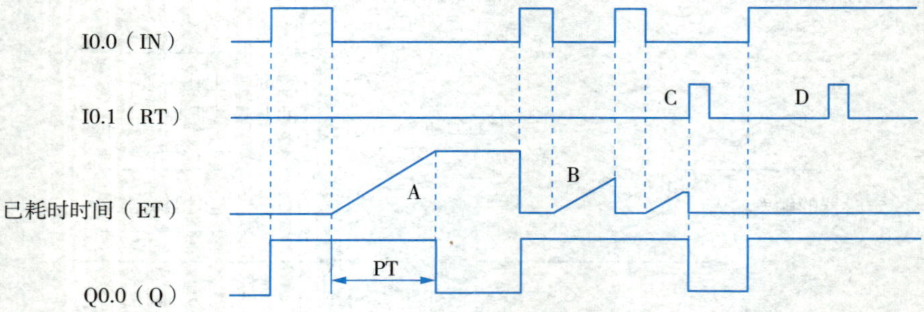

（b）时序图

图 3-6　TOF 程序应用及时序图

4. 保持型接通延时定时器（TONR）

当 IN 端的信号状态从“0”变为“1”（信号上升沿）时，启动该指令，开始计时。当 IN 端变为“0”时，定时器停止工作，保持当前计时值，当定时器的 IN 端又从“0”变为“1”时，定时器继续增加。累加得到的时间值将被写入 ET 端中，并可以在此进行查询。PT 计时结束后，Q 端的信号状态变为“1”。即使 IN 端的信号状态从“1”变为“0”（信号下降沿），Q 端也将保持置位为“1”。TONR 指令如图 3-7 所示。

接下来通过具体的程序来分析其工作原理和使用方法，TONR 程序应用及时序图如图 3-8 所示。

当 I0.0 为“1”时，定时器开始计时，如果计时还未结束 I0.0 就变为“0”，计时器将会保持当前的时间值；当“0”又一次变为“1”时，定时器将会在之前的计时基础上继续计时；在计时达到设定值（如本例中为 3 s）后，Q 端变为“1”，Q0.0 变为

“1”。从此以后不论 I0.0 如何变化，Q 端一直为“1”，Q0.0 一直为“1”，除非当 I0.1 变为“1”时，Q 端变为“0”，Q0.0 变为“0”。

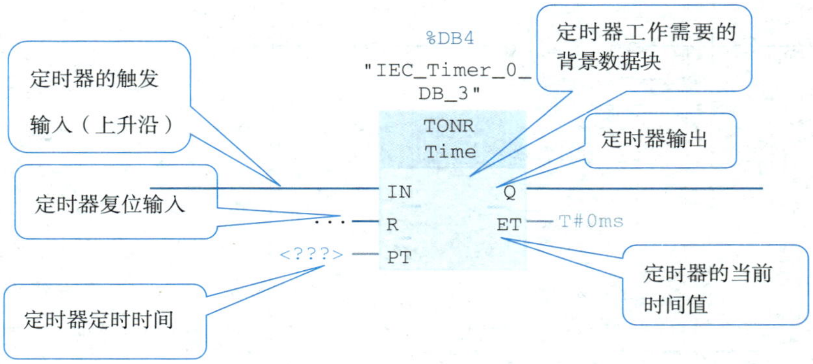

图 3－7　TONR 指令

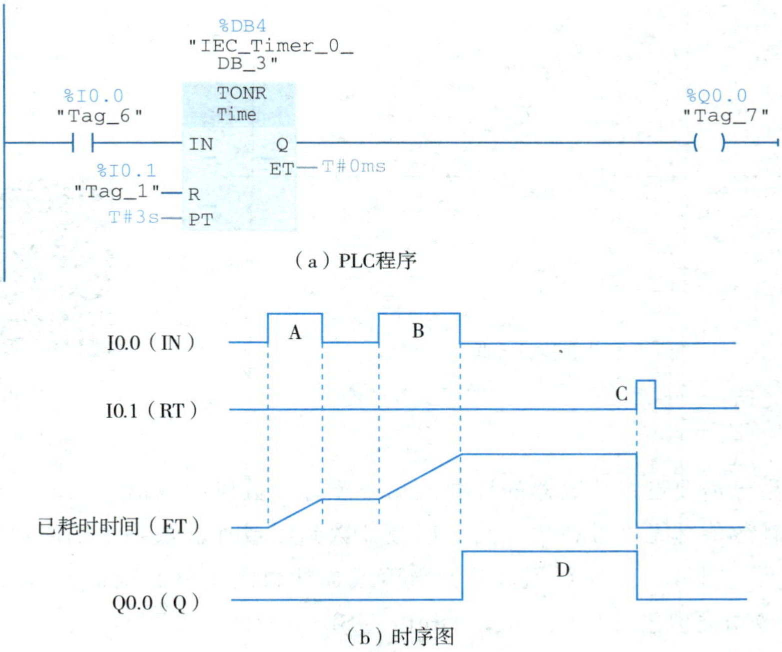

图 3－8　TONR 程序应用及时序图

3.2.2　计数器指令

西门子 S7-1200 PLC 提供了 3 种类型的计数器（图 3－9）：加计数器、减计数器和加减计数器。它们都是 IEC 计数器，也是软件计数器，其最大计数速率受它所在 OB 的执行速率的限制。如果需要速度更高的计数器，可使用内置的高速计数器。

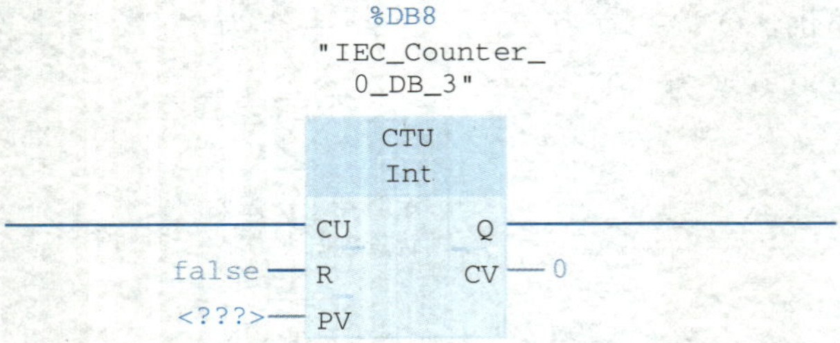

（a）加计数器

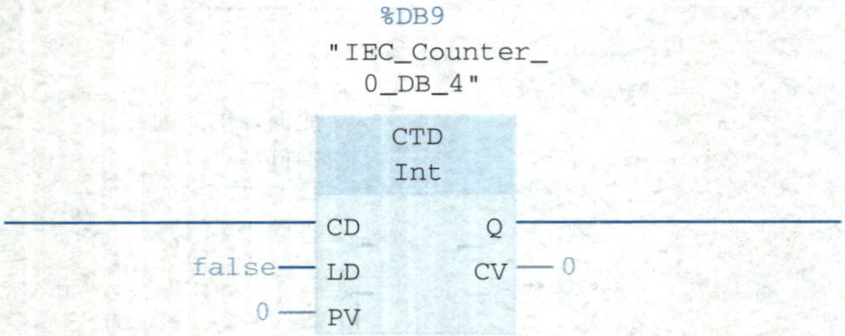

（b）减计数器

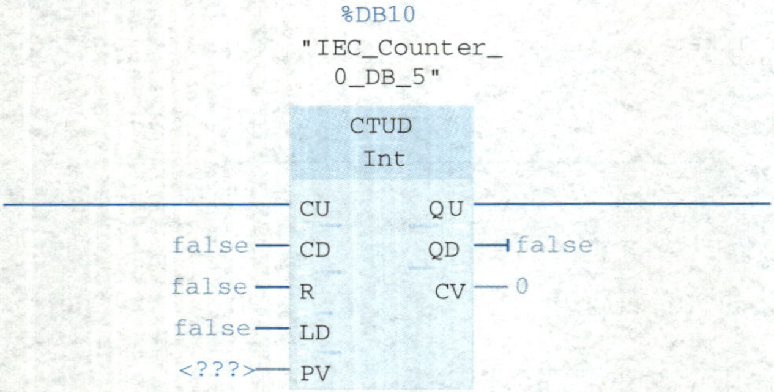

（c）加减计数器

图 3－9　西门子 S7-1200 PLC 的计数器

【微课】

计数器指令

使用计数器需要设置计数器的计数数据类型，计数值的数值范围取决于所选的数据类型。若计数值是无符号整数，则可以减计数到零或加计数到范围限值；若计数值是有符号整数，则可以减计数到负整数限值或加计数到正整数限值。西门子 S7-1200 PLC 支持的数据类型包括 SInt、Int、DInt、USInt、UInt、UDInt 等。

1. 加计数器

加计数器程序及时序图如图 3－10 所示。图 3－10 中，“%DB5”表示计数器的背景数据块，CTU 表示加计数器，图中计数值数据类型是无符号整数，预设值为 PV＝3。由图 3－10 可得到其工作原理：输入参数 CU（Count Up）的值从“0”变为“1”（上升沿）时，加计数器的当前计数值（Count Value，CV）加 1；若 0.0CV 大于或等于 PV（预设计数值），则计数器输出参数 Q0.0＝1；若复位参数 R 的值从“0”变为“1”，则当前 CV 复位为“0”，输出 Q 也为“0”。

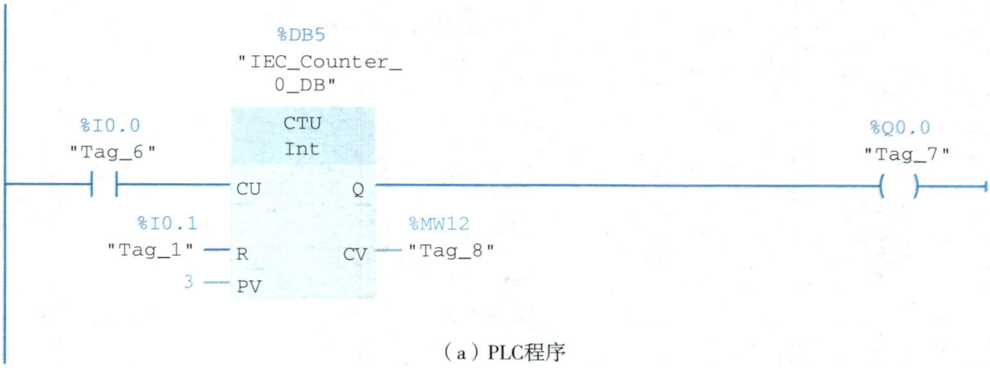

（a）PLC程序

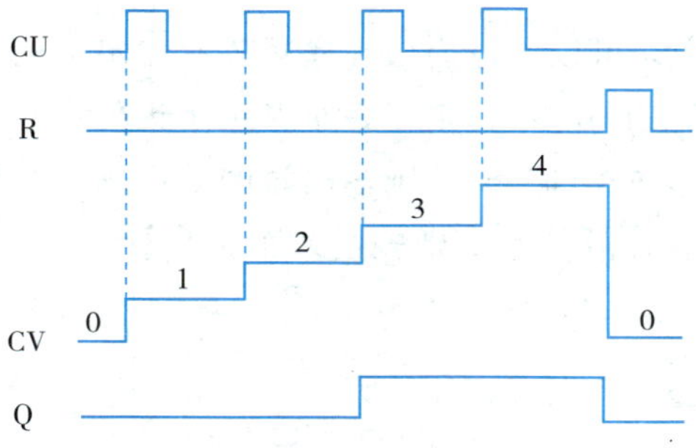

（b）时序图

图 3 - 10　加计数器程序及时序图

2. 减计数器

减计数器程序及时序图如图 3 - 11 所示。图 3 - 11（a）中，“%DB6”表示计数器的背景数据块，CTD 表示减计数器，预设值为 PV=3。由图 3 - 11（b）可得到其工作原理：输入参数 CD（Count Down）的值从“0”为“1”（上升沿）时，减计数器的 CV 减 1，若参数 CV 等于或小于 0，则计数器输出参数 Q0.0=1；若参数 LOAD（装载）的值从“0”变为“1”（上升沿），则 PV 将作为新的 CV 装载到计数器中。

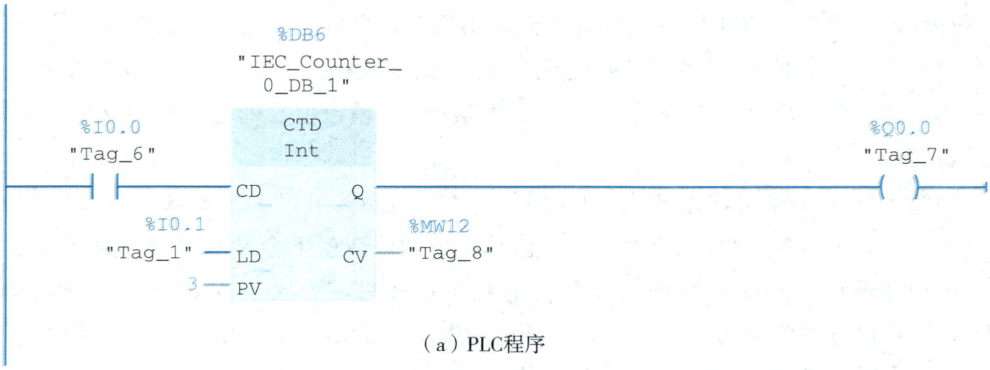

（a）PLC程序

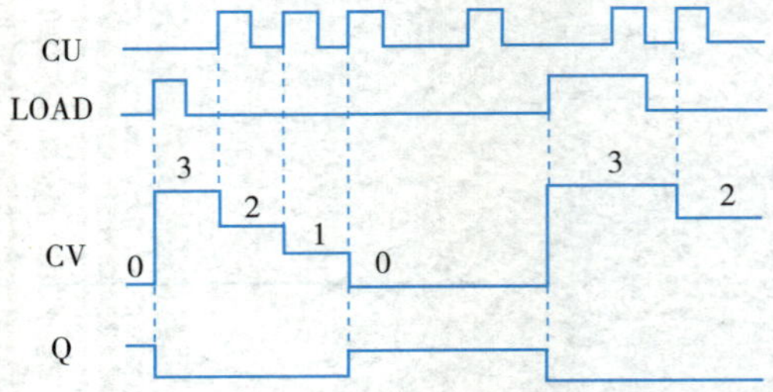

（b）时序图

图3-11 减计数器程序及时序图

3. 加减计数器

在加减计数器指令中，可以通过递增和递减改变输出端的CV。若输入端CU的信号状态从“0”变为“1”（上升沿），则CV加1并存储在输出端。若输入端CD的信号状态从“0”变为“1”（上升沿信号），则输出端的CV减1。若在一个程序周期内，输入端CU和CD都出现上升沿信号，则输出端的CV保持不变。加减计数器指令如图3-12所示。

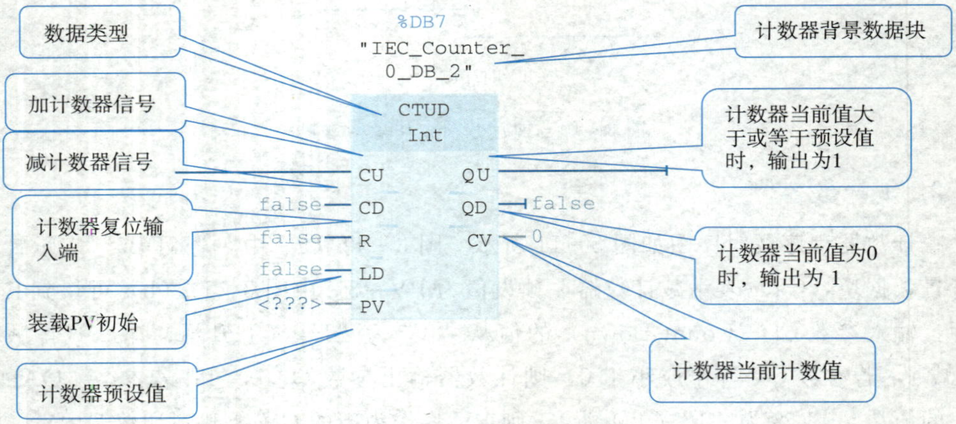

图3-12 加减计数器指令

计数器值可以一直递增，直到其达到输出端CV所指定数据类型的上限。达到上限后即使出现上升沿信号，CV也不再递增。达到指定数据类型的下限后，CV便不递减。

输入端LD的信号状态变为“1”时，参数PV（预设值）的值将作为新的CV装载到计数器中。

当输入端R的信号状态变为“1”时，将CV置位为“0”。只要输入端R的信号状态仍为“1”，输入端CU、CD和LD的信号状态的改变就不会影响加减计数器指令。

可以在输出端QU中查询加计数器的状态。如果CV大于或等于PV，则输出端QU的信号状态将置位为“1”。在其他任何情况下，输出端QU的信号状态均为“0”。

可以在输出端QD中查询减计数器的状态。如果CV小于或等于“0”，则输出端QD的信号状态将置位为“1”。在其他任何情况下，输出端QD的信号状态均为“0”。

接下来通过具体的程序来分析其工作原理和使用方法，加减计数器程序应用及时序图如图 3－13 所示。

当 I1.3 产生上升沿时，计数器装载初值（本例中计数器预置值为 3），然后当 I0.0 和 I0.1 分别产生上升沿时，计数器会进行加减计数。在这期间如果计数器当前的值小于 3，Q1.0 会变为“0”；如果计数器当前值等于 0，Q1.1 会变为“1”。

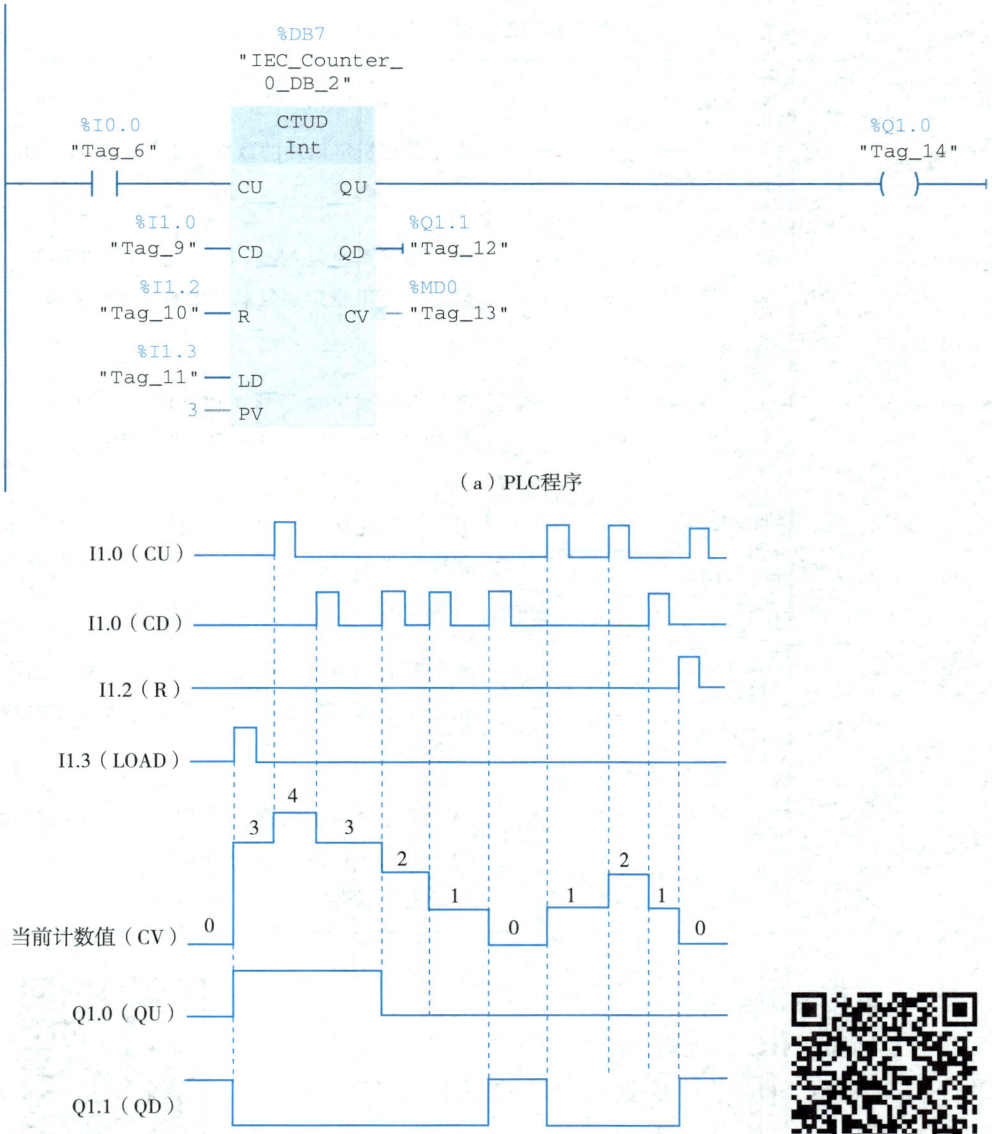

（a）PLC程序

（b）时序图

图 3－13　加减计数器程序应用及时序图

【微课】

移动指令

3.2.3 移动指令

使用移动指令可将数据元素复制到新的存储器地址，并从一种数据类型转换为另一种数据类型，移动过程不会更改源数据。西门子 S7-1200 PLC 的移动指令及功能见表 3－2 所列。

表 3－2 西门子 S7-1200 PLC 的移动指令及功能

指　令	功　能
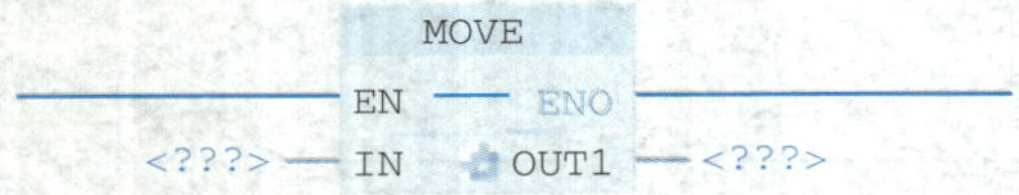	将存储在指定地址的数据元素复制到新地址
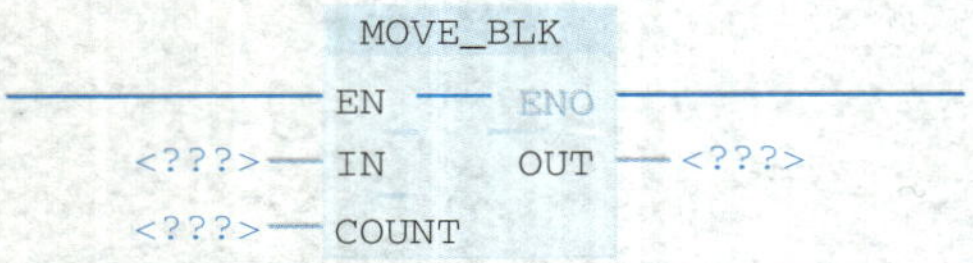	将数据元素块复制到新地址的可中断移动，参数 COUNT 指定要复制的数据元素个数
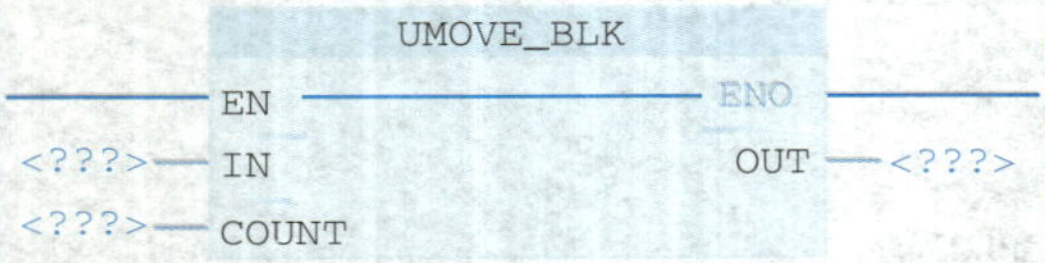	将数据元素块复制到新地址的不中断移动，参数 COUNT 指定要复制的数据元素个数
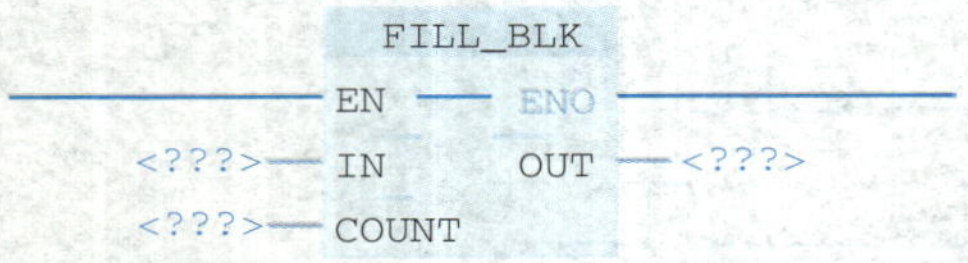	可中断填充指令，使用指定数据元素的副本填充地址范围，参数 COUNT 指定要填充的数据元素个数
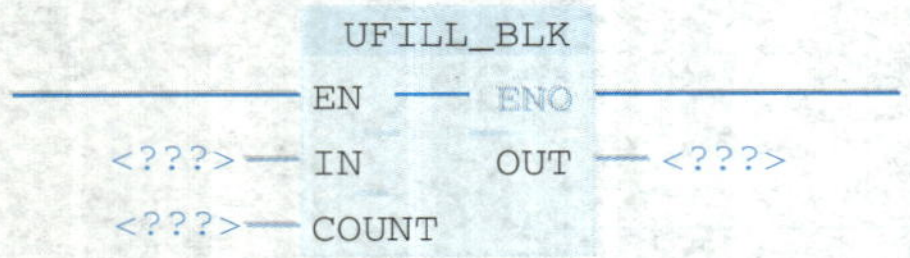	不中断填充指令，使用指定数据元素的副本填充地址范围，参数 COUNT 指定要填充的数据元素个数
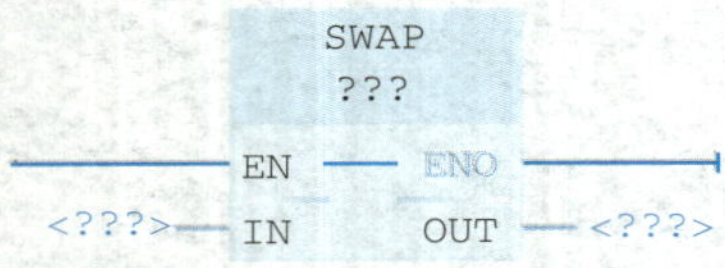	SWAP 指令用于调换二字节和四字节数据元素的字节顺序，但不改变每个字节中位顺序，需要指定数据类型

1. 数据复制操作规则

数据复制操作有以下规则：

（1）要复制 BOOL 型数据类型，应使用 SET_BF、RESET_BF、RS 或输出线圈指令；

（2）要复制单个基本数据类型、结构或字符串中的单个字符，应使用 MOVE 指令；

（3）要复制基本数据类型数组，应使用 MOVE_BLK 或

【课件】
S7-1200 PLC
数据块及程序块

UMOVE _ BLK 指令；

（4）要复制字符串，应使用 S _ CONV 指令；

（5）MOVE _ BLK 和 UMOVE _ BLK 指令不能将数组或结构复制到 I、Q 或 M 存储区。

MOVE _ BLK 指令执行期间排队并处理中断事件。在中断 OB 中未使用移动目标地址的数据时，或者虽然使用了该数据，但目标数据不必一致时，使用 MOVE _ BLK 指令。若 MOVE _ BLK 操作被中断，则最后移动的一个数据元素在目标地址中是完整并且一致的。MOVE _ BLK 操作会在中断 OB 执行完成后继续执行。

2. 数据填充操作规则

数据填充操作有以下规则：

（1）要填充 BOOL 数据类型，应使用 SET _ BF、RESET _ BF、R、S 或输出线圈指令；

（2）要填充单个基本数据类型或在字符串中填充单个字符，应使用 MOVE 指令；

（3）要填充基本数据类型数组，应使用 FILLBLK 或 UFILL _ BLK；

（4）FILL _ BLK 和 UFILL _ BLK 指令不能将数组填充到 I、Q 或 M 存储区。

FILL _ BLK 指令执行期间排队并处理中断事件。在中断 OB 未使用移动目标地址的数据时，或者虽然使用了该数据，但目标数据不必一致时，使用 FILL _ BLK 指令。UFILL _ BLK 指令完成执行前排队但不处理中断事件。若在执行中断 OB 子程序前移动操作必须完成且目标数据必须一致，则使用 UFILL _ BLK 指令。

3.2.4　移位和循环移位指令

移位和循环移位指令及功能见表 3 - 3 所列，移位和循环移位指令需要选择数据类型。

表 3 - 3　移位和循环移位指令及功能

指　令	功　能
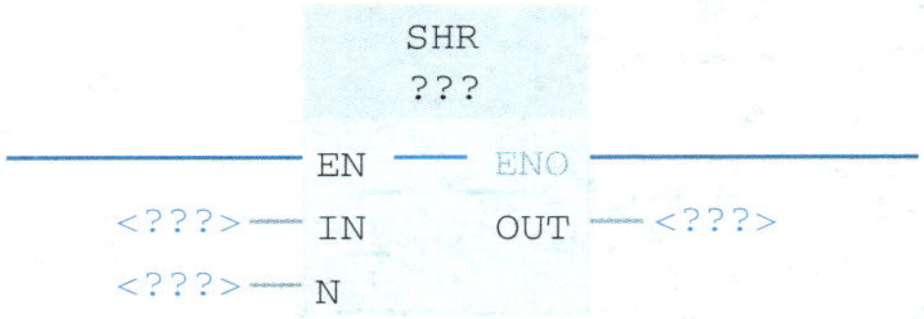	将参数 IN 的位序列右移 N 位，将结果送给参数 OUT
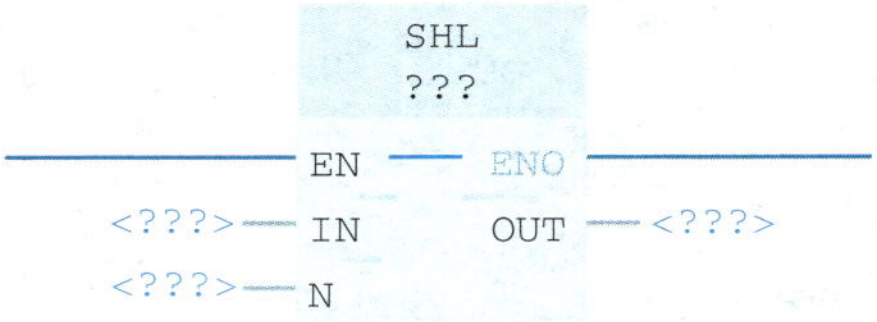	将参数 IN 的位序列左移 N 位，将结果送给参数 OUT

（续表）

指　令	功　能
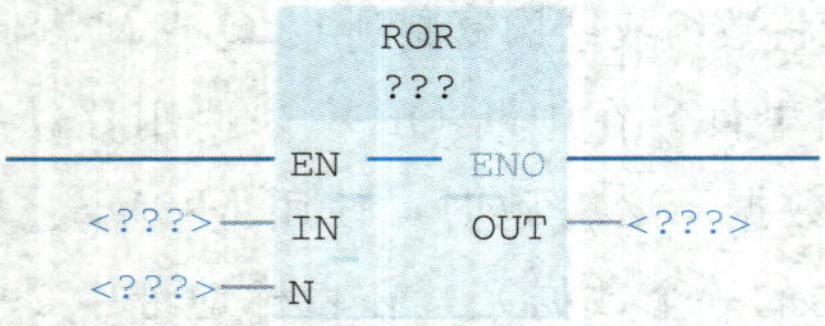	将参数 IN 的位序列循环右移 *N* 位，将结果送给参数 OUT
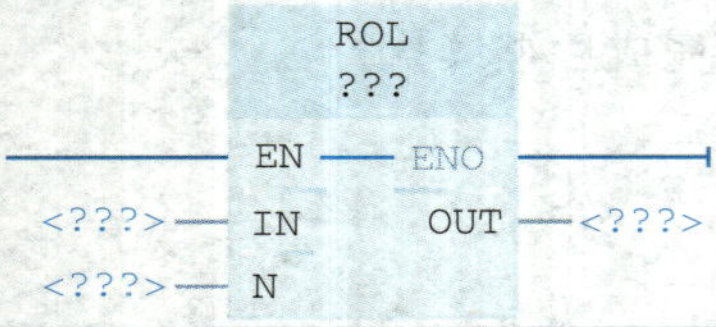	将参数 IN 的位序列循环左移 *N* 位，将结果送给参数 OUT

1. 移位指令注意事项

（1）要移位的位数（N）为 0 时，不进行移位，直接将 IN 值分配给 OUT。

（2）用“0”填充移位操作清空的位。

（3）若 N 超过目标值中的位数（Byte 为 8 位、Word 为 16 位、DWord 为 32 位），则所有原始位值将被移出并用“0”代替，即将“0”分配给 OUT。

2. 循环移位指令注意事项

（1）N 为 0 时，不进行循环移位，直接将 IN 值分配给 OUT。

（2）从目标值一侧循环出的位据将循环移位到目标值的另一侧，因此原始位值不会丢失。

（3）若要循环移位的位数（*N*）超过目标值中的位数（Byte 为 8 位、Word 为 16 位、DWord 为 32 位），则仍将执行循环移位。

3. 通过循环指令实现彩灯控制

编写程序如图 3 - 14 所示，其中“0.0”为控制开关，“M1.5”为周期为 1 s 的时

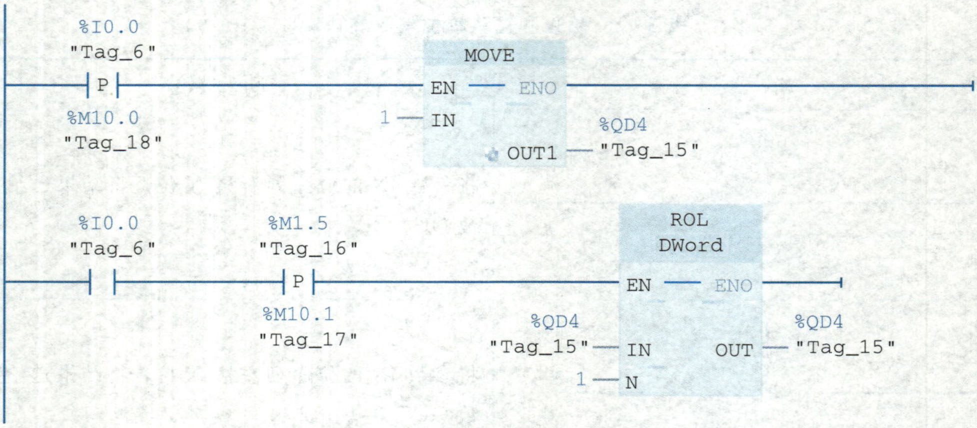

图 3 - 14　彩灯程序

钟存储器位，实现的功能为当按下“I0.0”时，“QD4”中为“1”的输出位每秒向左移动 1 位。第 1 段程序的功能是赋初值，即将“QD4”中的“Q7.0”置位；第 2 段程序的功能是每秒钟“QD4”循环左移一位。

3.3　编程举例

电动机正转、反转控制（带延时）时，按下启动按钮，电动机正转运行 5 s 后反转 5 s；如此循环，直到按下停止按钮，电动机停止。正转—反转循环控制程序示例如图 3－15（a）所示。按下启动按钮，电动机正转运行 5 s 后停 8 s，到时间后反转 5 s 后停 8 s；如此循环，直到按下停止按钮，电动机停止。正转—停—反转循环控制程序示例如图 3－15（b）所示。

思考：电动机正转、反转控制（带延时）时，按下启动按钮，电动机正转运行 5 s 后反转 5 s，如此循环 3 次后自动停止，该如何实现？

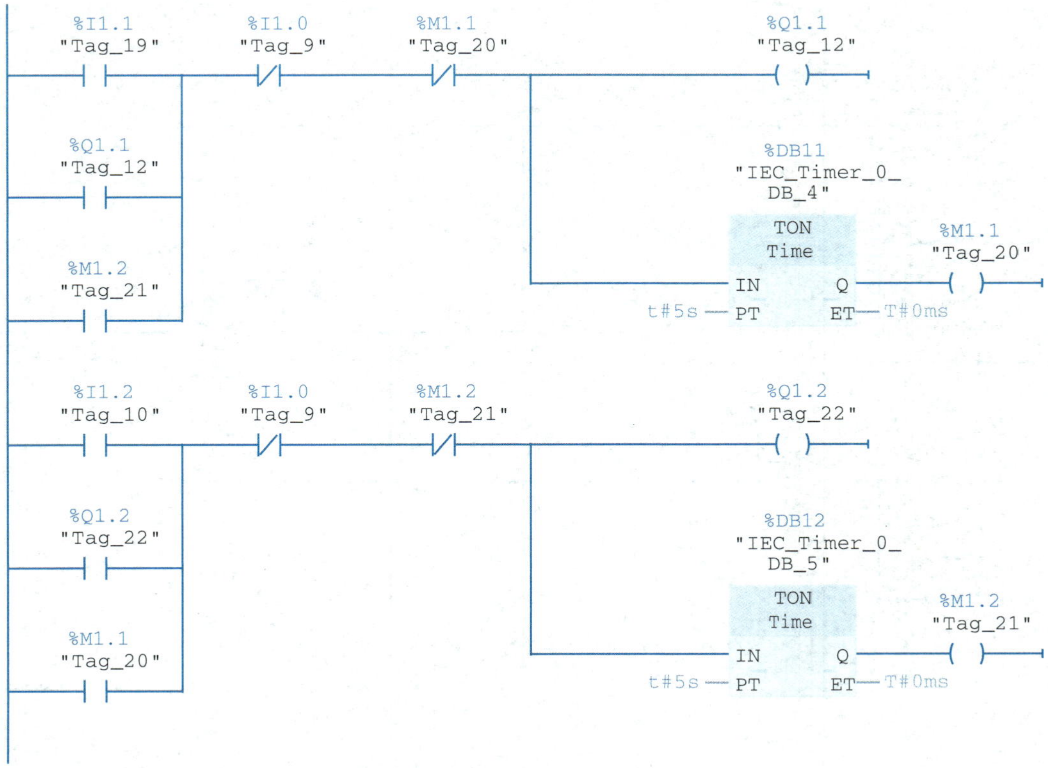

（a）正转—反转循环控制程序示例

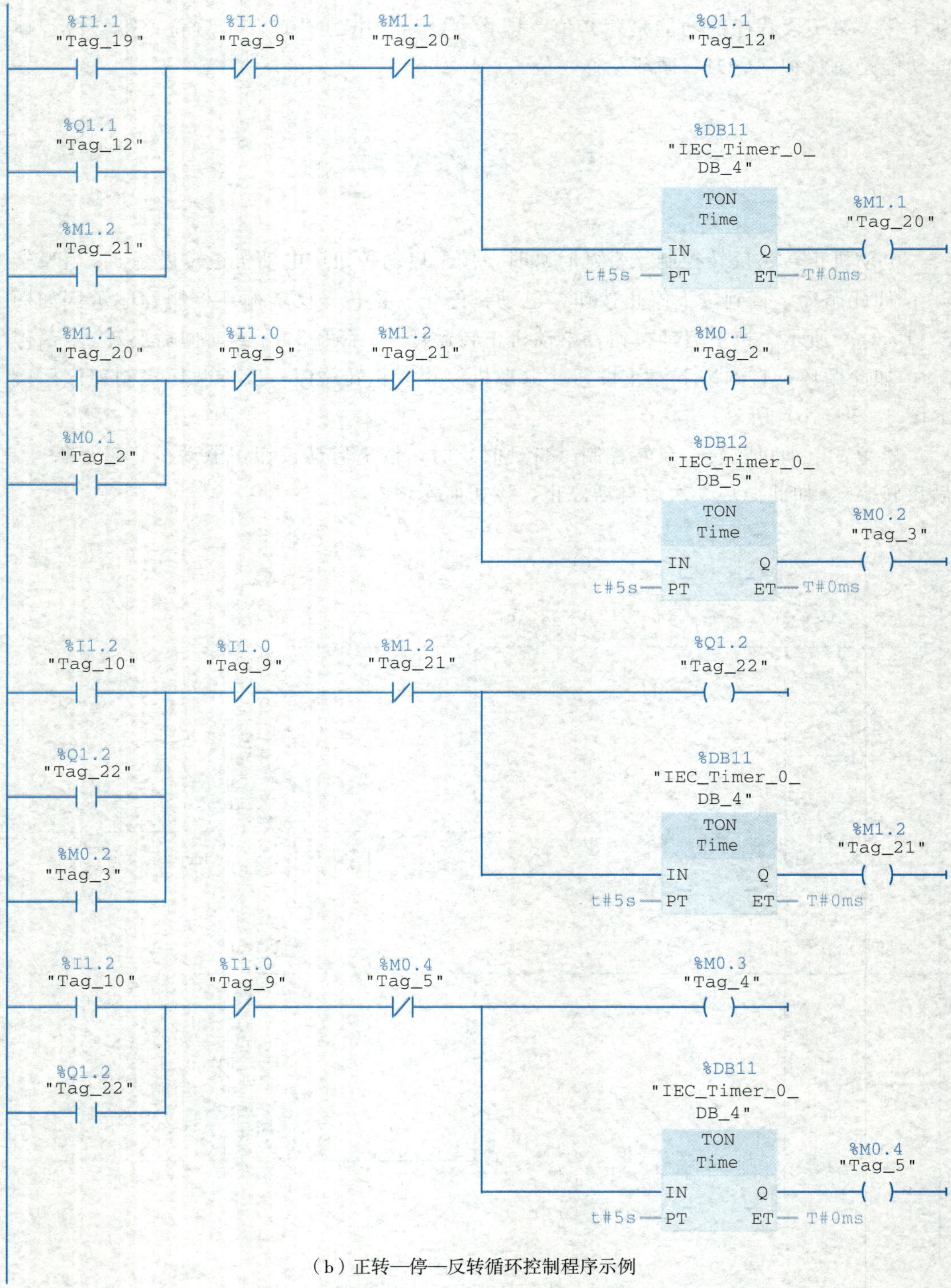

（b）正转—停—反转循环控制程序示例

图 3－15　电动机正转、反转循环控制程序示例

3.4　项目实现

根据定时器、计数器及常规指令进行彩灯控制程序的编写。彩灯控制界面如图 3－16 所示。

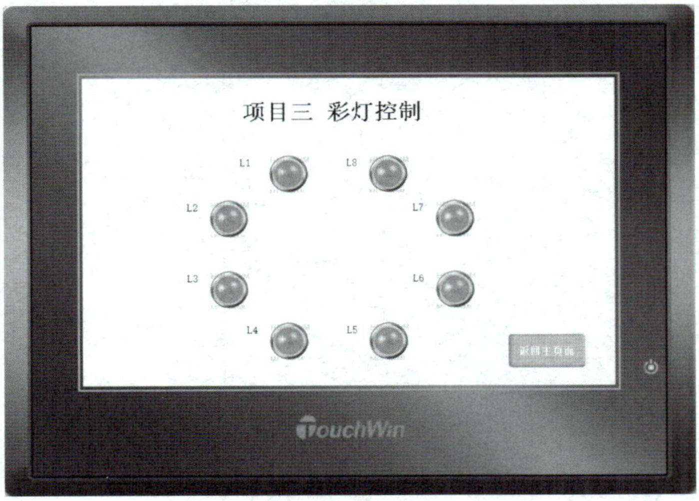

图 3－16　彩灯控制界面

3.4.1　I/O 分配

分析项目控制要求，进行输入/输出分配，其 I/O 分配情况见表 3－4 所列。

表 3－4　I/O 分配情况

输　入			输　出		
序号	符号	地址	序号	符号	地址
1	开始按钮	I1.0	1	L1 指示灯	Q0.0
2	停止按钮	I1.1	2	L2 指示灯	Q0.1
			3	L3 指示灯	Q0.2
			4	L4 指示灯	Q0.3
			5	L5 指示灯	Q0.4
			6	L6 指示灯	Q0.5
			7	L7 指示灯	Q0.6
			8	L8 指示灯	Q0.7

3.4.2 参考程序

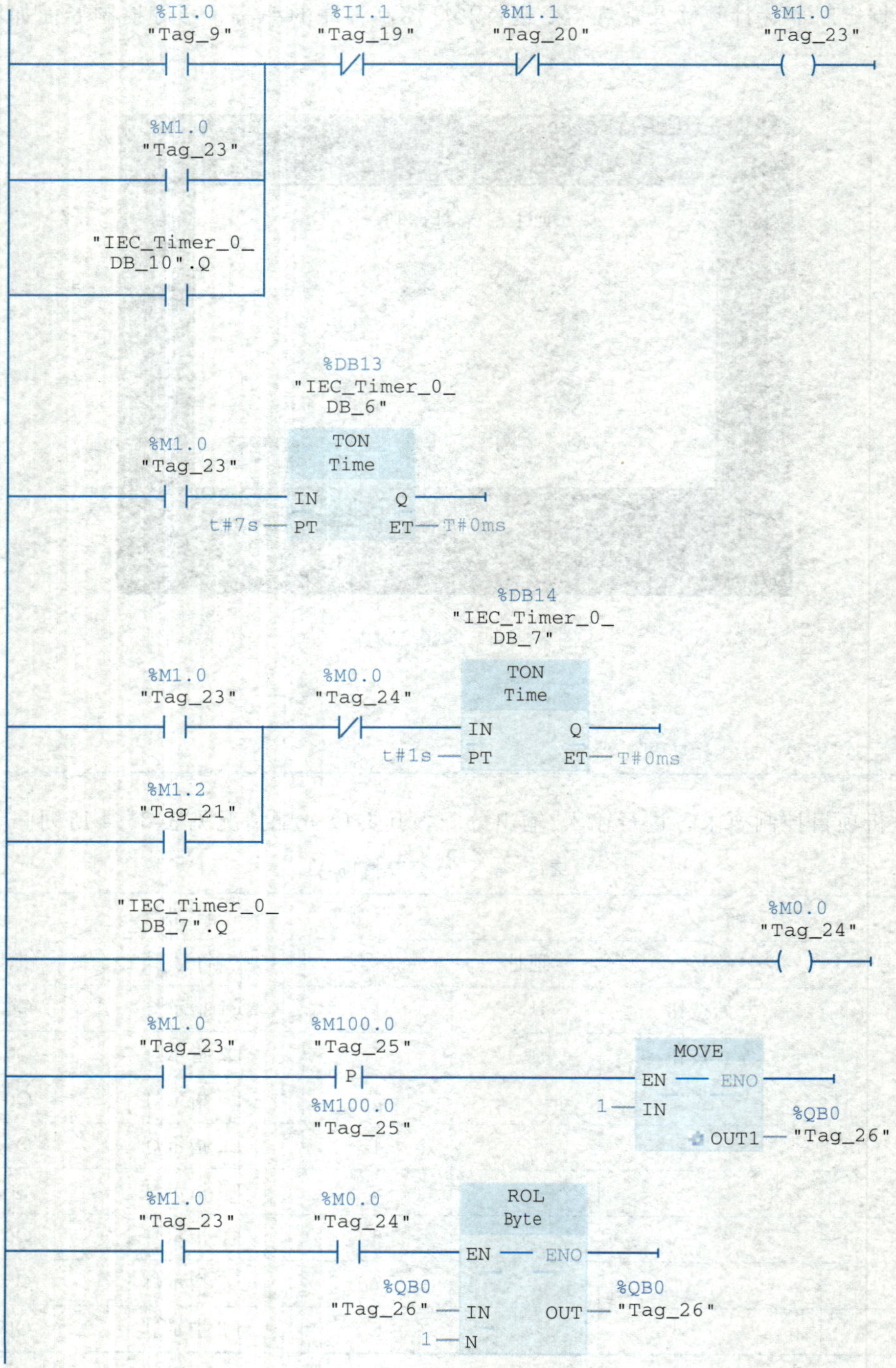
%I1.0
"Tag_9"
%I1.1
"Tag_19"
%M1.1
"Tag_20"
%M1.0
"Tag_23"
%M1.0
"Tag_23"
"IEC_Timer_0_
DB_10".Q
%DB13
"IEC_Timer_0_
DB_6"
TON
Time
%M1.0
"Tag_23"
IN
Q
t#7s
PT
ET
T#0ms
%DB14
"IEC_Timer_0_
DB_7"
TON
Time
%M1.0
"Tag_23"
%M0.0
"Tag_24"
IN
Q
t#1s
PT
ET
T#0ms
%M1.2
"Tag_21"
"IEC_Timer_0_
DB_7".Q
%M0.0
"Tag_24"
%M1.0
"Tag_23"
%M100.0
"Tag_25"
P
%M100.0
"Tag_25"
MOVE
EN
ENO
1
IN
OUT1
%QB0
"Tag_26"
%M1.0
"Tag_23"
%M0.0
"Tag_24"
ROL
Byte
EN
ENO
%QB0
"Tag_26"
IN
OUT
%QB0
"Tag_26"
1
N

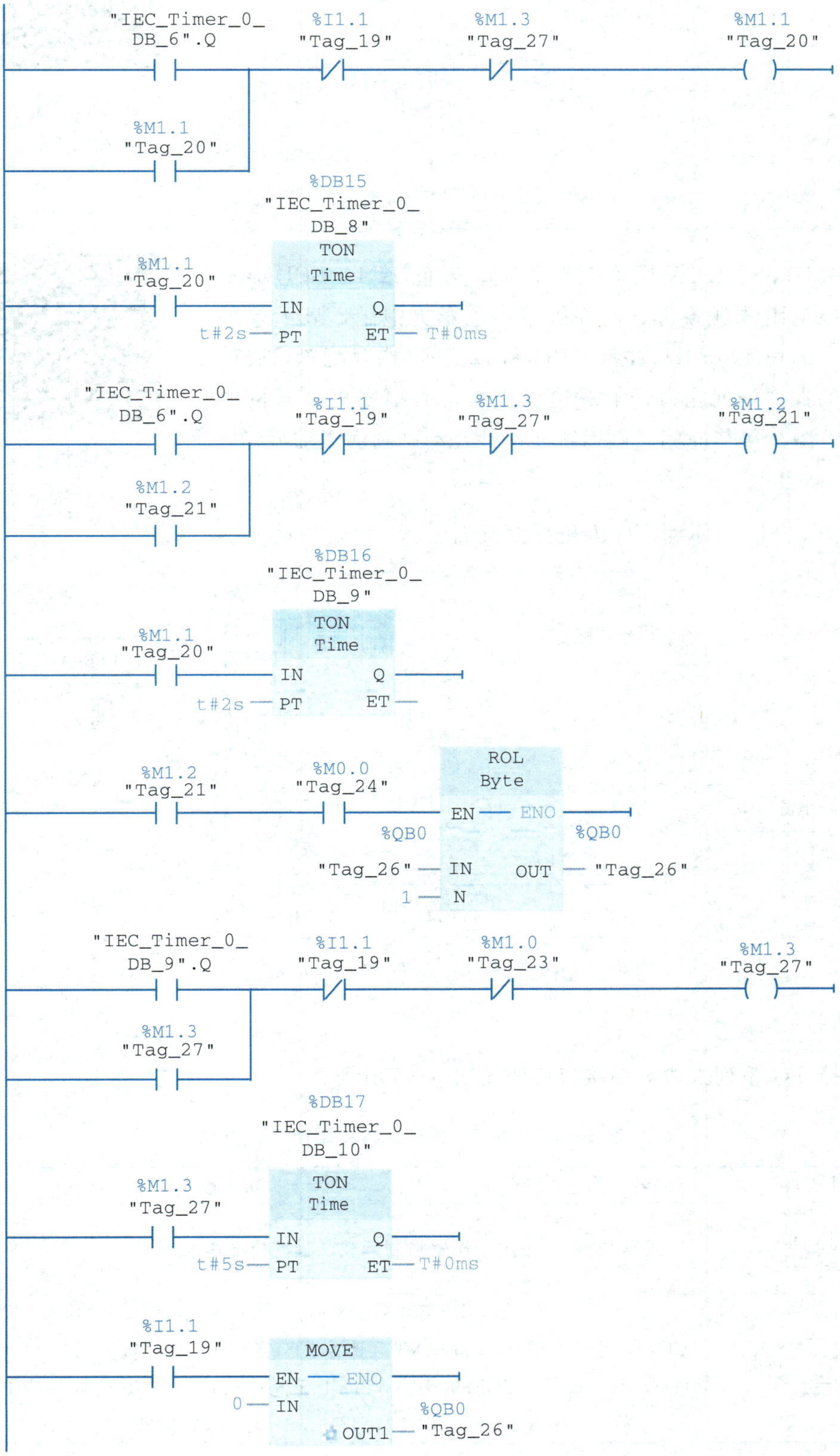
"IEC_Timer_0_
DB_6".Q
%I1.1
"Tag_19"
%M1.3
"Tag_27"
%M1.1
"Tag_20"
%M1.1
"Tag_20"
%DB15
"IEC_Timer_0_
DB_8"
TON
Time
%M1.1
"Tag_20"
IN
Q
t#2s
PT
ET
T#0ms
"IEC_Timer_0_
DB_6".Q
%I1.1
"Tag_19"
%M1.3
"Tag_27"
%M1.2
"Tag_21"
%M1.2
"Tag_21"
%DB16
"IEC_Timer_0_
DB_9"
TON
Time
%M1.1
"Tag_20"
IN
Q
t#2s
PT
ET
ROL
Byte
%M1.2
"Tag_21"
%M0.0
"Tag_24"
EN
ENO
%QB0
%QB0
"Tag_26"
IN
OUT
"Tag_26"
1
N
"IEC_Timer_0_
DB_9".Q
%I1.1
"Tag_19"
%M1.0
"Tag_23"
%M1.3
"Tag_27"
%M1.3
"Tag_27"
%DB17
"IEC_Timer_0_
DB_10"
TON
Time
%M1.3
"Tag_27"
IN
Q
t#5s
PT
ET
T#0ms
%I1.1
"Tag_19"
MOVE
EN
ENO
0
IN
%QB0
OUT1
"Tag_26"

【课件】
人机界面

3.5 项目拓展

3.5.1 认知TGM765S-ET人机界面

【微课】
人机界面

TGM765S-ET采用了7英寸1677万色TFT-LCD显示屏、四线电阻式触摸屏、高亮屏幕，色彩更饱满，显示效果更逼真。高速400 MHz主频CPU和128 MB内存配置，展现出出色的数据处理能力，下载速度更快，大幅度提高开机加载速度，减少等待时间、画面跳转次数，动画画面更加流畅。

1. 结构说明

如图3-17所示为TG人机界面反面区。

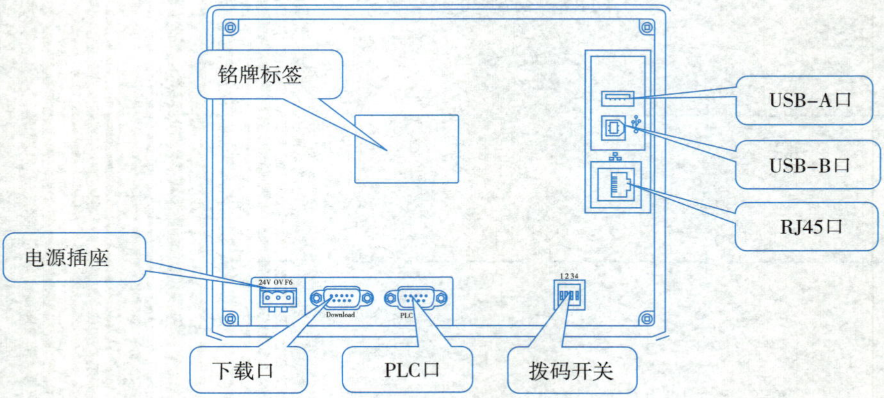

图3-17 TG人机界面反面区

2. 接口说明

信捷TG系列人机界面接口说明见表3-5所列。

表3-5 信捷TG系列人机界面接口说明

外　观	名　称	功　能
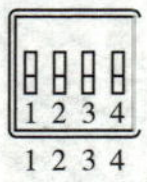	拨码开关	用于设置强制下载、触控校准等
	COM1通信口（Download口）	支持RS232/RS485通信［TG465系列（除MT2/UT2外）、TG765-XT（P）（已停产）、TG765-XT（P）-C、TGM765B-MT/ET无此通信口，-NT型号支持RS232/RS485/RS422，TG765S-XT为RS232］

（续表）

外　观	名　称	功　能
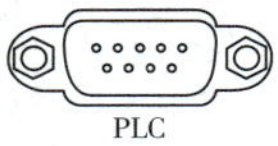	COM2 通信口（PLC 口）	支持 RS232/RS485/RS422 通信［TG465 - XT 及此系列 V3.0 以下版本只支持 RS232/RS485，TG765 - XT（P）、TG765 - XT（P）- C、TG765S - XT 只支持 RS232，- NT 型号支持 RS485/X - NeT 总线］
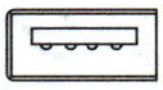	USB - A 接口	可插入 U 盘存储数据
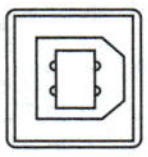	USB - B 接口	连接 USB 线上/下载程序
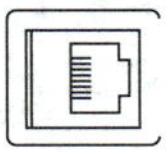	以太网接口	支持与 TBOX、西门子 S7-1200、西门子 S7-200 Smart 及其他 Modbus - TCP 设备通信

3.5.2　TGM765S - ET 人机界面硬件连接

1. 触摸屏软件设置

TGM765S - ET 与个人计算机的连接下载 TGM 系列触摸屏支持 4 种不同下载方式：232 串口下载、普通 USB 下载、局域网下载以及远程下载。主要在触摸屏软件中设置下载方式，点击“上下载协议栈设置”按钮，在弹出的对话框中选择下载方式，如图 3 - 18 和图 3 - 19 所示。

图 3 - 18　上下载协议栈设置

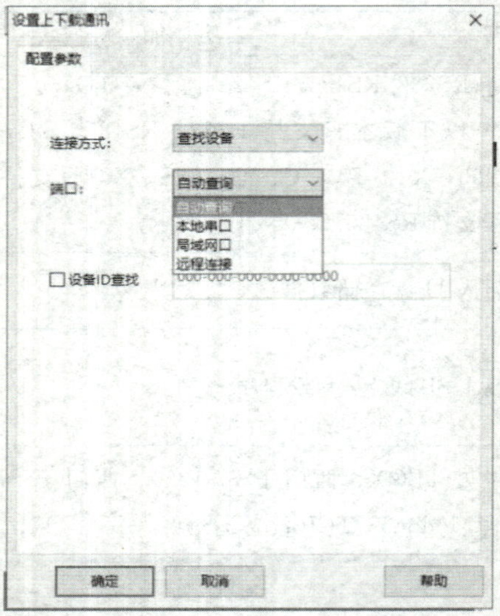

图 3-19 “设置上下载通讯”对话框

【微课】
触摸屏下载设置

（1）连接方式：连接触摸屏的方式，默认选择“查找设备”。

（2）端口：电脑连接触摸屏端口。图 3-19 中，“自动查询”代表 USB 口，“本地串口”代表 RS 232 串口，“局域网口”代表以太网口，“远程连接”代表广域网远程通信。

（3）设备 ID 查找：指通过 ID 查找触摸屏。端口选择“局域网口”，同时连接多个触摸屏时需设此项，通过 ID 号区分所连接的触摸屏，如果只连接了一个触摸屏，则可不勾选此项；端口选择“远程连接”方式时必须设置。可通过铭牌标签获取触摸屏的 ID 信息，也可以将触摸屏背后 3 号拨码拨至“ON”，重启触摸屏，点击“IP 设置”查看触摸屏 ID 信息。

2. 局域网下载

使用局域网下载需要将触摸屏和电脑用网线连接，并将触摸屏的 IP 地址和电脑的 IP 地址设在同一网段内。用此方式下载程序，端口选择“局域网口”，如图 3-20 所示，再点击“下载”将程序载入触摸屏。

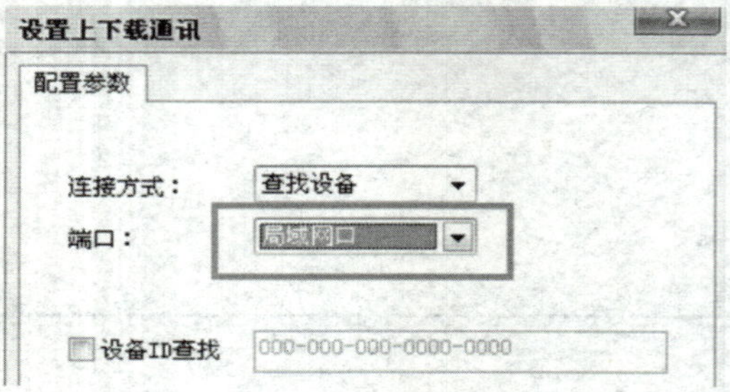

图 3-20 局域网上下载协议栈设置

注意：此方式下触摸屏通过网线连接电脑，需要修改电脑 IP 地址。

当一台电脑同时连接多个触摸屏时需勾选“设备 ID 查找”，通过 ID 号区分所连接的触摸屏，如果只连接了一个触摸屏，则可不勾选此项。可通过铭牌标签获取触摸屏的 ID 信息，也可以将触摸屏背后 3 号拨码拨至“ON”，重启触摸屏，点击“IP 设置”查看触摸屏 ID 信息。

3. 触摸屏 IP 设置

触摸屏默认 IP 地址为“192.168.0.1”，修改 IP 地址有下列两种方法。

方法一：在软件“系统设置”→“设备”→“以太网设备”中修改本机使用 IP 地址。通过触摸屏软件设置 IP 如图 3－21 所示，修改后将程序以 USB 方式载入触摸屏。

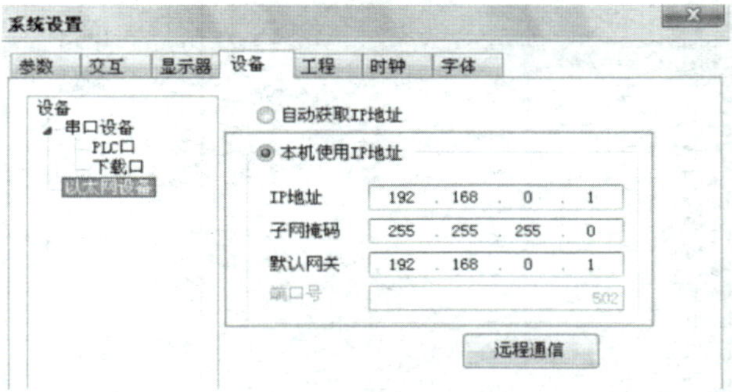

图 3－21　通过触摸屏软件设置 IP

方法二：将触摸屏背后 3 号拨码拨上去，然后将触摸屏重新上电，此时会进入系统画面，点击左侧“IP 设置”进入触摸屏 IP 设置，IP 设置结束后点击“重启”。通过触摸拨码设置 IP 如图 3－22 所示。设置完成后将 3 号拨码拨回“OFF”状态，将触摸屏重新上电。

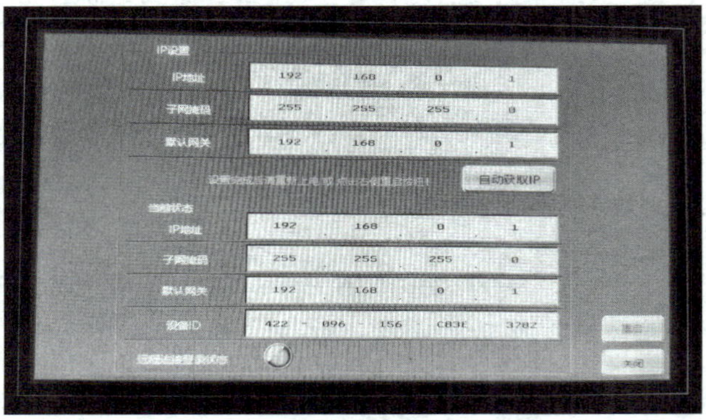

图 3－22　通过触摸拨码设置 IP

此方式下，触摸屏通过网线连接电脑，需要修改电脑 IP 地址［在 Windows 11 系统中单击“网络和 Internet”，弹跳界面后单击“以太网”，通过单击“IPv4 编辑”进入

IP 设置；在非 Windows 11 系统中，通过双击“Internet 协议版本 4（TCP/IPv4）”进入 IP 设置］，使电脑的 IP 地址与触摸屏的 IP 地址在同一网关内。若连接失败，请检查 IP 地址是否在同一网关。

例如，图 3－21 中设置触摸屏 IP 为“192.168.0.1”，所以此处电脑 IP 修改为“192.168.0.10”，子网掩码和默认网关设置一致。在 Windows 11 系统中修改电脑 IP 地址如图 3－23 所示。

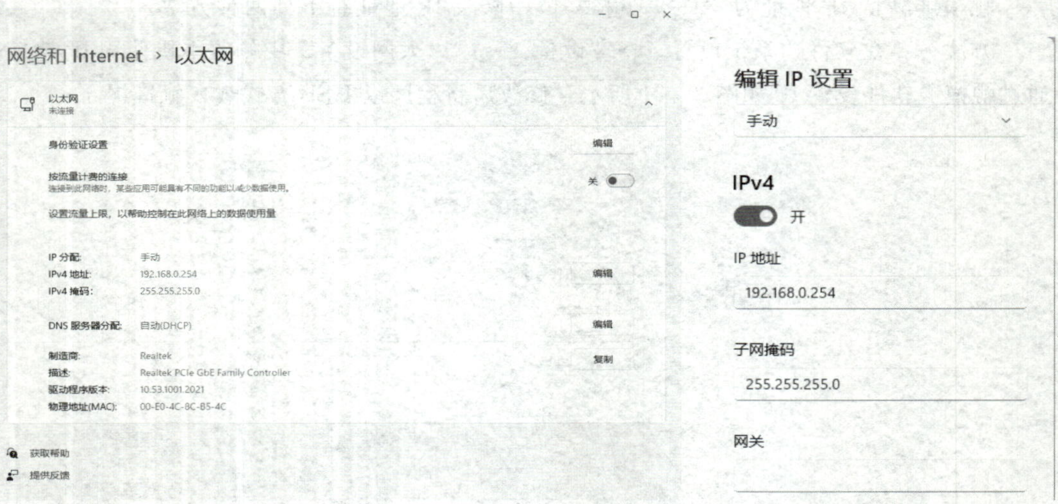

图 3－23　在 Windows 11 系统中修改电脑 IP 地址

在非 Windows 11 系统中修改电脑 IP 地址如图 3－24 所示。

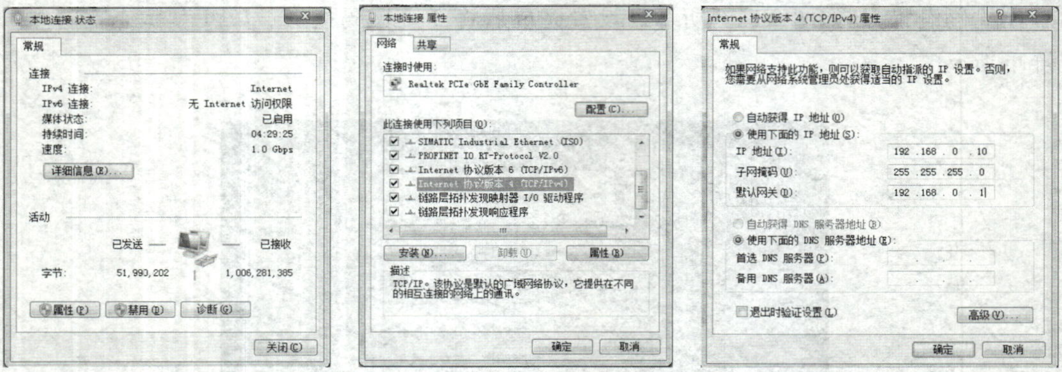

图 3－24　在非 Windows 11 系统中修改电脑 IP 地址

4. 上下载协议栈设置

根据自己选择的下载方式设置上下载协议栈完成后，再点击“下载”按钮将程序载入触摸屏。触摸屏程序下载如图 3－25、图 3－26、图 3－27 所示。

图 3－25　触摸屏程序下载 1

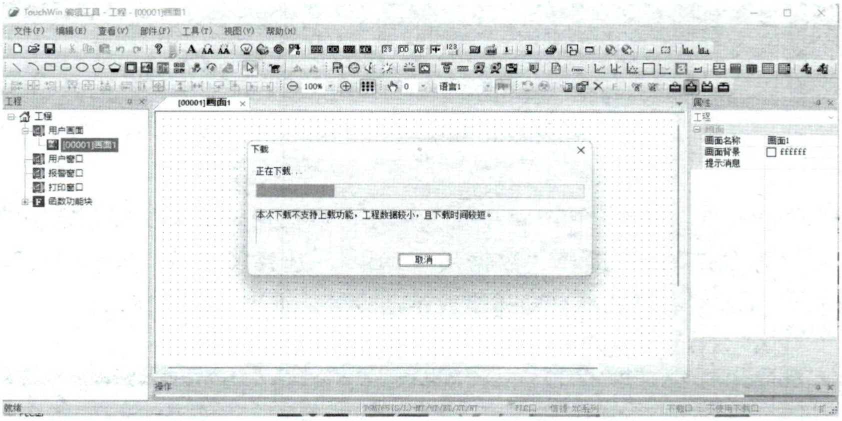

图 3－26　触摸屏程序下载 2

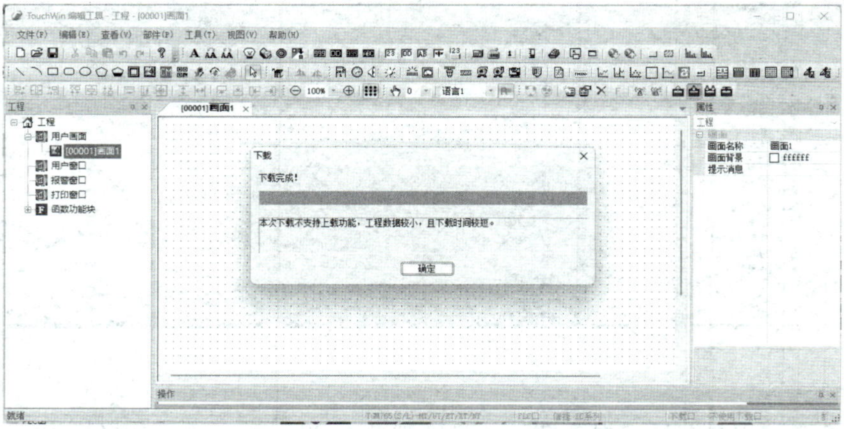

图 3－27　触摸屏程序下载 3

3.5.3 TGM765S－ET与S7-1200以太网通信

1. PLC软件设置

（1）打开“项目”→“设备和网络”→“常规”→“以太网地址”，设置PLC IP地址，本例中PLC的IP地址设置为“192.168.0.2”，如图3－28所示。

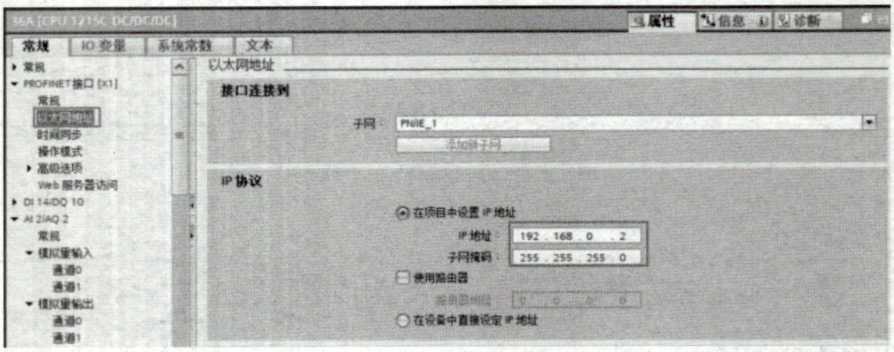

图3－28　PLC以太网IP地址设置

（2）PLC DB、M必须先在PLC中定义后才可以使用，定义步骤：选中“项目”→“程序块”→“添加新块”，选择“数据块（DB）”，选择类型为“全局DB”，不勾选“仅符号访问”，DB编号可选择自动递增或手动设置，如图3－29所示。

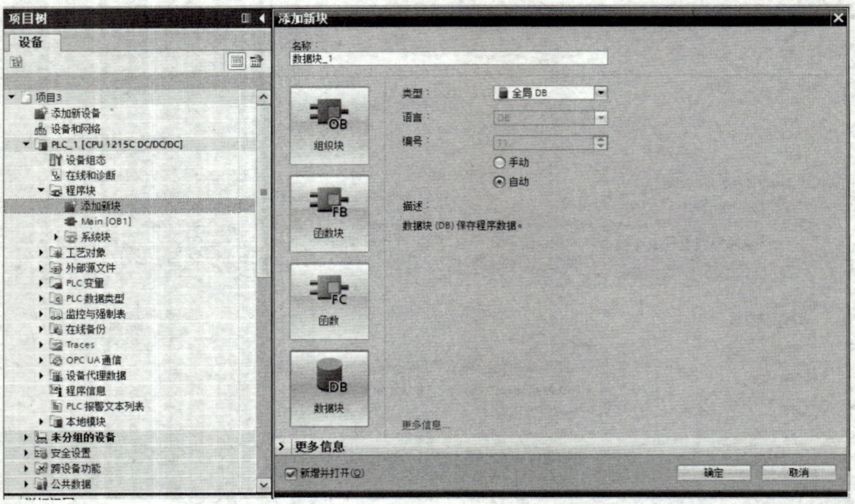

图3－29　添加数据块

（3）选中“项目”→“程序块”→“数据块”，可以定义所选数据块内的可操作地址。创建数据如图3－30所示。

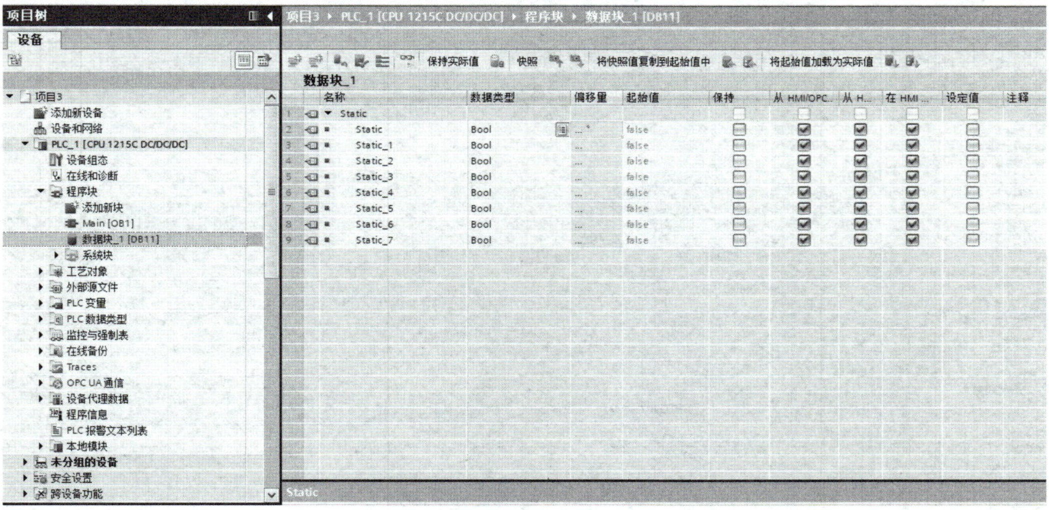

图 3 - 30　创建数据

（4）数据块默认有“优化的块访问”，需要将此选项取消勾选，操作方法：选中“项目”→“程序块”→“数据块”，单击鼠标右键，选择“属性”，在弹出的窗口中选择“属性”，将“优化的块访问”这一项取消勾选。取消优化块访问如图 3 - 31 所示。

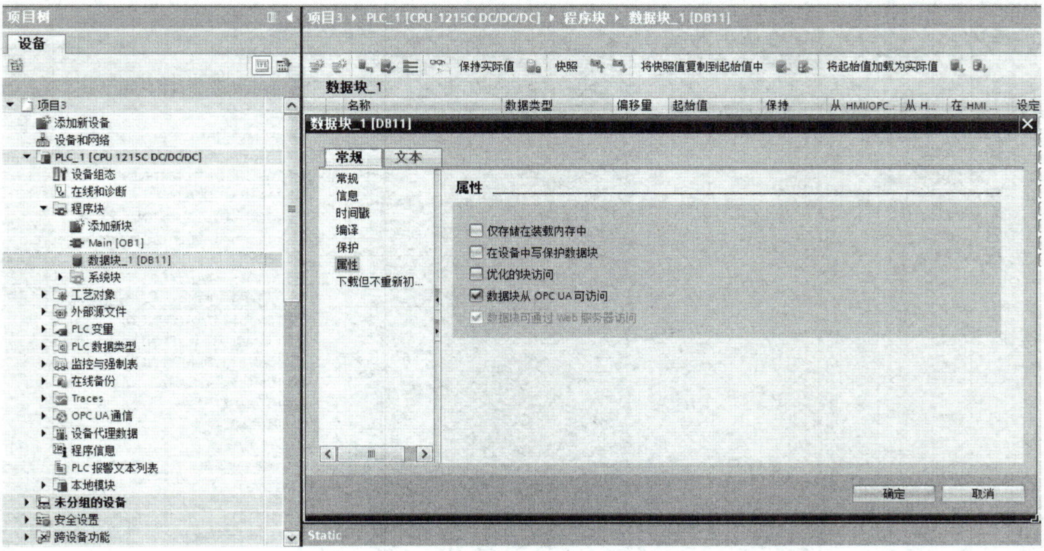

图 3 - 31　取消优化块访问

（5）打开如图 3 - 32 所示的窗口，选择“防护与安全”，勾选连接机制下的“允许来自远程对象的 PUT/GET 通信访问”，设置完成后随程序下载到 PLC，如图 3 - 32 所示。

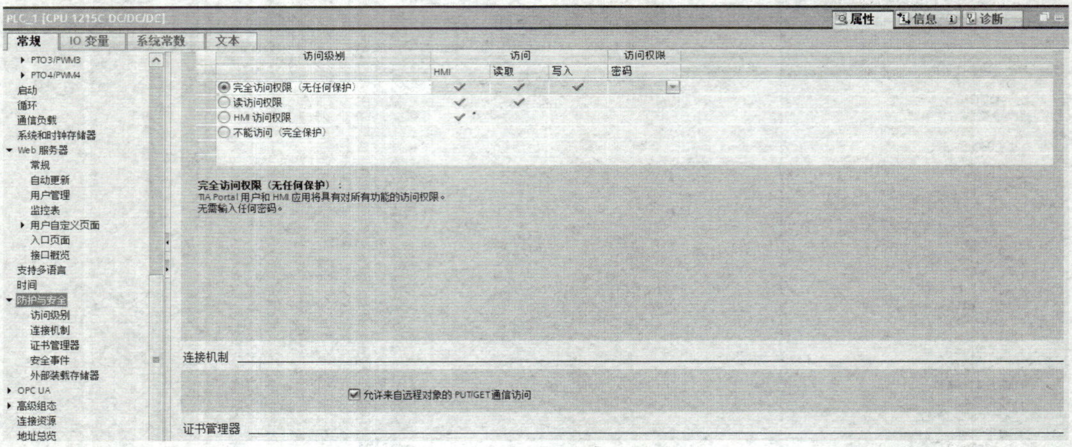

图 3-32　勾选连接机制

2. 人机界面软件设置

（1）新建触摸屏工程，选择人机界面型号“TGM765（S/L）-MT/UT/ET/XT/NT”后，点击进入下一步，如图 3-33 所示。

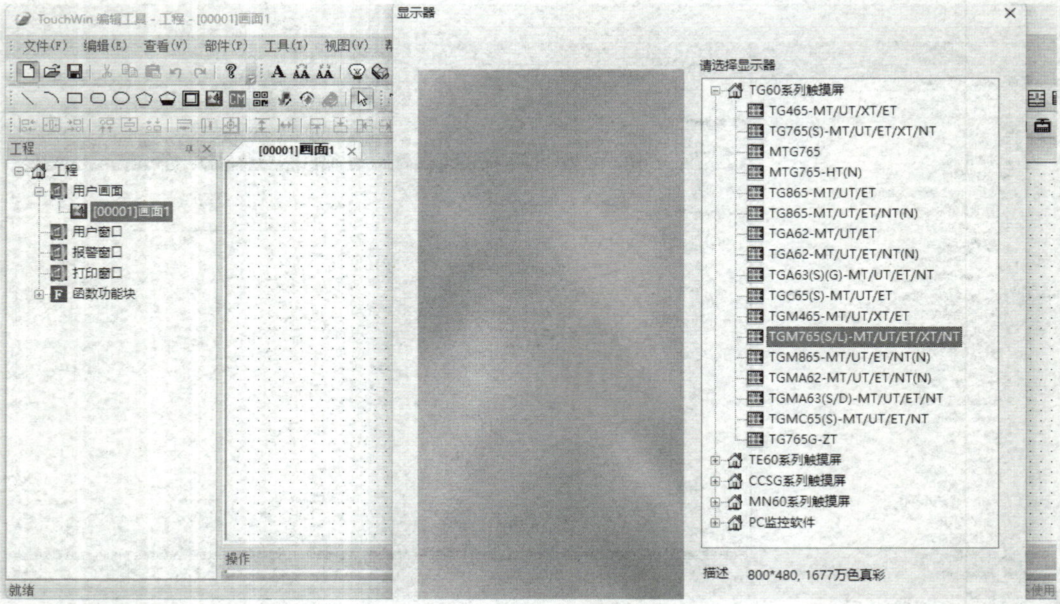

图 3-33　触摸屏型号选择

（2）在设备列表中选择“以太网设备”，将触摸屏地址设置为和 PLC 为同一网段并且不和 PLC 的 IP 地址重复的地址，我们可采用触摸屏默认 IP 地址“192.168.0.1”，如图 3-34 所示。

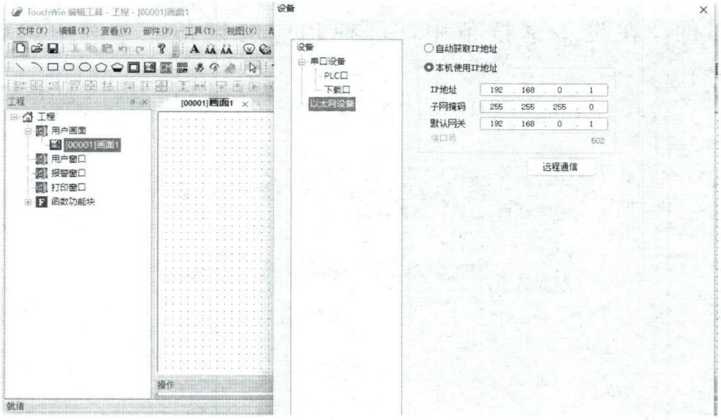

图 3-34　触摸屏 IP 地址设置

（3）选中“以太网设备”，单击鼠标右键，选择“新建”，将名称设为“西门子 S7-1200”，如图 3-35 所示。

图 3-35　触摸屏新建通信协议

（4）在设备列表中选择“西门子 S7-1200/1500 系列 new”，此 IP 地址为西门子 PLC 的 IP 地址“192.168.0.2”，端口号默认为“102”，勾选“高低字交换”（否则双字使用不正常），勾选“通讯状态寄存器”，“PSW”设为“256”，选择的 PSW [256] ～PSW（259）分别为通信成功次数、通信失败次数、通信超时次数、通信出错次数。这个输出通信状态地址可以自行设置，如图 3-36 所示。

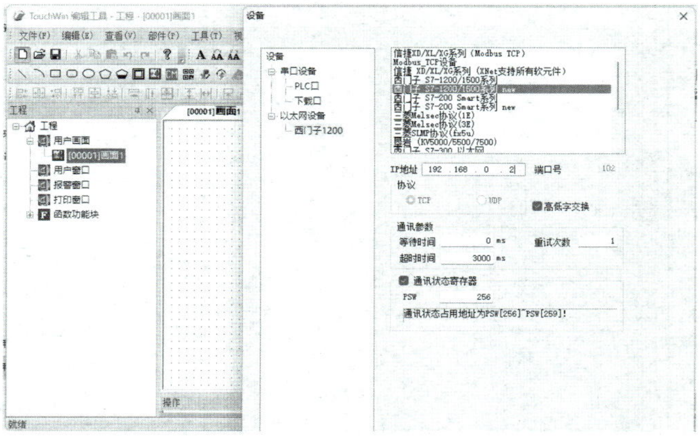

图 3-36　通信状态地址设置

（5）设置完成后，单击“下一步”，结束设置，进入画面编辑界面；在画面中放置一个数据输入部件，在设备下拉条中，选择相应的设备，本例中选择“西门子 S7-1200”（图 3－37）。

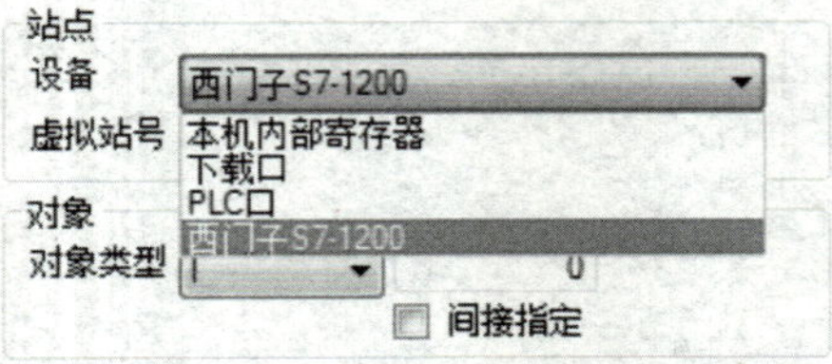

图 3－37　设备连接选择

项目4

西门子S7-1200 PLC工艺功能及应用

运动控制是自动化的一个分支，是对机械运动部件的位置、速度等进行实时的控制管理，使其按照预期的运动轨迹和规定的运动参数进行运动。目前运动控制已被广泛应用在数控机床、机器人和工厂自动化领域中，可实现精准运动控制。西门子 S7-1200 PLC 工艺功能主要包括高速计数器、运动控制和脉冲宽度调制（Pulse Width Modulation，PWM）控制等。

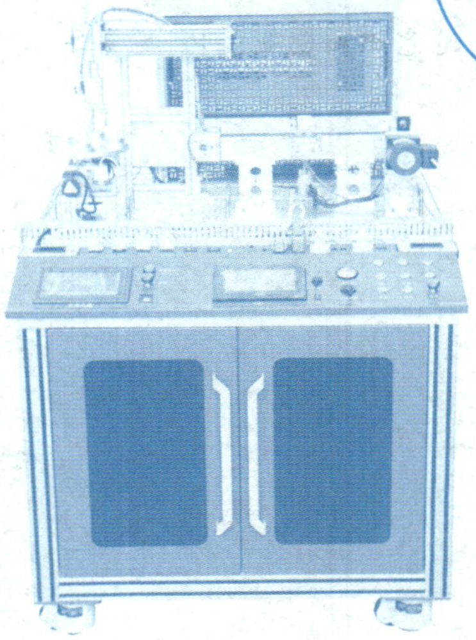

项目学习目标

知识目标：

了解步进电动机的控制原理及控制方法；了解西门子 S7-1200 PLC 运动控制向导及其编程方法；熟悉相对运动与绝对运动的区别；掌握利用运动控制向导进行编程，实现步进电动机控制的方法。

技能目标：

能熟练掌握西门子 S7-1200 PLC 运动控制向导编程及其调试方法；能进行步进电动机控制，实现点动和长动运动控制、速度和位置控制，锻炼学生处理此类实时性控制系统的工程能力。

职业素养目标：

通过本项目学习使学生在学习中确立结构化编程思维，能将任务进行分解，建立整体用于局部的概念，培养项目分工与团队合作精神。

课程思政目标：

通过对本项目 PLC 中控制原理的学习，鼓励学生勇于创造，在亲身参与中增强创新精神、创造意识和创业能力。

4.1　项目背景及控制要求

4.1.1　项目背景

在生产实际中经常需要检测高频脉冲（例如检测步进电机运动距离，计算平步电机转速等），而普通计数器受限于扫描周期，无法计量频率较高的脉冲。运用 S7-1200 CPU 提供高速计数器，可测量单相脉冲（频率为 100 kHz）、双相或 A/B 相（频率最高为 30 kHz），用户可以通过硬件组态和调用相关指令来实现此功能。

4.1.2　控制要求

1. 控制要求一

可将旋转机械上的单相增量编码器作为反馈，并接入西门子 S7-1200 PLC 中。要求在计数 30 个脉冲时，计数器复位，置位 M0.5，并设定新预设值为 60 个脉冲。当计满 60 个脉冲后复位 M0.5，并将预置值再设为 30 个脉冲，周而复始执行此功能。

2. 控制要求二

以伺服电动皮带带动一个滑块在轨道上左右滑行，伺服电动机转速为 3000 r/min，旋转编码器一圈为 1000 个脉冲，电动机每转一圈，滑块运行 10 mm，左限位开关输入点为 I0.1，右限位开关输入点为 I0.2，参考点为 I0.0。要求从参考点位置，向左极限方向运动 30 mm。

【课件】

高速计数器应用实例

4.2　高速计数器

高速计数器通常用于驱动计数机制。在该机制中，恒速转动的轴配有一个增量式步编码器。该增量式步编码器可确保每转有一定数量的计数值以及每转一个复位脉冲。该增量式步编码器的时钟存储器位和复位脉冲为高速计数器提供输入。不同的 S7-1200 CPU 具有不同数量的高速计数器。

【微课】

高速计数器应用实例

4.2.1　高速计数器的基础知识

不同的西门子 S7-1200 PLC 的 CPU 具有不同数量的高速计数器。西门子 S7-1200

PLC的CPU提供了最多6个高速计数器，其独立于CPU的扫描周期进行计数。CPU 1217C可测量的脉冲频率最高为1 MHz，其他型号的西门子S7-1200 PLC的CPU本体可测量到的最高单相脉冲频率为100 kHz，A/B相最高为80 kHz。如果使用信号板可测量单相脉冲频率高达200 kHz的信号，A/B相最高为160 kHz。高速计数器可连接PNP或NPN脉冲输入信号，支持增量型旋转编码器。S7-1200 CPU高速计数器见表4－1所列。

表4－1　西门子S7-1200 PLC的CPU高速计数器

西门子S7-1200 PLC的CPU	HSC数量	HSC标识
CPU 1211C	3（数字量信号板4）*	HSC1...3（以及HSC5）*
CPU 1212C	4（数字量信号板5）*	HSC1...4（以及HSC5）*
CPU 1214C CPU 1215C CPU 1217C	6	HSC1...6

4.2.2　高速计数器的工作模式

西门子S7-1200 PLC高速计数器定义的工作模式有以下4种。

(1) 单相（不适用于运动控制）计数脉冲。其中，用户程序（内部方向控制）："1"为向上，"－1"为向下，硬件输入（外部方向控制），"高级"为向上，"低级"为向下。单相计数器原理图如图4－1所示。

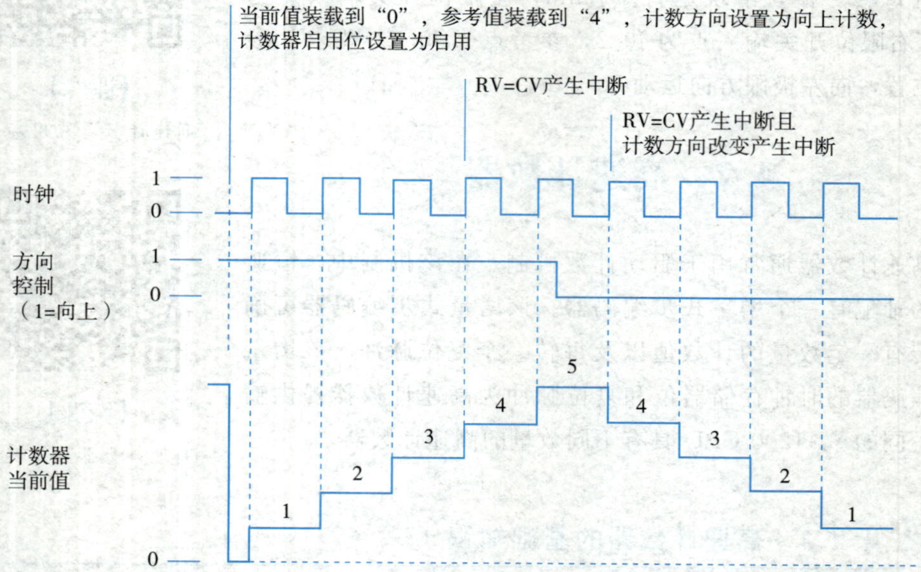

图4－1　单相计数器原理图

（2）双相增/减计数脉冲。其中，加时钟输入向上，减时钟输入向下。双相增/减计数器原理图如图 4－2 所示。

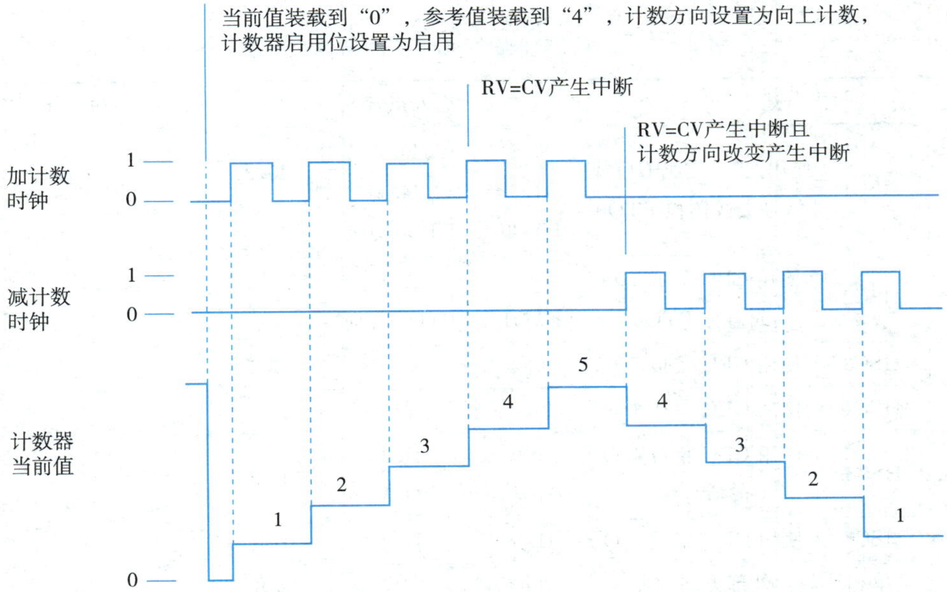

图 4－2　双相增/减计数器原理图

（3）A/B 相正交脉冲输入。其中，当计时钟 B 输入值低时，计时钟 A 输入值的上升沿向上；当计时钟 B 输入值低时，计时钟 A 输入值的下降沿向下。A/B 相正交 1 倍速原理图如图 4－3 所示。

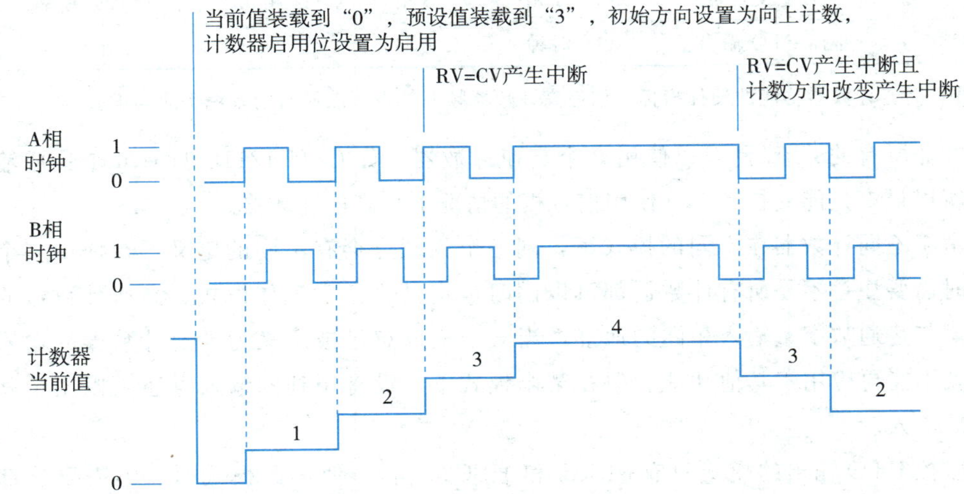

图 4－3　A/B 相正交 1 倍速原理图

（4）监控 PTO 输出。每种高速计数器有外部复位和内部复位两种工作状态。所有的计数器无须设置启动条件，在硬件设备中设置完成后下载到 CPU 中即可启动高速计数器。在 A/B 相正交模式下可选择“1X”（1 倍）和“4X”（4 倍）模式。高速计数功能所能支持的输入电压为 DC 24 V，目前不支持 DC 5 V 的脉冲输入。表 4-2 列出了高速计数器的工作模式和硬件输入定义。

表 4-2　高速计数器的工作模式和硬件输入定义

<table>
<tr><th colspan="3">描　述</th><th colspan="3">输入点定义</th><th>功　能</th></tr>
<tr><td rowspan="6">HSC</td><td>HSC1</td><td>使用 CPU 集成 I/O 或信号板或监控 PTO0</td><td>I0.0
I4.0
PTO0</td><td>I0.1
I4.1
PTO0 方向</td><td>I0.3</td><td></td></tr>
<tr><td>HSC2</td><td>使用 CPU 集成 I/O 或监控 PTO0</td><td>I0.2
PTO1</td><td>I0.3
PTO1 方向</td><td>I0.1</td><td></td></tr>
<tr><td>HSC3</td><td>使用 CPU 集成 I/O</td><td>I0.4</td><td>I0.5</td><td>I0.7</td><td></td></tr>
<tr><td>HSC4</td><td>使用 CPU 集成 I/O</td><td>I0.6</td><td>I0.7</td><td>I0.5</td><td></td></tr>
<tr><td>HSC5</td><td>使用 CPU 集成 I/O 或信号板</td><td>I1.0
I1.4</td><td>I1.1
I4.1</td><td>I2.1</td><td></td></tr>
<tr><td>HSC6</td><td>使用 CPU 集成 I/O</td><td>I1.3</td><td>I1.4</td><td>I1.5</td><td></td></tr>
<tr><td rowspan="7">模式</td><td colspan="2">单相计数，外部方向控制</td><td>时钟</td><td>方向</td><td>复位</td><td></td></tr>
<tr><td colspan="2" rowspan="2">单相计数，内部方向控制</td><td rowspan="2">时钟</td><td rowspan="2"></td><td rowspan="2">复位</td><td>计数或频率</td></tr>
<tr><td>计数</td></tr>
<tr><td colspan="2" rowspan="2">双相计数，两路时钟输入</td><td rowspan="2">增时钟</td><td rowspan="2">减时钟</td><td rowspan="2">复位</td><td>计数或频率</td></tr>
<tr><td>计数</td></tr>
<tr><td colspan="2">A/B 正交计数</td><td>A 相</td><td>B 相</td><td>Z 相</td><td>计数或频率</td></tr>
<tr><td colspan="2">监控 PTO 输出</td><td>时钟</td><td>方向</td><td></td><td>计数</td></tr>
</table>

注：高速计数器功能的硬件指标，如最高计数器频率等，请以最新的系统手册为准。

并非所有的 CPU 都可以使用 6 个高速计数器，如 CPU 1211C 只有 6 个集成输入点，所以最多只能支持 4 个（使用信号板的情况下）高速计数器。

由于不同计数器在不同的模式下，同一个物理点会有不同的定义，在使用多个计数器时需要注意不是所有计数器都可以同时被定义为任意工作模式。高速计数器的输入使用与普通数字量输入相同的地址，当某个输入点已被定义为高速计数器的输入点时，就不能再应用于其他功能。但在某个模式下，没有用到的输入点还可以用于其他功能的输入。

监控 PTO 输出的模式只有 HSC1 和 HSC2 支持。使用此模式时，不需要外部接线，CPU 在内部已做了硬件连接，可直接检测通过 PTO 功能所发出的脉冲。

西门子 S7-1200 PLC 除了提供技术功能外，还提供频率测量功能，有 3 种不同的频率测量周期，分别为 1.0 s、0.1 s 和 0.01 s。频率测量周期是这样定义的：计算并返回频率值的时间间隔。返回的频率值为上一个测量周期中所有测量值的平均值，无论测量周期如何选择，测量出的频率值总是以 Hz（每秒脉冲数）为单位。

4.2.3　高速计数器的寻址

西门子 S7-1200 PLC 的 CPU 将每个高速计数器的测量值存储在输入过程映像区内，其数据类型为 32 位有符号双整数，可以在设备组态中修改其存储地址。由于过程映像区受扫描周期的影响，因此在一个扫描周期内该测量值不会发生变化，但高速计数器中的实际值有可能会在一个扫描周期内变化，可通过读取外设地址的方式读取当前测量值的实际值。以高速计数器测量值存储地址是“ID1000”为例，其外设地址为“%ID1000：P”。表 4－3 为高速计数器默认地址列表。

表 4－3　高速计数器默认地址列表

高速计数器号	数据类型	默认地址	高速计数器号	数据类型	默认地址
HSC1	Dint	ID1000	HSC4	Dint	ID1012
HSC2	Dint	ID1004	HSC5	Dint	ID1016
HSC3	Dint	ID1008	HSC6	Dint	ID1020

4.2.4　CTRL _ HSC（控制高速计数器）指令

高速计数器指令块需要使用背景数据块用于存储参数，如图 4－4 所示为高速计数器指令块。每个 CTRL _ HSC（控制高速计数器）指令都使用 DB 中存储的结构来保存计数器数据。在编辑器中放置 CTRL _ HSC 指令后分配 DB。

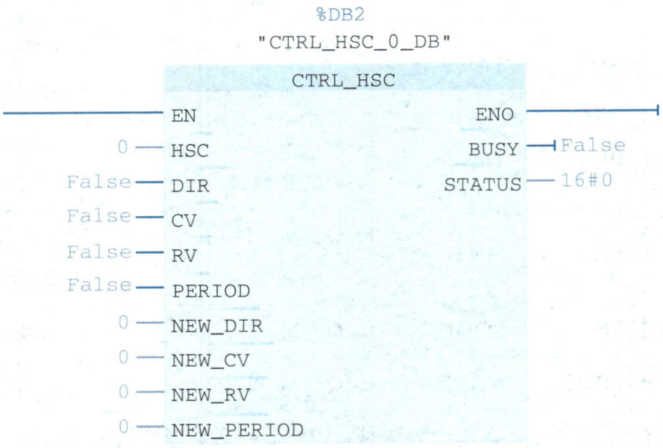

图 4－4　高速计数器指令块

使用“控制高速计数器”指令，只有当EN端的信号状态为“1”时，才执行“控制高速计数器”指令。只有使EN端的信号状态为“1”且执行该操作期间没有出错，才能置位输出ENO。指令块参数意义见表4-4所列。插入“控制高速计数器”指令时，将创建一个用于保存操作数据的背景数据块。可以对参数进行设置并通过将新值加载到计数器来控制CPU支持的高速计数器。指令的执行需要启用待控制的高速计数器。对于指定的高速计数器，无法在程序中同时执行多个“控制高速计数器”指令。

表4-4　指令块参数意义

参　数	声　明	数据类型	存储区	说　明
EN	INPUT	BOOL	I、Q、M、D、L、T、C	使能输入
ENO	OUTPUT	BOOL	I、Q、M、D、L	使能输出
HSC	INPUT	HW_HSC	I、Q、M或常数	高速计数器的硬件地址
DIR	INPUT	BOOL	I、Q、M、D、L或常数	启用新的计数方向（请参见NEW_DIR）
CV	INPUT	BOOL	I、Q、M、D、L或常数	启用新的计数值（请参见NEW_CV）
RV	INPUT	BOOL	I、Q、M、D、L或常数	启用新的参考值（请参见NEW_RV）
PERIOD	INPUT	BOOL	I、Q、M、D、L或常数	启用新的频率测量周期（请参NEW_PERIOD）
NEW_DIR	INPUT	INT	I、Q、M、D、L或常数	DIR=TRUE时装载的计数方向
NEW_CV	INPUT	DINT	I、Q、M、D、L或常数	CV=TRUE时装载的计数值
NEW_RV	INPUT	DINT	I、Q、M、D、L或常数	RV=TRUE时装载的参考值
NEW_PERIOD	INPUT	INT	I、Q、M、D、L或常数	PERIOD=TRUE时装载的频率测量周期
BUSY	OUTPUT	BOOL	I、Q、M、D、L	处理状态*
STATUS	OUTPUT	WORD	I、Q、M、D、L	运行状态

注：*表示CPU或信号板中带有高速计数器时，BUSY的参数通常为“0”。

4.2.5　使用高速计数器的注意事项

各 HSC 都有一个唯一的硬件标识符，用于 HSC _ CTRL 及 HSC _ CTRL _ EXT 指令。在“系统常量”中能够找到硬件标识符的 PLC 变量。名称为“HSC _ 1”的 HSC 变量为“Local～HSC _ 1”，数据类型为“Hw _ Hsc”。选定 CTRL _ HSC _ EXT 指令的 HSC 输入值时，HSC 的变量也会在下拉菜单中显示。

若将数字量输入通道的滤波时间更改为以前的设置，则新的“0”电平输入值可能需要保持长达 20.0 ms 的累积时间，然后滤波器才会完全响应新输入。在此期间，可能不会检测到持续时间少于 20.0 ms 的短“0”脉冲事件或对其计数。更改滤波时间会引发意外的机械或过程操作，这可能会导致人员重伤、死亡和/或设备损坏。对 CPU 循环上电以确保新的滤波时间立即生效。

将相同 HSC 的多个输入功能分配给一个公共输入点会导致意想不到的结果。多个功能分配给一个触发器产生触发时，无法掌握 PLC 执行功能的顺序，这种情况称为紊乱情况，并且会出现意外情况。这种紊乱情况会引发意外的机械或过程操作，这可能会导致人员重伤、死亡和/或设备损坏。要避免紊乱情况，一定不要将同一个 HSC 的两个以上的输入功能分配给同一个输入引脚。如果 HSC 将两个输入功能分配给同一个引脚，则需将触发器设置为不同时触发。切记：下降沿与低电平在同一情况下发生，上升沿与高电平在同一情况下发生。

4.2.6　编程举例

在 4.1.2“控制要求一”中：旋转机械上有单相增量编码器作为反馈，并接入西门子 S7-1200 PLC 中。要求在计数 30 个脉冲时，计数器复位，置位 M0.5，并设定新预设值为 60 个脉冲。当计满 60 个脉冲后复位 M0.5，并将预置值设为 30，周而复始执行此功能。

高速计数器应用的步骤如下：

（1）在 CPU 的属性对话框中，激活高速计数器，并设置相关参数；

（2）添加硬件中断块，关联相对应的高速计数器所产生的预置值中断；

（3）在中断块中添加高速计数器指令块，编写修改预置值程序，设置复位计数器等参数；

（4）将程序下载，执行功能。

1. 硬件组态

（1）在项目视图项目树中打开设备配置对话框，选中“CPU”，在“属性”对话框的“高速计数器”选项中，选择高速计数器“HSC1”，勾选“启用该高速计数器”选项（图 4－5）。

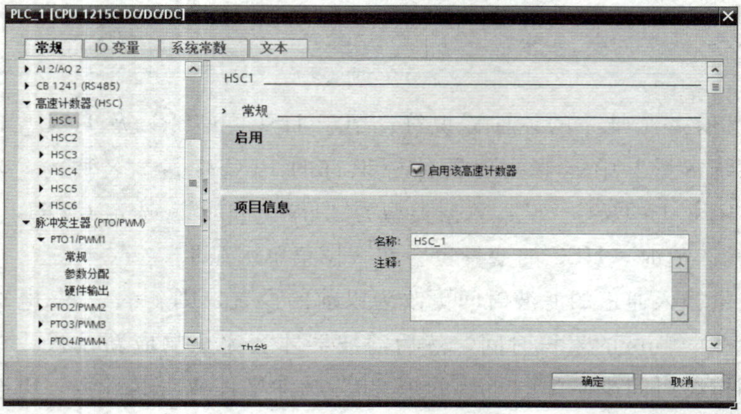

图 4-5　激活高速计数器功能

（2）计数类型和计数方向组态如图 4-5 所示。其中，计数类型分为 3 种：“计数”“频率（测量）”和“运动轴”。此处选择“计数”。运行阶段（工作模式）分为 4 种：“单相”“双相”“A/B 相正交 1 倍速”“A/B 相正交 4 倍速”。此处选择“单相”。输入源此处为 CPU 集成的输入点，无法更改。“计数方向取决于”选择“用户程序（内部方向控制）”。“初始计数方向”选择“加计数”。

（3）初始值及复位组态如图 4-6 所示，设定“初始计数器值”为“0”、初始预设值即“初始参考值”为“30”，不使用外部同步输入。

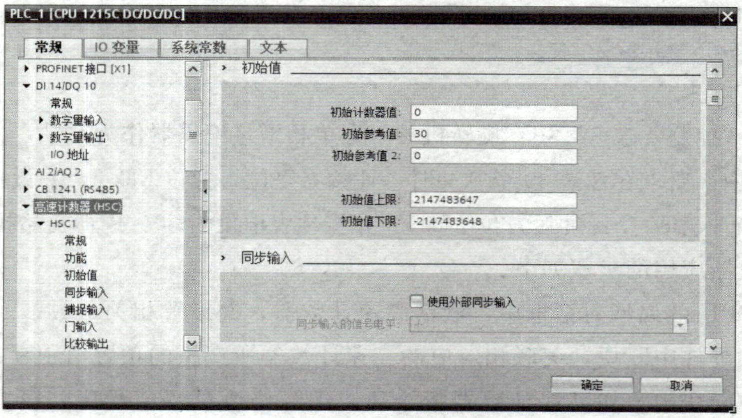

图 4-6　初始值及复位组态

（4）预设值中断组态如图 4-7 所示。勾选“为计数器值等于参考值这一事件生成中断”选项，在“硬件中断”下拉框中选择新建的硬件中断（Hardware interrupt）组织块“OB201”。图 4-7 中还有另外两种中断事件可供选择，即外部复位事件中断与方向改变事件中断，勾选相应的中断并选择硬件中断组织块即可。注意：使能外部复位事件中断须确认使用外部复位信号，使能方向改变事件中断须先选择外部方向控制。

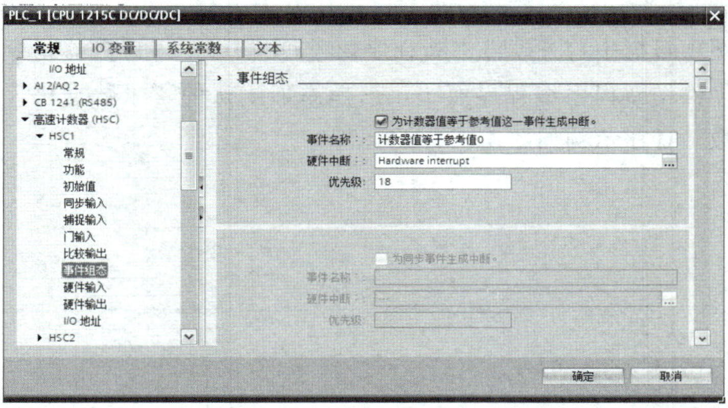

图 4－7　预设值中断组态

（5）硬件输入设置如图 4－8 所示，地址分配设置如图 4－9 所示。

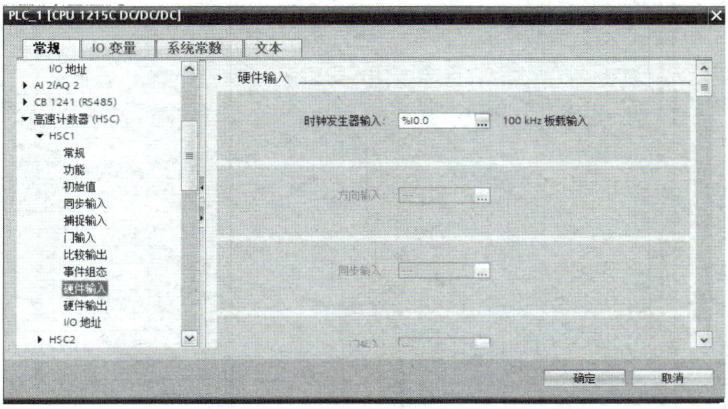

图 4－8　硬件输入设置

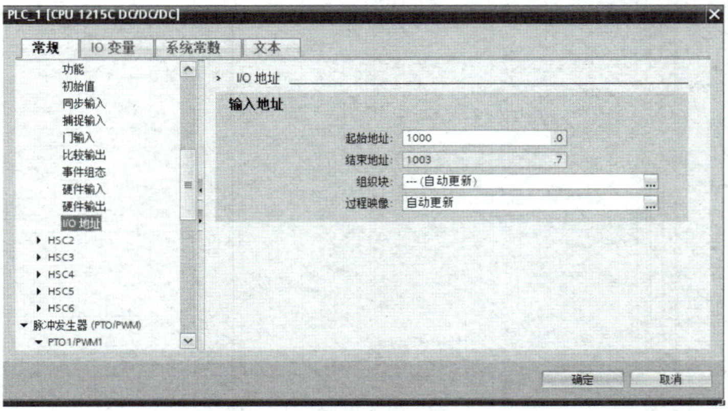

图 4－9　地址分配设置

至此硬件组态及硬件中断设置部分已经完成。

2. 程序编写

在项目视图项目树中打开硬件中断程序块“OB201”，将计数器指令下的高速计数器指令块拖到硬件中断程序编程界面中，选择添加默认的背景数据块，输入高速计数器指令块的参数。程序示例如图 4-10 所示。

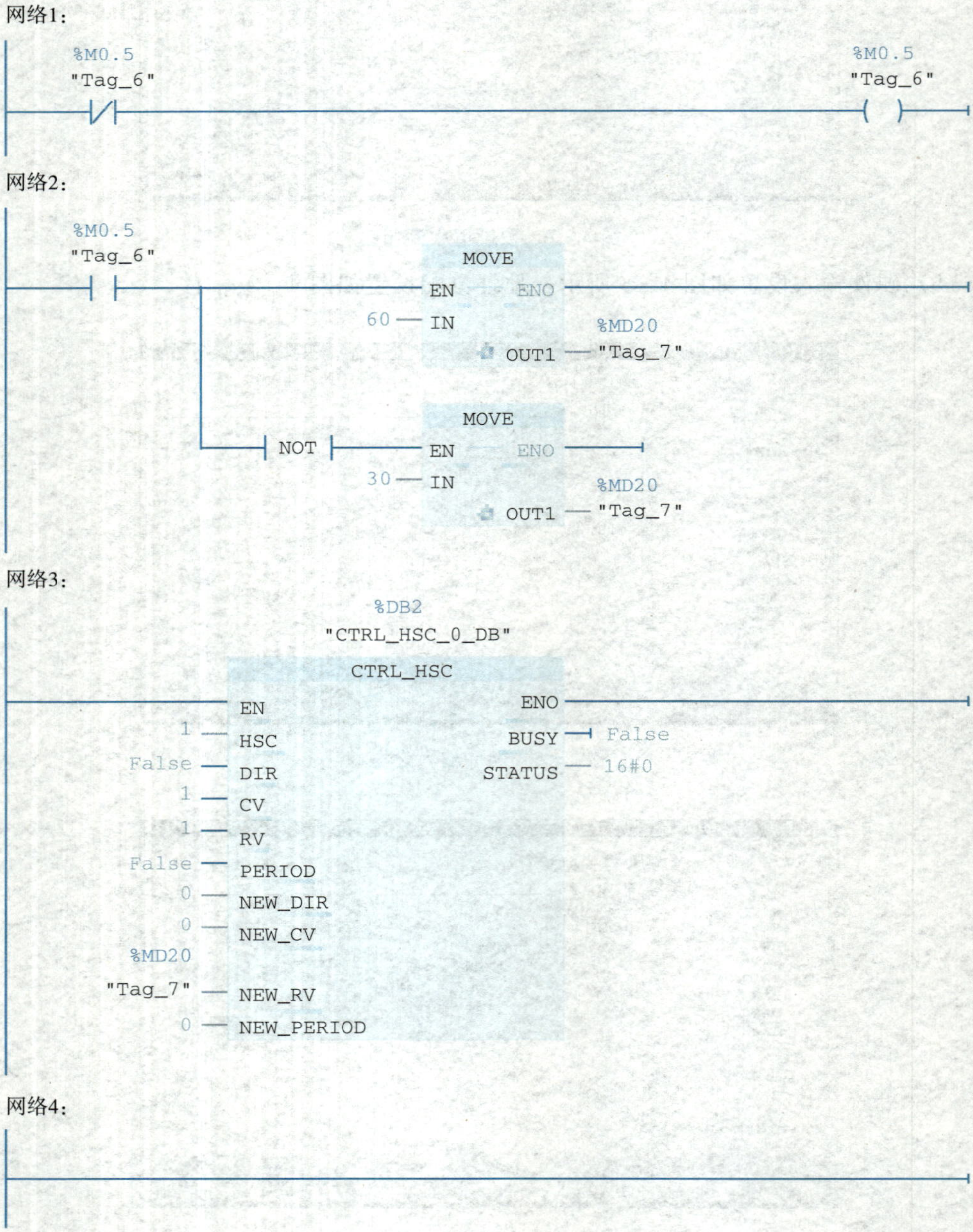

图 4-10 程序示例

4.3　运动控制功能

TIA 博途编程软件结合西门子 S7-1200 PLC 的 CPU 的运动控制功能，可通过脉冲接口控制步进电机和伺服电机。在 TIA 博途编程软件中，可以组态“轴”和“命令表”工艺对象。西门子 S7-1200 PLC 的 CPU 可以使用这些工艺对象控制驱动器的脉冲和方向输出。在用户程序中，可以通过运动控制指令来控制轴，也可以启动驱动器的运动作业。

【课件】
西门子 S7-1200 PLC
运动控制功能

4.3.1　运动控制的基础知识

（1）CPU 提供一个脉冲输出和一个方向输出，通过脉冲接口对步进电机驱动器或伺服电机驱动器进行控制。脉冲输出为驱动器提供电机运动所需的脉冲，方向输出则用于控制驱动器的行进方向。

（2）根据步进电机的设置，每个脉冲会使步进电机移动特定角度。例如，如果将步进电机设置为每转 1000 个脉冲，则每个脉冲电机移动 0.36°。

（3）硬件和软件限位开关用于限制轴工艺对象的“允许行进范围”和“工作范围”。硬件和软件限位如图 4－11 所示：

【微课】
西门子 S7-1200 PLC
运动控制功能

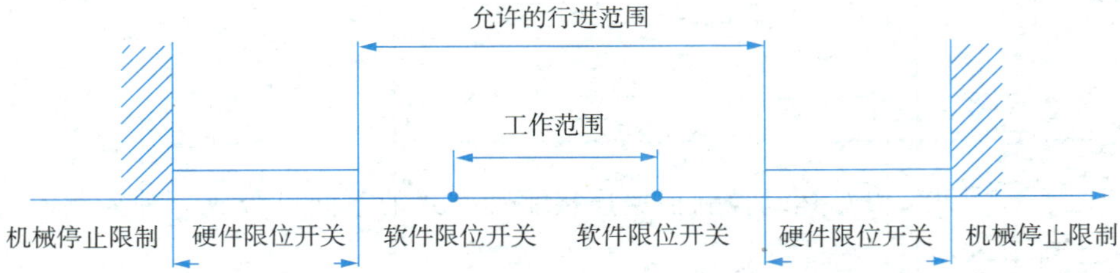

图 4－11　硬件和软件限位

硬件限位开关是限制轴的最大“允许行进范围”的限位开关。硬件限位开关是物理开关元件，必须与 CPU 中具有中断功能的输入相连接。软件限位开关将限制轴的“工作范围”，它们应位于限制行进范围的相关硬件限位开关的内侧。由于软件限位开关的位置可以灵活设置，因此可根据当前的运行轨迹和具体要求调整轴的工作范围。与硬件限位开关不同，软件限位开关只通过软件来实现，而无须借助自身的开关元件。

在组态或用户程序中使用硬件限位开关和软件限位开关之前，必须先将其激活。只有在轴回原点之后，才可以激活软件限位开关。

（4）回原点是指使工艺对象的轴坐标与驱动器的实际物理位置相匹配。对于位置控制的轴，位置的输入与显示完全参考轴的坐标。因此，轴坐标必须与实际情形相一致。如果要确保通过驱动器也能准确到达轴的绝对目标位置，上述步骤必不可缺。在西门子 S7-1200 PLC 的 CPU 中，使用运动控制指令“MC_Home”执行轴回原点。回原点模式：主动回原点、被动回原点、绝对式直接回原点、相对式直接回原点。需要注意的是，轴位置的设置与回原点开关无关。以下语句适用于回到原点后轴的定位：

新的轴位置＝当前轴位置＋指令“MC_Home”中“Position”参数的值

4.3.2　运动控制的硬件组成

西门子 S7-1200 PLC 运动控制的硬件主要包括信号板、PROFINET 接口、驱动器和编码器。

（1）信号板：可以使用信号板为 CPU 添加输入和输出。可将数字量输出用作控制驱动器的脉冲发生器输出。对于具有继电器输出的 CPU，由于继电器不支持所需的开关频率，因此无法通过板载输出来输出脉冲信号，必须使用具有数字量输出的信号板。如果需要，还可使用模拟量输出来控制所连接的模拟量驱动器。

（2）PROFINET 接品：PROFINET 接口用于在西门子 S7-1200 PLC 与编程设备之间建立在线连接。除了 CPU 的在线功能外，附加的调试和诊断功能也可用于运动控制。PROFINET 支持连接 PROFIdrive 驱动器和编码器的 PROFIdrive 配置文件。

（3）驱动器和编码器：驱动器用于控制轴的运动，编码器提供轴的闭环位置控制的实际位置。

4.3.3　控制方式

西门子 S7-1200 PLC 运动控制根据连接驱动方式的不同可分成 3 种控制方式，如图 4-12 所示。

（1）PROFIdrive：通过基于 PROFIBUS/PROFINET 的 PROFIdrive 方式与支持 PROFIdrive 的驱动器连接，进行运动控制。

（2）PTO（PulseTrainOutput）：通过发送 PTO 脉冲的方式控制驱动器，这种方式可以是脉冲＋方向、A/B 正交，也可以是正/反脉冲的方式。

（3）模拟量：通过输出模拟量来控制驱动器。继电器类型输出不能作为 PTO 输出点来使用。

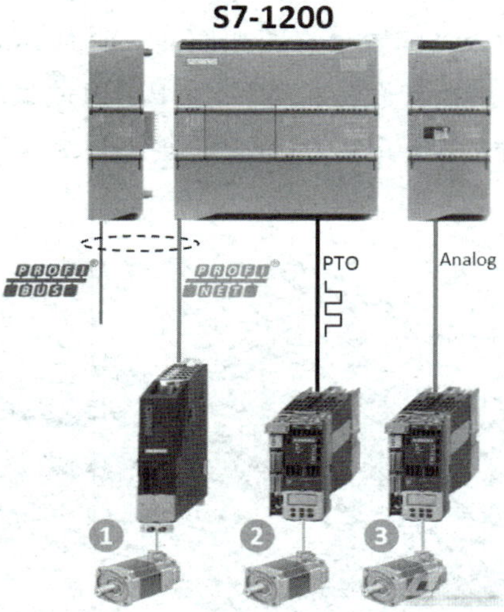

图 4-12　西门子 S7-1200 PLC 运动控制方式

4.3.4　运动控制的功能原理

1. 功能原理

运动控制的功能原理如图 4-13 所示，可以看出西门子 S7-1200 CPU 运动控制功能的实现包括 4 个部分：

(1) 相关执行设备；

(2) CPU 硬件输出；

(3) 定义工艺对象"轴"；

(4) 程序中的控制指令块。

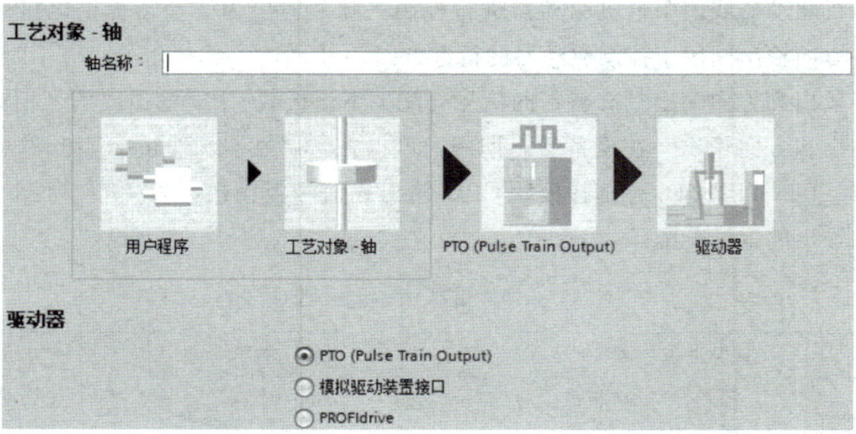

图 4-13　运动控制的功能原理

执行设备主要包括伺服驱动器和步进驱动器，分别控制伺服电动机和步进电动机。西门子 S7-1200 PLC 与驱动产品配置示意图如图 4－14 所示，CPU 通过硬件输出，给出脉冲与方向信号，用于控制执行设备的运转。CPU 通过集成或信号板上硬件输出点，输出一串占空比为 50%的脉冲串（PTO），CPU 通过改变脉冲串的频率达到加速/减速的目的。

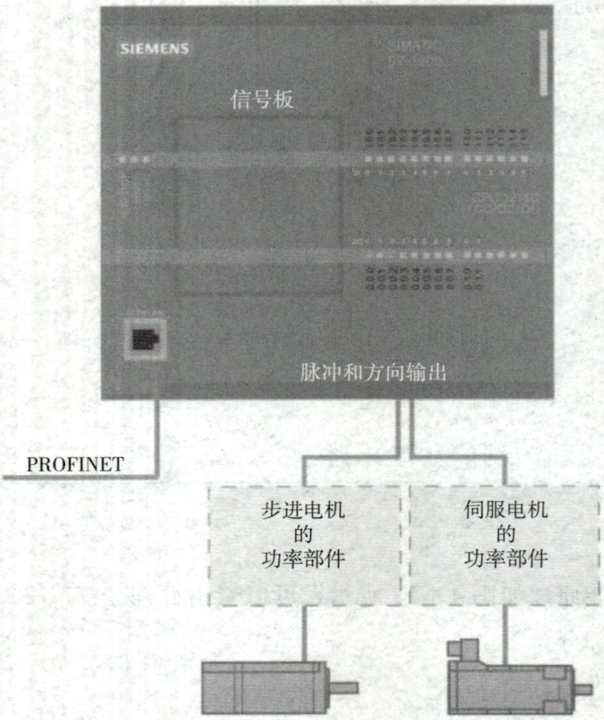

图 4－14　西门子 S7-1200 CPU 与驱动产品配置示意图

西门子 S7-1200 PLC 的 CPU 提供了一个脉冲输出和一个方向输出，通过脉冲接口对步进电机驱动器或伺服电机驱动器进行控制。脉冲输出为驱动器提供电机运动所需的脉冲，方向输出则用于控制驱动器的行进方向。

脉冲输出和方向输出具有特定的信号分配关系。板载 CPU 输出或信号板输出可用作脉冲输出和方向输出。在设备组态期间，可以在“属性”（Properties）选项卡的脉冲发生器（PTO/PWM）中选择板载 CPU 输出或信号板输出。表 4－5 列出了脉冲输出和方向输出的地址分配。

表 4－5　脉冲输出和方向输出的地址分配

高速脉冲发生器		脉　冲	方　向
PTO0	板载 I/O	Q0.0	Q0.4
	信号板 I/O	Q4.0	Q4.1

（续表）

高速脉冲发生器		脉　冲	方　向
PTO1	板载 I/O	Q0.2	Q0.3
	信号板 I/O	Q4.2	Q4.3
PTO2	板载 I/O	Q0.4	Q0.5
	信号板 I/O	Q4.0	Q4.1
PTO3	板载 I/O	Q0.6	Q0.7
	信号板 I/O	Q4.2	Q4.3

2. PTO 的信号类型

根据 PTO 的信号类型，不同 PTO 信号类型占用的脉冲发生器 DO 通道个数及示意图见表 4－6 所列。

表 4－6　脉冲发生器 DO 通道个数及示意图

<table>
<tr><th>信号类型</th><th>脉冲发生器 DO 通道数/个</th><th colspan="2">示意图</th></tr>
<tr><td>脉冲 A 和方向 B（未激活方向输出）</td><td>1</td><td colspan="2">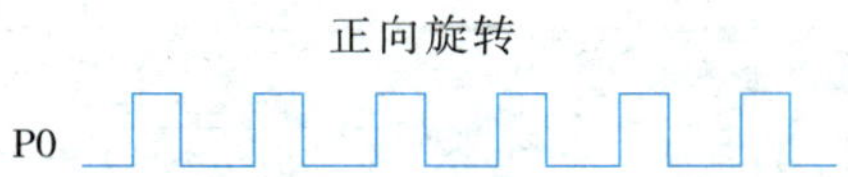
</td></tr>
<tr><td>脉冲 A 和方向 B</td><td>2</td><td colspan="2">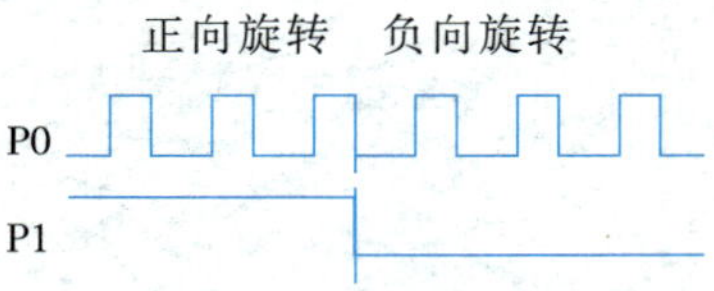
</td></tr>
<tr><td>脉冲上升沿 A 和脉冲下降沿 B</td><td>2</td><td colspan="2">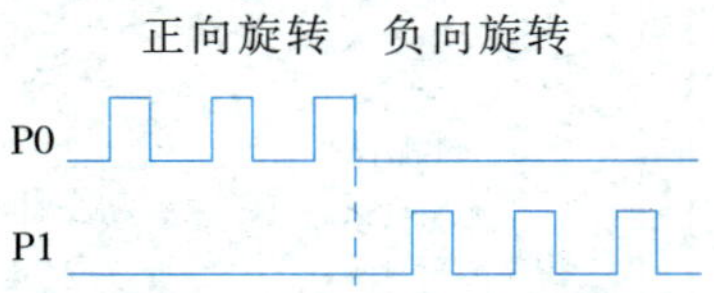
</td></tr>
<tr><td rowspan="2">A/B 相移</td><td rowspan="2">2</td><td>A 相领先于 B 相（正移动）</td><td>A 相滞后于 B 相（负移动）</td></tr>
<tr><td>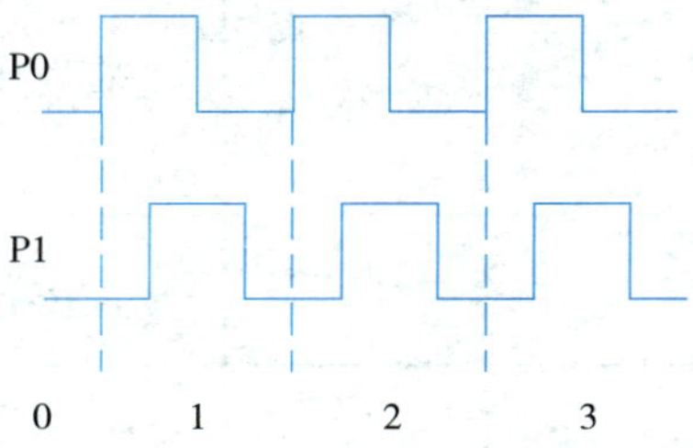
</td><td>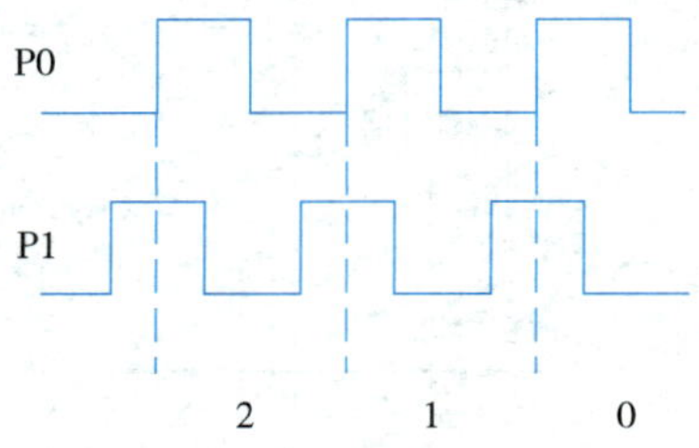
</td></tr>
</table>

（续表）

信号类型	脉冲发生器 DO 通道数/个	示意图	
A/B 相移-四倍频	2	A 相领先于 B 相（正移动）	A 相滞后于 B 相（负移动）
		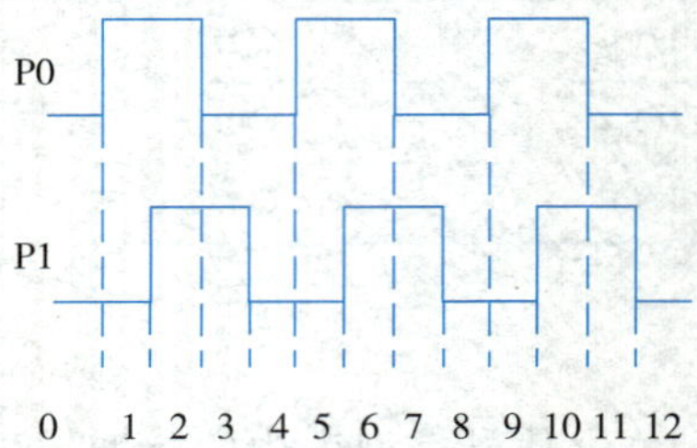	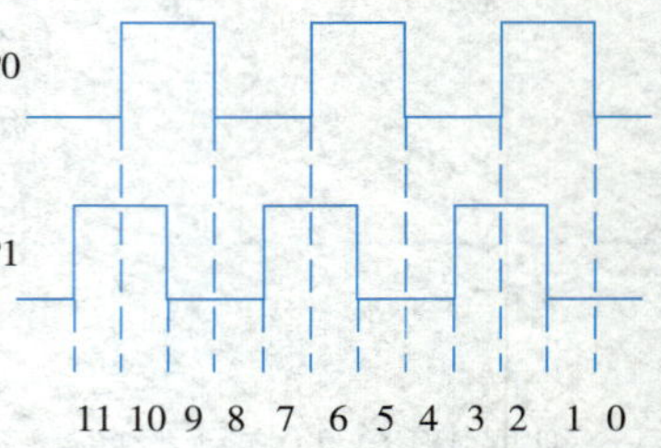

3. 硬件输出的组态

在项目视图中打开设备配置，选中“CPU”，在“属性”对话框的“脉冲发生器（PTO/PWM）”项中，勾选“启用该脉冲发生器”项（图 4－15）。在“脉冲选项”中，脉冲发生器有两种类型：PTO 与 PWM。使用运动控制功能时需要选择 PTO 方式。输出的 IO 地址和硬件识别符为系统默认的。

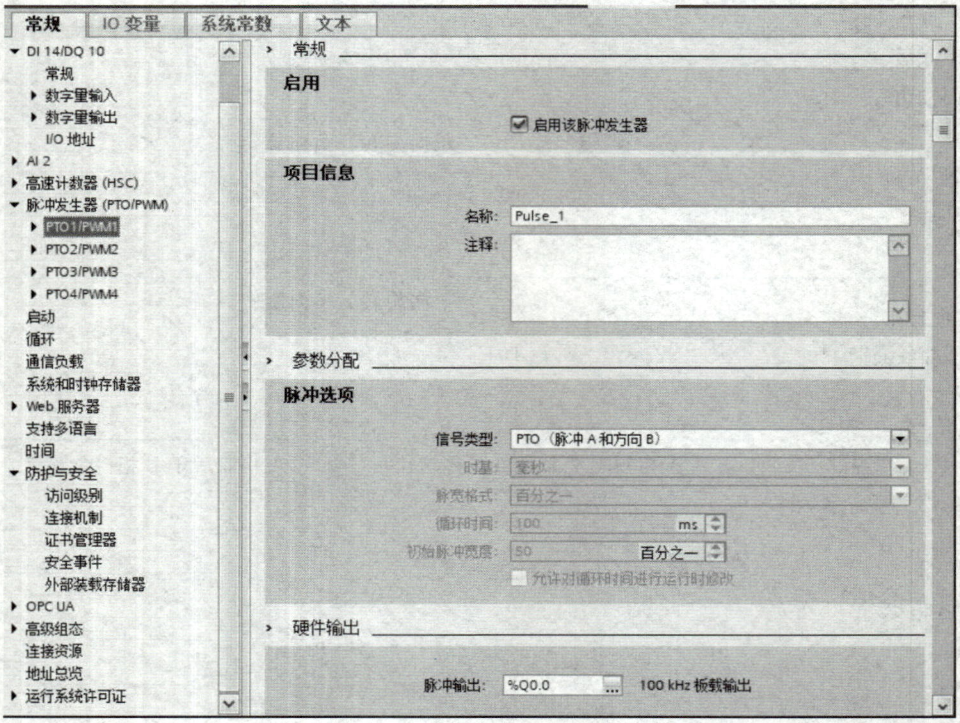

图 4－15　激活脉冲发生器示意图

4.3.4　PLC 工艺对象“轴”配置

“轴”表示驱动的工艺对象。“轴”工艺对象是用户程序与驱动的接口。工艺对象从用户程序中收到运动控制命令，在运行时执行并监视执行状态。“驱动”表示步进电动机加电源部分或伺服驱动加脉冲接口转换器的机电单元。驱动是由 CPU 产生脉冲对“轴”工艺对象操作进行控制的。运动控制中必须要对工艺对象进行组态才能应用控制指令块。工艺对象的组态包含三部分：参数组态、控制面板和调试诊断。

1. 参数组态

参数组态主要定义了轴的工程单位（如脉冲数/秒、转/分钟）、软硬件限位、启动/停止速度、参考点定义等。

进行参数组态前，需要添加工艺对象。双击项目树 PLC 设备下工艺对象的“添加新对象”项，在打开的对话框中点击“轴”按钮，输入数据块编号，定义名称，即可新建一个工艺对象数据块。添加完成后，可以在项目树中看到添加好的工艺对象，双击“组态”项进行参数组态。设置轴基本参数如图 4-16 所示。“硬件接口”项中，Pulse _ 1 或 Pulse _ 2 作为脉冲输出。“用户单位”项为系统选择长度单位，包括 mm（毫米）、m（米）、in（英寸）、Pulse（脉冲数）、°（角度）等。

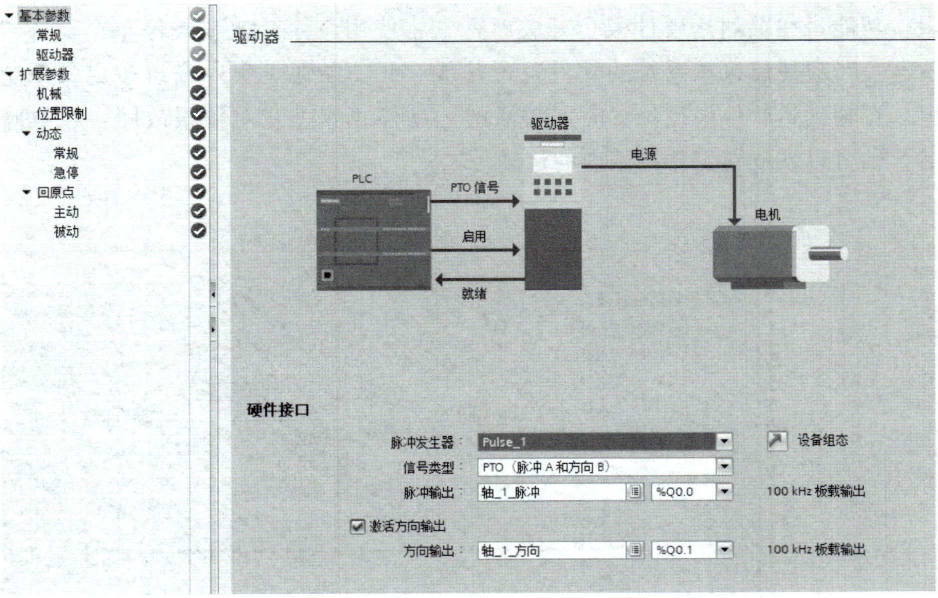

图 4-16　设置轴基本参数

点击图 4-17 中的“扩展参数”可以设置驱动器接口、机械、位置限制、动态、回原点等扩展参数。在“驱动器接口”项中，选择“启用”输出用来设置驱动器的输出点；选择“就绪”输入来设置驱动系统状态正常输入点，当驱动设备正常时会给出一个开关量输出，此信号可接入 CPU 中，告知运动控制器驱动器正常。如果驱动不提供这种接口，可将此参数设为“TRUE”。

设置轴的扩展参数如图 4-17 所示，在“电机每转的脉冲数”项输入电动机旋转一周所需脉冲个数，在“电机每转的负载位移”项设置电动机旋转一周生产机械所产生的位移，这里的单位与图 4-16 中的单位对应，勾选“反向信号”可颠倒整个驱动系统的运行方向。

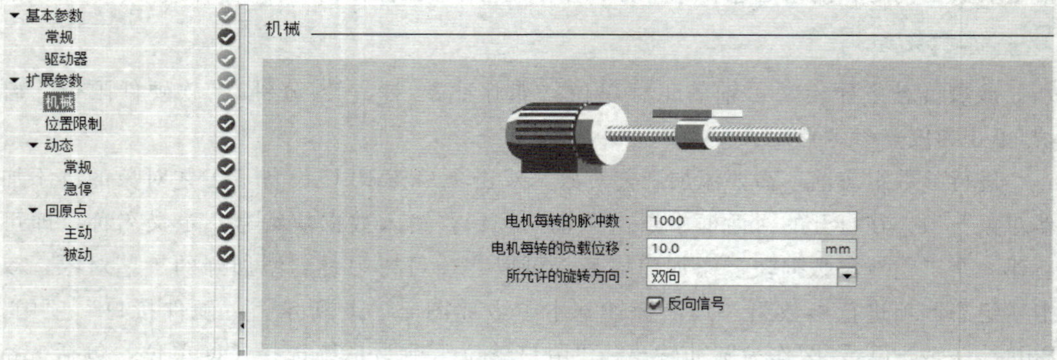

图 4-17　设置轴的扩展参数

位置限制组态如图 4-18 所示。其中，勾选“启用硬限位开关”项使能机械系统的硬件限位功能，在轴到达硬件限位开关时，它将使用急停减速斜坡停车；勾选“启用软限位开关”项使能机械系统的软件限位功能，此功能通过程序或组态定义系统的极限位置。在轴到达软件限位位置时，激活的运动停止。工艺对象报故障，在故障被确认以后，轴可以恢复在工作范围内的运动。

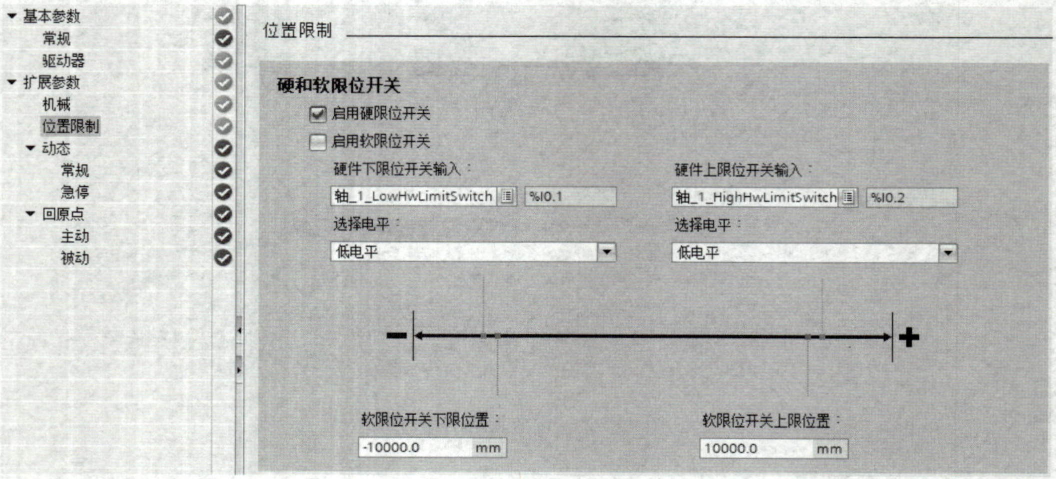

图 4-18　位置限制组态

动态特性组态如图 4－19 所示。其中，“速度限值的单位”项选择速度限制值单位，包括“转/分钟”和“脉冲/秒”两种；可以定义系统的最大运行速度，系统自动运算以“mm（位移单位）/s”为单位的最大速度；“启动/停止速度”项定义系统的启动/停止速度，考虑到电机的扭矩等机械特性，其启动/停止速度不能为 0，系统自动运算以“mm（位移单位）/s”为单位的启动/停止速度；可以设置加速度、减速度和加速时间、减速时间。

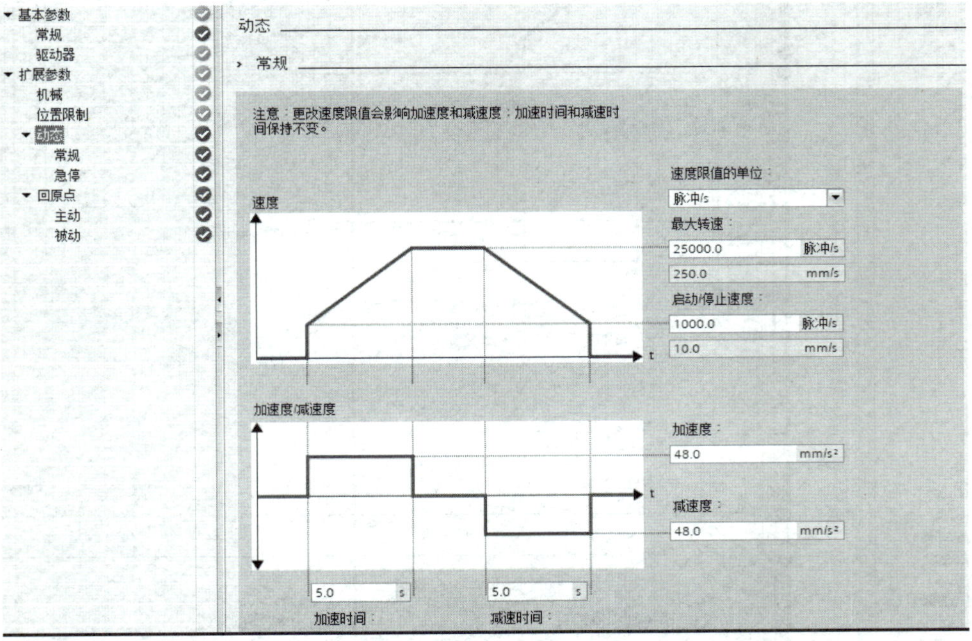

图 4－19　动态特性组态

紧急斜坡（即急停）组态如图 4－20 所示。其中，“紧急减速度”是从最大速度紧急减速到启动/停止速度的减速度，“紧急减速时间”是从最大速度紧急减速到启动/停止速度的减速时间。

回原点组态如图 4－21 所示。其中“输入归位开关”项定义参考点，一般使用数字量输入作为参考点开关。“允许硬限位开关处自动反转”项可使能在寻找参考点过程中碰到硬件限位点自动反向，在激活回参考点功能后，轴在碰到参考点之前碰到了极限位点。此时系统认为参考点在反方向，会按组态好的斜坡减速曲线停车并反转。若该功能没有被激活并且轴达到硬件限位，则回参考点过程会因为错误被取消，并紧急停止。“接近/回原点方向”项定义在执行寻找参考点的过程中的初始方向，包括正方向和负方向两种方式。“归位开关一侧”项有“上侧”和“下侧”供选择。“接近速度”项定义：进入参考点区域后，到达参考点位置时的速度。“原点位置偏移量”项表示当参考点开关位置和参考点位置有差别时，在此输入距离参考点的偏移量。轴到达速度接近零位。在 MC _ Home 语句中的“位置”参数指定绝对参考点坐标，“原点位置坐标”项定义参考点坐标，参考点坐标由 MC _ Home 指令块的“Position”参数确定。

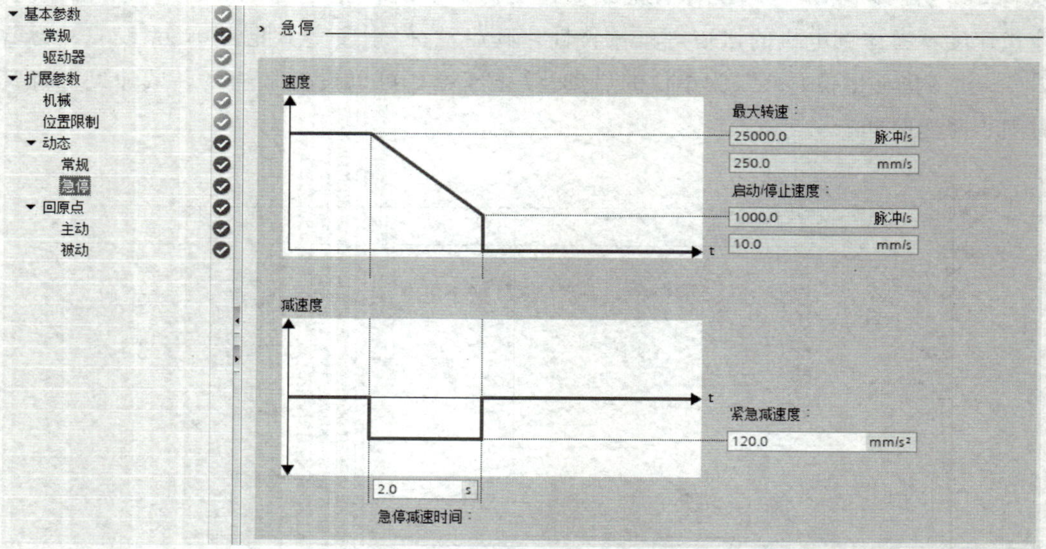

图 4－20 紧急斜坡组态

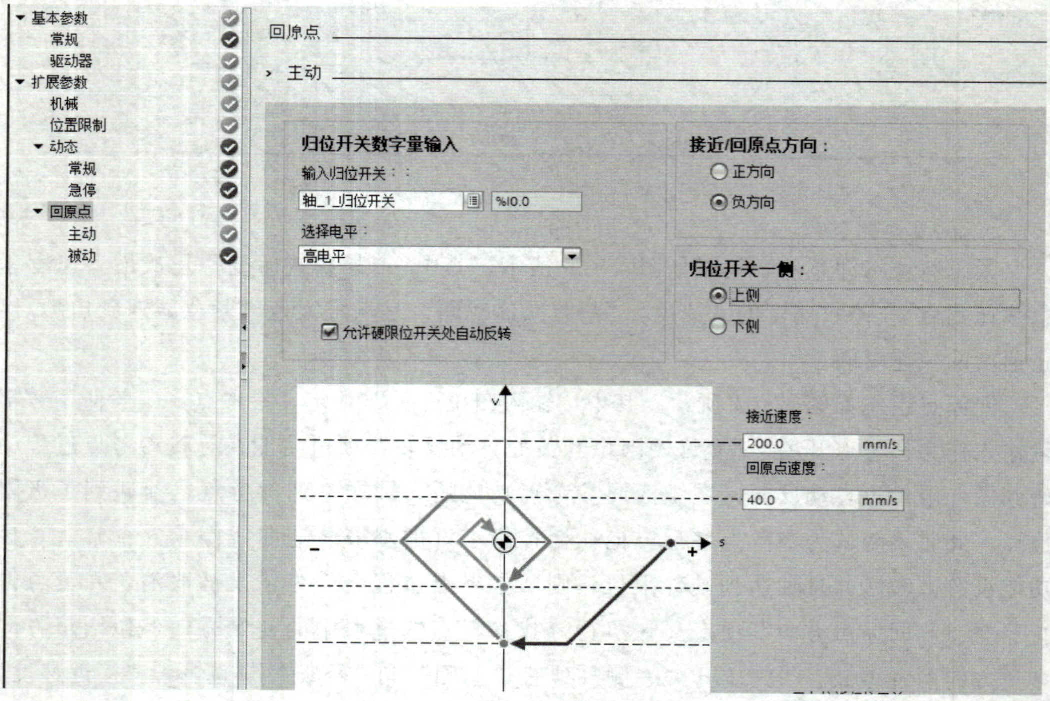

图 4－21 回原点组态

2. 控制面板

编程软件提供了控制面板，以调试驱动设备、测试轴和驱动功能，控制面板允许用户在手动方式下实现参考点定位、绝对位置、相对位置、点动等功能。

在项目视图中打开已添加的工艺对象，双击“调试”项打开调试控制面板。组态调试如图 4－22 所示，单击“激活”项，在弹出的对话框中点击“是”按钮后弹出如图 4－23 所示页面，单击“启动”项启动轴运动，可选“点动”“定位”“回原点”命令进行调试（图 4－24）。

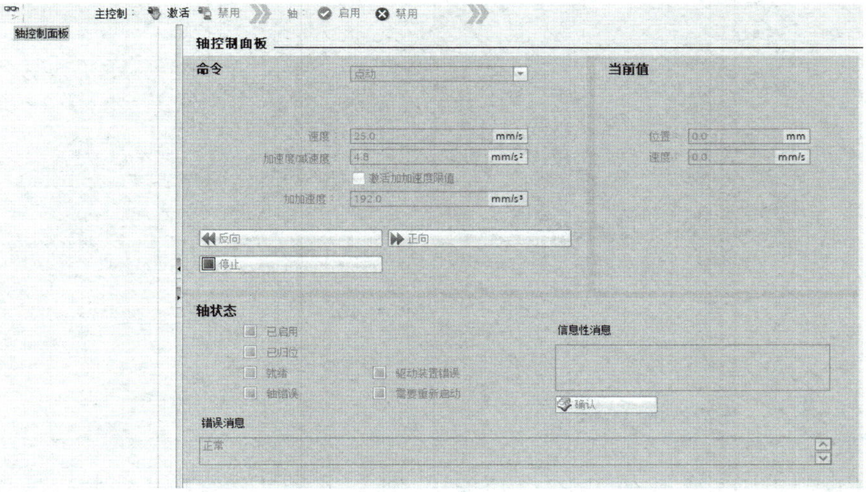

图 4－22　组态调试

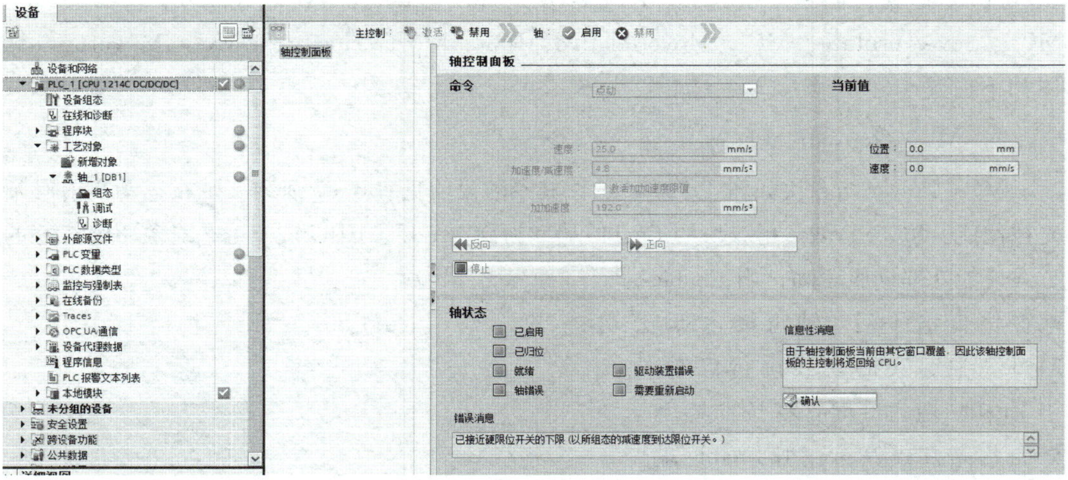

图 4－23　启动控制面板

轴状态显示“轴已启用”“已回原点”“驱动器准备就绪”等信息。此参数需要在前面的组态中定义才会显示实际状态。实际值包括当前位置和当前速度两个数值。出现故障后，单击“确认”按钮进行确认。在手动模式下，错误显示信息栏会显示最近出现的错误。若要清除错误，单击状态显示栏中的“确认”按钮进行复位。

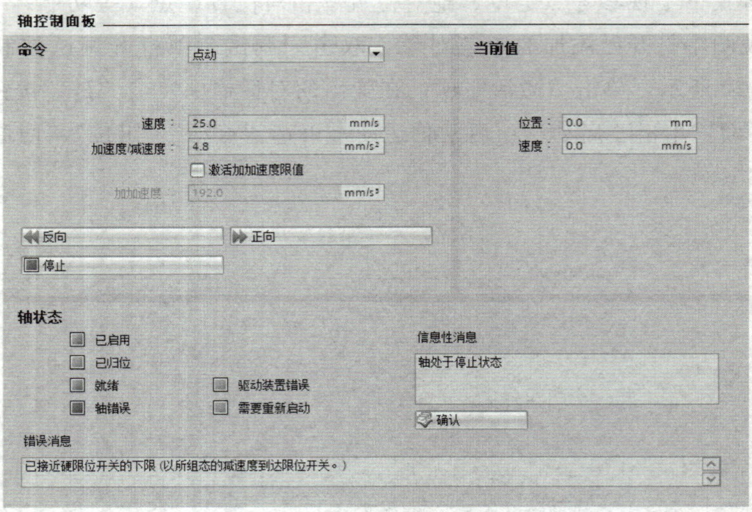

图 4-24 命令调试

4.3.5 程序指令块

运动控制程序指令块使用 PTO 功能，“轴”工艺对象的接口控制运动机械的运行，运动控制指令块被用于传输指令到工艺对象，以完成处理和监视。西门子 S7-1200 PLC 运动控制指令块包括 MC _ Power、MC _ Reset、MC _ Home、MC _ Halt、MC _ MoveAbsolute、MC _ MoveRelative、MC _ MoveVelocity 和 MC _ MoveJog。具体如下所述。

1. MC _ Power（系统使能）指令块

MC _ Power 指令块如图 4-25 所示，其参数说明见表 4-7 所列。轴在运动之前必须先被使能。MC _ Power 指令块的 Enable 端变为高电平后，CPU 按照工艺对象中组态好的方式使能外部伺服驱动；当 Enable 端变为低电平后，轴将按“Stop Mode”中定义的模式进行停车；当 Enable 端为 0 时，将按照组态好的急停方式停车；当 Enable 端为 1 时，将会立即终止输出。用户程序中，针对每个轴只能调用一次“启用和禁用轴”指令。

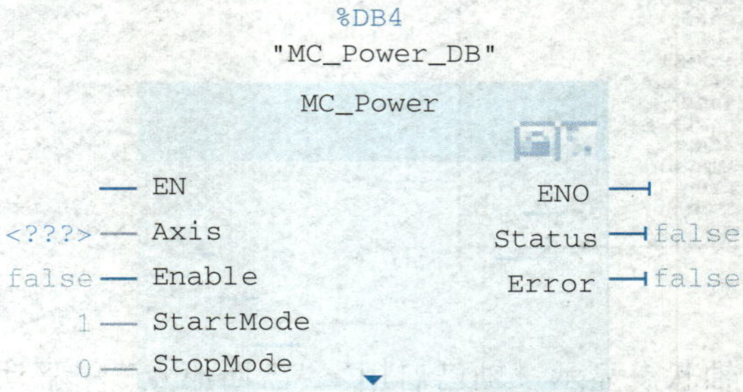

图 4-25 MC _ Power 指令块

表 4－7　MC _ Power 指令块参数说明

参　数	名　称	数据类型	说　明
Axis	轴	TO _ Axis	轴工艺对象
Enable	使能端	BOOL	TRUE：轴已启用
			FALSE：根据组态的“Stop Mode”中断当前所有作业，停止并禁用轴
Start Mode	启动模式	INT	为 0 时启用位置不受控的定位轴
			为 1 时启用位置受控的定位轴
Stop Mode	停止模式	INT	为 0 时紧急停止
			为 1 时立即停止
Status	状态	BOOL	轴的使能状态
Busy	忙	BOOL	为 1 时表示命令正在执行
Error	错误	BOOL	为 1 时表示命令启动过程出错
Error ID	错误 ID	WORD	错误 ID
Error Info	错误信息	WORD	错误信息

2. MC _ Reset（错误确认）指令块

MC _ Reset 指令块如图 4－26 所示，其参数说明见表 4－8 所列，需要指定背景数据块。如果存在一个需要确认的错误，可通过上升沿激活 MC _ Reset 指令块的 Execute 端，进行错误复位。

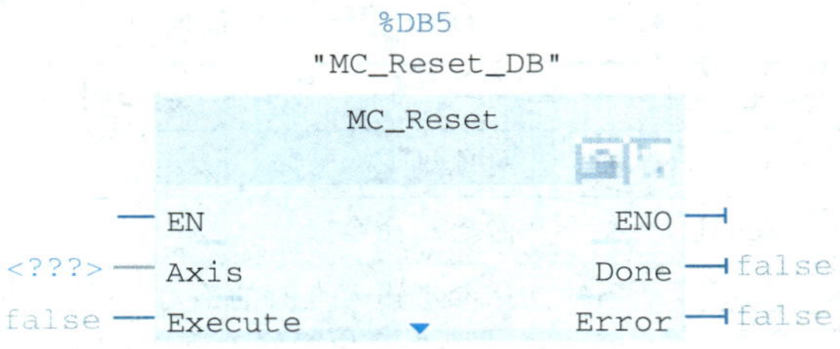

图 4－26　MC _ Reset 指令块

表 4－8　MC _ Reset 指令块参数说明

参　数	名　称	数据类型	说　明
Axis	轴	TO _ Axis	轴工艺对象
Execute	执行端	BOOL	上升沿时启动命令
Restart	启动模式	INT	为 0 时启用位置不受控的定位轴
			为 1 时启用位置受控的定位轴
Done	停止模式	INT	为 1 时表示错误已确认
Busy	忙	BOOL	为 1 时表示命令正在执行

（续表）

参　数	名　称	数据类型	说　明
Error	错误	BOOL	为 1 时表示命令启动过程出错
Error ID	错误 ID	WORD	错误 ID
Error Info	错误信息	WORD	错误信息

3. MC _ Home（回原点/设置原点）指令块

MC _ Home 指令块如图 4－27 所示，其参数说明见表 4－9 所列，需要指定背景数据块。该指令块用于定义原点位置，上升沿使能 Execute 端，指令块按照模式中定义好的值执行定义参考点的功能。回参考点过程中，轴在运行中时，MC _ Home 指令块中的 Busy 位始终输出高电平，一旦整个回参考点过程执行完毕，工艺对象数据块中的 HomingDone 位被置位为“1”。

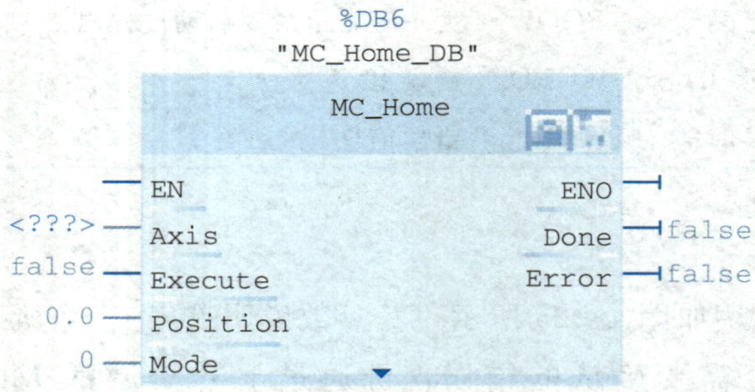

图 4－27　MC _ Home 指令块

表 4－9　MC _ Home 指令块参数说明

参　数	名　称	数据类型	说　明
Axis	轴	TO _ Axis	轴工艺对象
Execute	执行端	BOOL	在上升沿启动命令
Position	位置	REAL	当轴到达参考输入点时的绝对位置（Mode＝2 和 3）设定位置值（Mode＝1）、位置修正值（Mode＝2）
Mode	模式	INT	为 0 表示直接绝对回零：轴位置被设置而忽略参考输入点位置，其他激活的运动被取消；在 MC _ Home 语句被激活时，立即将 Position 参数的值设置成参考原点；为使分配的参考原点位置精确，轴必须停止；新参考原点的位置＝Position 参数的值
			为 1 表示直接相对回零：轴位置被设置而忽略参考输入点位置，其他激活的运动被取消；Mode 模式 INT 新参考原点的位置＝当前轴的位置＋Position 参数的值
			为 2 表示被动回零：在被动回零模式中，运动控制语句 MC _ Home 不执行回参考点，其他运动也不会被取消；回参考点是靠用户通过运动控制语句或机械运动而执行的
			为 3 表示主动回零：在主动回零模式中，运动控制语句 MC _ Home 执行回参考点，所有其他的运动都会被取消

（续表）

参　数	名　称	数据类型	说　明
Done	完成	BOOL	为 1 表示错误已确认
Busy	忙	BOOL	为 1 时表示命令正在执行
Error	错误	BOOL	为 1 时表示命令启动过程出错
Error ID	错误 ID	WORD	错误 ID
Error Info	错误信息	WORD	错误信息

4. MC _ Halt（停止轴）指令块

MC _ Halt 指令块如图 4－28 所示，其参数说明见表 4－10 所列，需要指定背景数据块。MC _ Halt 指令块用于停止轴的运动，每个被激活的运动指令都可由此指令块停止，上升沿使能 Execute 后，轴会立即按组态好的减速曲线停车。

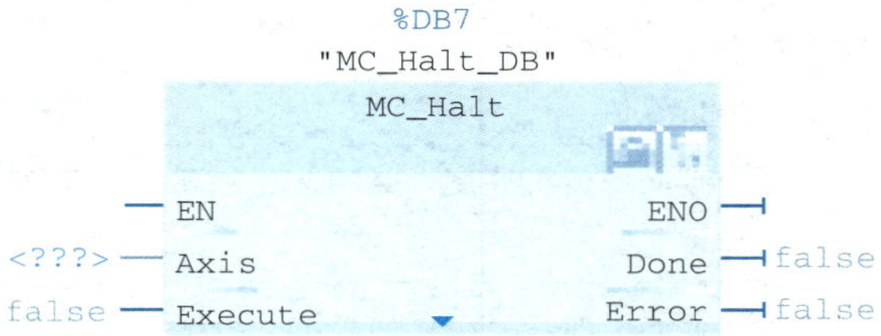

图 4－28　MC _ Halt 指令块

【微课】

运动轴组态

表 4－10　MC _ Halt 指令块参数说明

参　数	名　称	数据类型	说　明
Axis	轴	TO _ Axis	轴工艺对象
Execute	执行端	BOOL	在上升沿启动命令使能停止功能
Done	完成	BOOL	为 1 时表示错误已被确认
Busy	忙	BOOL	为 1 时表示命令正在执行
Error	错误	BOOL	为 1 时表示命令启动过程出错
Error ID	错误 ID	WORD	错误 ID
Error Info	错误信息	WORD	错误信息

5. MC _ MoveAbsolute（绝对位移）指令块

MC _ MoveAbsolute 指令块如图 4－29 所示，其参数说明见表 4－11 所列，需要指定背景数据块。MC _ MoveAbsolute 指令块需要在定义好参考点、建立起坐标系统后才能使用，通过指定参数可到达机械限位内的任意一点。当上升沿使能调用选项后，系统会自动计算当前位置与目标位置之间的脉冲数，并加速到指定速度，在到达目标位置时减速到启动/停止速度。

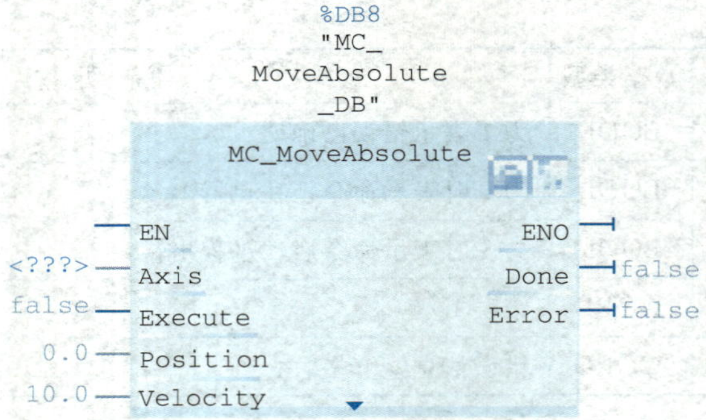

图 4-29 MC _ MoveAbsolute 指令块

表 4-11 MC _ MoveAbsolute 指令块参数说明

参 数	名 称	数据类型	说 明
Axis	轴	TO _ Axis	轴工艺对象
Execute	执行端	BOOL	在上升沿启动命令使能停止功能
Position	目标位置	REAL	目标位置值
Velocity	运行速度	REAL	用户定义的运行速度，必须大于或等于组态的启动/停止速度
Error	错误	BOOL	为 1 时表示命令启动过程出错
Busy	忙	BOOL	为 1 时表示命令正在执行
Error	错误	BOOL	为 1 时表示命令启动过程出错
Error ID	错误 ID	WORD	错误 ID
Error Info	错误信息	WORD	错误信息

6. MC _ MoveRelative（相对位移）指令块

MC _ MoveRelative 指令块如图 4-30 所示，其参数说明见表 4-12 所列，需要指定背景数据块。MC _ MoveRelative 指令块不需要建立参考点，只需定义运行距离、方

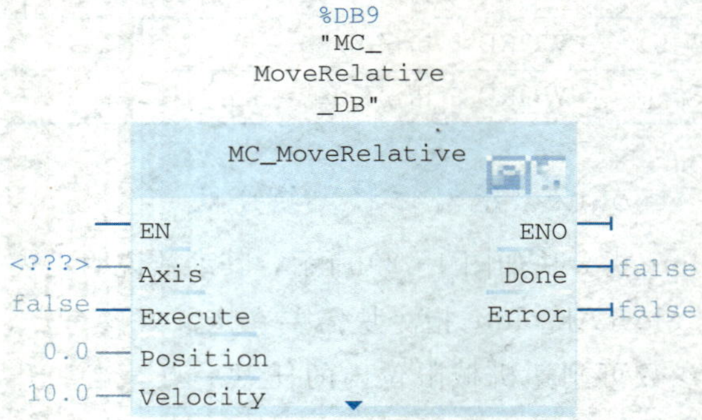

图 4-30 MC _ MoveRelative 指令块

向及速度。当上升沿使能 Execute 端后，轴按照设置好的距离与速度运行，其方向根据距离值的符号（+/−）决定。

表 4-12　MC _ MoveRelative 指令块参数说明

参　数	名　称	数据类型	说　明
Axis	轴	TO _ Axis	轴工艺对象
Execute	执行端	BOOL	在上升沿启动命令使能停止功能
Distance	运行距离	REAL	运行的距离（正或负）
Velocity	运行速度	REAL	用户定义的运行速度，必须大于或等于组态的启动/停止速度
Done	完成	BOOL	为 1 时表示错误已确认
Error	错误	BOOL	为 1 时表示命令启动过程出错
Busy	忙	BOOL	为 1 时表示命令正在执行
Error	错误	BOOL	为 1 时表示命令启动过程出错
Error ID	错误 ID	WORD	错误 ID
Error Info	错误信息	WORD	错误信息

MC _ MoveAbsolute 指令与 MC _ MoveRelative 指令的主要区别在于是否需要建立坐标系统，即是否需要原点（参考点）。MC _ MoveAbsolute 指令需要知道目标位置在坐标系中的坐标，并根据坐标自动决定运动向，此时需要定义原点；而 MC _ MoveRelative 只需知道当前点与目标位置的距离，由用户给定方向，无须建立坐标系统，此时不需要定义原点。

7. MC _ MoveVelocity（目标转速运动）指令块

MC _ MoveVelocity 指令块如图 4-31 所示，其参数说明见表 4-13 所列，需要指定背景数据块。MC _ Move Velocity 指令块可使轴按预设速度运动，需要在 Velocity 端设定速度，并在上升沿使能 Execute 端，激活此指令块。使用 MC _ Halt 指令块可使运动的轴停止。

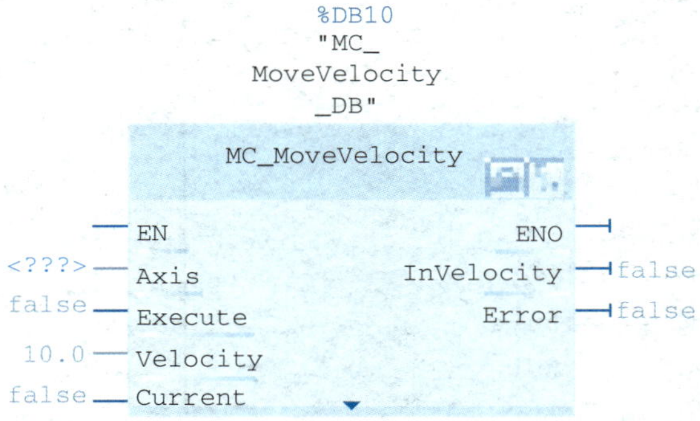

图 4-31　MC _ MoveVelocity 指令块

表 4－13　MC _ MoveVelocity 目标转速运动指令块参数说明

参　数	名　称	数据类型	说　明
Axis	轴	TO _ Axis	轴工艺对象
Execute	执行端	BOOL	在上升沿启动命令使能停止功能
Velocity	运行速度	REAL	用户定义的运行速度，必须大于或等于组态的启动/停止速度
Direction	方向选择	REAL	为 0 时表示按照参数 Velocity 中数值的正号、负号决定；为 1 时表示正向，为 2 时表示负向
Current	是否保持当前速度	BOOL	为 1 时表示保持当前速度，此时参数 Velocity 和 Direction 被锁定，无法修改
InVelocity	速度指示	BOOL	当 Current＝0，In Velocity＝1 时表示预定速度已达到；当 Current＝1，In Velocity＝1 时表示速度已被保持
Done	完成	BOOL	为 1 时表示错误已确认
Error	错误	BOOL	为 1 时表示命令启动过程出错
Busy	忙	BOOL	为 1 时表示命令正在执行
Error	错误	BOOL	为 1 时表示命令启动过程出错
Error ID	错误 ID	WORD	错误 ID
Error Info	错误信息	WORD	错误信息

8. MC _ MoveJog（点动）指令块

MC _ MoveJog 指令块如图 4－32 所示，其参数说明见表 4－14 所列，需要指定背景数据块。MC _ MoveJog 指令块可让轴在点动模式下运行，首先要在 Velocity 端设置好点动速度，然后置位向前点动和向后点动端，当 Jog Forward 或 Jog Backward 端复位时点动停止。轴在运行时，Busy 端被激活。

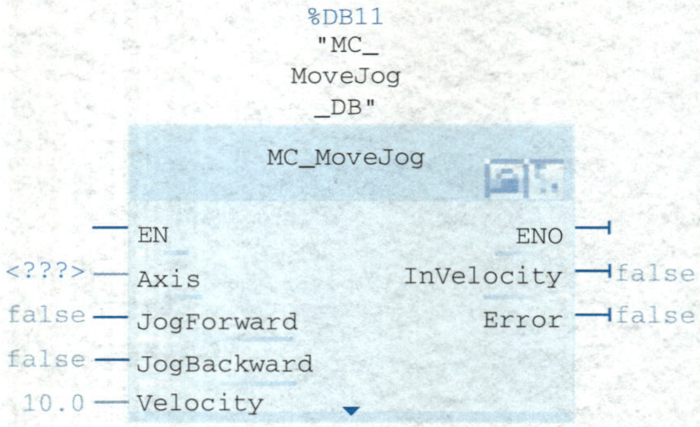

图 4－32　MC _ MoveJog 指令块

表 4－14　MC _ MoveJog 指令块参数说明

参　数	名　称	数据类型	说　明
Axis	轴	TO _ Axis	轴工艺对象
Jog forward	向前点动	BOOL	为 1 时表示轴正向移动
Jog Backward	向后点动	BOOL	为 1 时表示轴负向移动
Velocity	运行速度	REAL	点动模式下的运行速度
In Velocity	速度指示	BOOL	“Velocity”达到指定速度
Error	错误	BOOL	为 1 时表示命令启动过程出错
Busy	忙	BOOL	为 1 时表示命令正在执行
Error	错误	BOOL	为 1 时表示命令启动过程出错
Error ID	错误 ID	WORD	错误 ID
Error Info	错误信息	WORD	错误信息

上述运动控制指令块在输出参数“Error”“Error ID”和“Error Info”中显示所有工艺对象的错误。错误的原因要查看输出参数“Error ID”，详细的原因要查看“Error Info”。错误可分为以下几个等级。

1）不造成使轴停止的错误

在运动控制语句执行期间发生的运行错误不造成轴的停止，只在控制语句中显示。控制语句在错误补救后无须确认重启。

2）使轴停止的错误

若在运动控制语句执行期间发生的运行错误造成了轴的停止，轴会按照配置的急停减速率停止。

3）指令块参数错误

运动控制指令块的输入参数配置不正确会造成错误。该错误仅在触发运动控制语句时显示。运动控制语句在错误补救后无须确认重启。

4）配置错误

配置错误为因轴的参数没有正确配置而产生的错误，该错误会在运动控制语句和 MC _ Power 语句被触发时显示。

5）内部错误

内部错误在运动控制语句和 MC _ Power 语句被触发时显示，若需要复位内部错误，则必须重启控制器。

4.3.6 编程举例

在控制要求二中：以伺服电动皮带带动一个滑块在轨道上左右滑行，伺服电动机转速为 3000 r/min，旋转编码器一圈为 1000 个脉冲，电动机每转一圈，滑块运行 10 mm，左限位开关输入点为 I0.1，右限位开关输入点为 I0.2，参考点为 I0.0。要求从参考点位置，向左极限方向运动 30 mm。

1. I/O 分配和定义变量表

I/O 分配和定义变量见表 4－15 所列。根据表 4－15 在编程软件中新建 PLC 变量表（图 4－33）。

表 4－15 I/O 分配和定义变量

名 称	地 址	名 称	地 址
限位左极限	I0.1	脉冲输出	Q0.0
限位右极限	I0.2	方向	Q0.1
参考点	I0.0	运行控制使能	M50.0
急停	I0.5	原点模式	MW100
轴使能	Q0.4	原点激活	M102.0
急停输出	Q0.5		

变量表_1

	名称	数据类型	地址	保持	从 H...	从 H...	在 H...	注释
1	限位左极限	Bool	%I0.1	☐	☑	☑	☑	
2	限位右极限	Bool	%I0.2	☐	☑	☑	☑	
3	参考点	Bool	%I0.0	☐	☑	☑	☑	
4	急停	Bool	%I0.5	☐	☑	☑	☑	
5	轴使能	Bool	%Q0.4	☐	☑	☑	☑	
6	急停输出	Bool	%Q0.5	☐	☑	☑	☑	
7	脉冲输出	Bool	%Q0.0	☐	☑	☑	☑	
8	方向	Bool	%Q0.1	☐	☑	☑	☑	
9	运动控制使能	Bool	%M50.0	☐	☑	☑	☑	
10	原点模式	Int	%MW100	☐	☑	☑	☑	
11	原点激活	Bool	%M102.0	☐	☑	☑	☑	
12	<新增>			☐	☑	☑	☑	

图 4－33 PLC 变量表

2. 组态 CPU 脉冲输出

在设备配置中组态 CPU 属性的“脉冲发生器”项，勾选“激活脉冲发生器”，脉冲输出类型为 PTO 型，则系统默认指定“Q0.0”为脉冲输出，“Q0.1”为方向输出，“HSC1”为此脉冲发生器功能的高速计数器。

3. 组态工艺对象

在项目视图的项目树中添加“轴工艺对象”，再定义轴的相关参数。硬件接口组态选择 Pulse _ 1 作为轴控制 PTO，长度单位为 mm。驱动器接口组态 Q0.4 作为“启用”输出，其他默认。机械组态电动机每转的脉冲数为 1000，每转的运载距离为 10 mm。

4. 编写程序

新建全局数据块 _ 1，定义控制变量与状态变量，如图 4－34 所示。

数据块_1

	名称	数据类型	起始值	保持	从 HMI/OPC..	从 H...	在 HMI ...	设定值	注释
1	▼ Static			☐	☐	☐	☐	☐	
2	MC_enable	Bool	false	☐	☑	☑	☑	☐	
3	Home_Active	Bool	false	☐	☑	☑	☑	☐	
4	Halt	Bool	false	☐	☑	☑	☑	☐	
5	Absolute_active	Bool	false	☐	☑	☑	☑	☐	
6	Relative_active	Bool	false	☐	☑	☑	☑	☐	
7	Velocity_direction	Int	0	☐	☑	☑	☑	☐	
8	Velocity_value	Real	0.0	☐	☑	☑	☑	☐	
9	Relative_value	Real	0.0	☐	☑	☑	☑	☐	
10	Absolute_value	Real	0.0	☐	☑	☑	☑	☐	
11	Home_Position	Real	0.0	☐	☑	☑	☑	☐	
12	MC_Power_Busy	Bool	false	☐	☑	☑	☑	☐	
13	MC_Power_Error	Bool	false	☐	☑	☑	☑	☐	
14	MC_Power_ErrorID	Word	16#0	☐	☑	☑	☑	☐	
15	MC_Power_Errorinfo	Word	16#0	☐	☑	☑	☑	☐	
16	Home_Done	Bool	false	☐	☑	☑	☑	☐	
17	Halt_Done Home_Error	Bool	false	☐	☑	☑	☑	☐	
18	Absolute_Done	Bool	false	☐	☑	☑	☑	☐	
19	Reset_Done	Bool	false	☐	☑	☑	☑	☐	
20	Home_Mode	Int	0	☐	☑	☑	☑	☐	

图 4－34 新建全局数据块 _ 1

编写程序如图 4－35 所示。

网络1:

网络2：

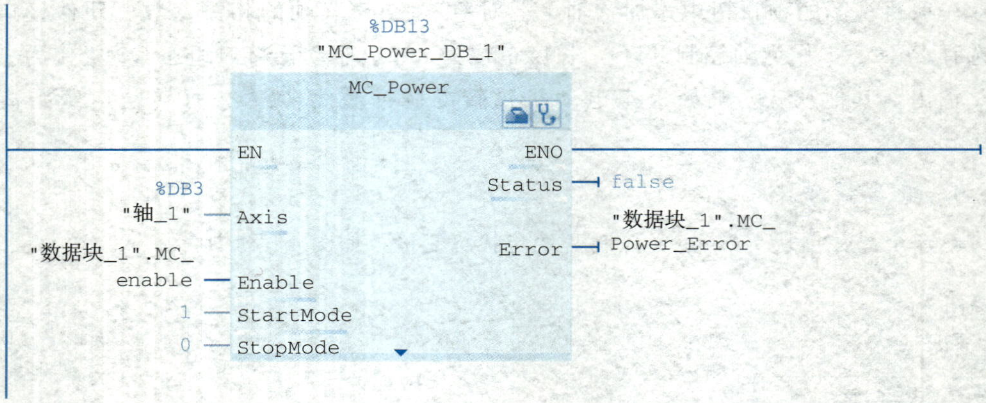

网络3：

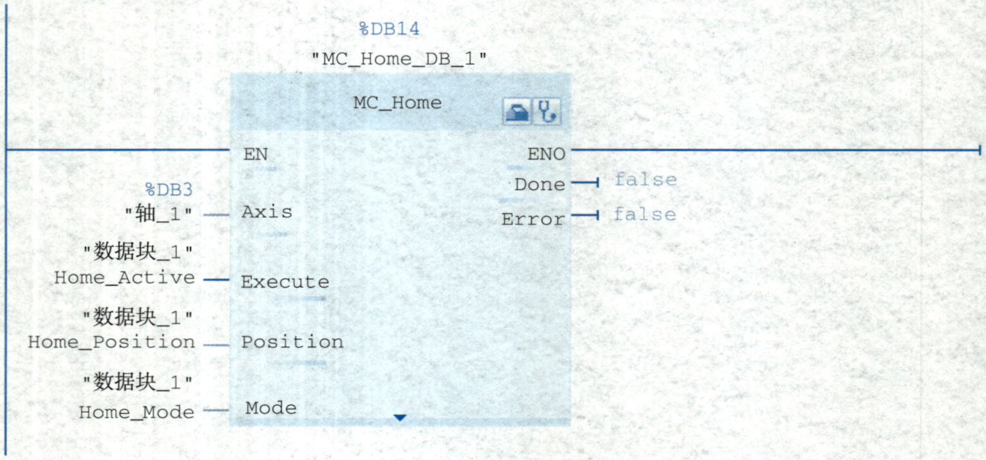

网络4：

网络5：

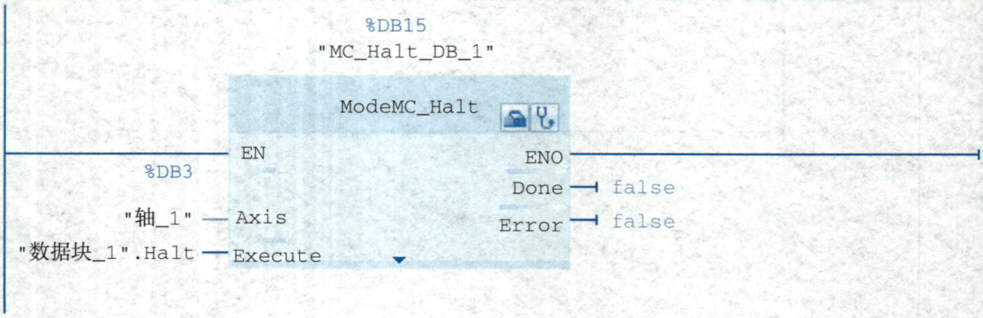

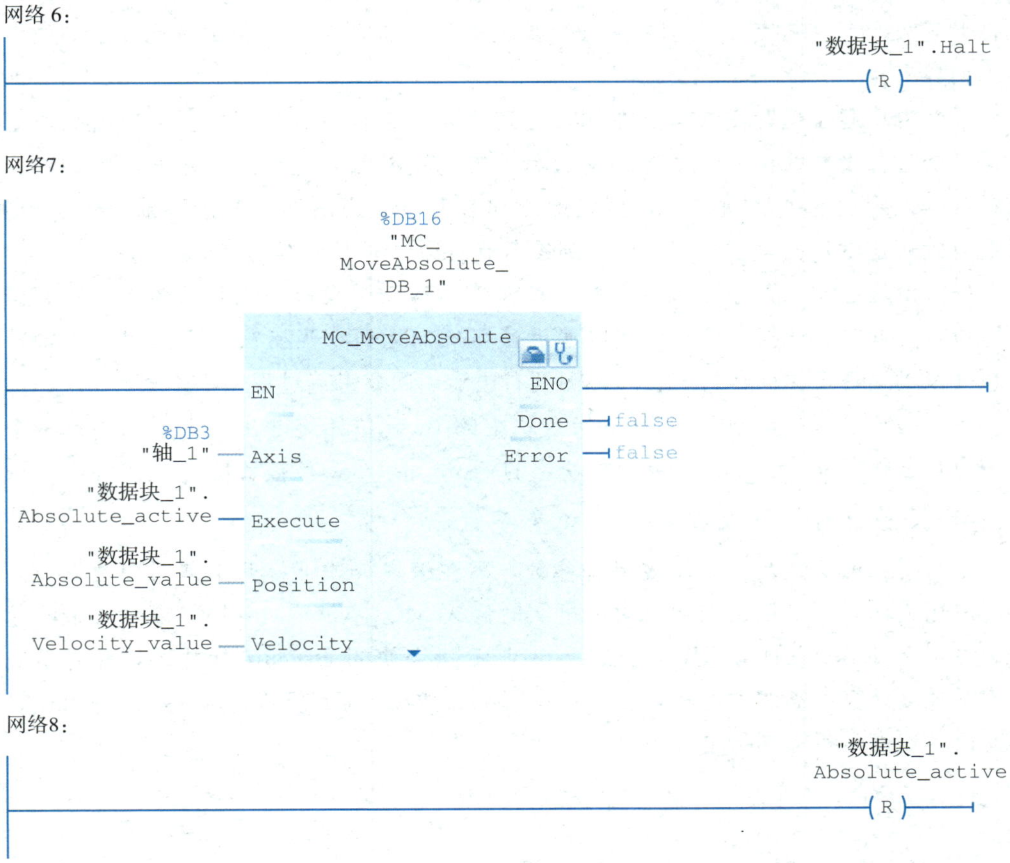

图 4-35 程序

5. 相关控制位使能

通过监视表格使能相关控制位实现向左极限运动 30 mm 的功能，具体操作步骤如下。

(1) 将变量 Control data. MC _ enable 置为“1”，使能 MC _ Power 指令块。

(2) 设置 Control data. Home _ mode 为“3”，主动回原点。

(3) 将 Control data. Home _ Active 置为“1”，执行回原点功能。

(4) 令 Control data. Velocity _ value=100. 0，设置速度为 100。

(5) 令 Control data. Absolute _ value=－30. 0，设置绝对位置为－30。

(6) 令 Control data. Absolute _ active 为“1”，激活绝对位置移动。

(7) 可通过状态位监控程序运行状态。若程序在运行过程中报错，如到达软件限位，可通过 MC _ Reset 指令块复位错误后再进行下一步操作。

需要注意的是，在此例中，回参考点过程会有如下 3 种情况。

(1) 滑块起始位置在参考点左侧，当滑块到达参考点右边沿时，从逼近速度减速至到达速度的过程已经完成。当检测到参考点左边沿时，电动机开始减速至到达速度，轴按此速度移动到参考点右边并停止，此时位置计数器会将参数 Position 中的值设置为当前参考点。

（2）滑块起始位置在参考点左侧，在到达参考点右边沿时，从逼近速度减速至到达速度的过程没有执行完。由于在右边沿位置，轴未能减速至到达速度，轴会停止当前运动并以到达速度反向运行，直到检测到参考点右边沿的上升沿，轴会再次停止，然后以到达速度正向运动，直到检测到参考点右边沿的下降沿。

（3）滑块起始位置在参考点右侧，轴在正向运动中没有检测到参考点，直到碰到右限位点，此时轴减速至停止，并以逼近速度反向运行，当检测到左边沿后，轴减速停止并以到达速度正向运行，直到检测到右边沿，回参考点过程完毕。

回参考点过程中，MC _ Home 指令块中的 Busy 位始终输出高电平，一旦整个回参考点过程执行完毕，工艺对象数据块中的 Homing Done 位被置位为“1”。

6. 获得当前位置及在线修改组态参数

要获得当前位置及在线修改组态参数，需在编辑模式下打开工艺对象数据块。以当前应用为例，当滑块正在运行时，可实时修改 MC _ MoveAbsolute 指令块中的速度值，并用上升沿重新触发 MC _ MoveAbsolute 指令块的 Execute 使能端，此时系统会按当前速度计算所需的加速和减速时间及所用脉冲数，系统不会先到达启动停止速度，实时改变速度后运动到指定位置。

项目5

旋转供料模块控制系统

旋转供料模块控制系统在工业生产线上有着广泛的应用，工作原理是将机械结构和自动控制系统相结合，实现连续配料、输送、卸料设备，具有体积小、重量轻、生产能力强、维修操作方便等特点。在生产线中可通过自身旋转角度定位节约生产空间、提升机械效率等。本项目综合传感器、旋转编码器、步进驱动器系统、PLC运动控制功能及运动指令进行综合实训。

【课件】

旋转供料模块控制系统

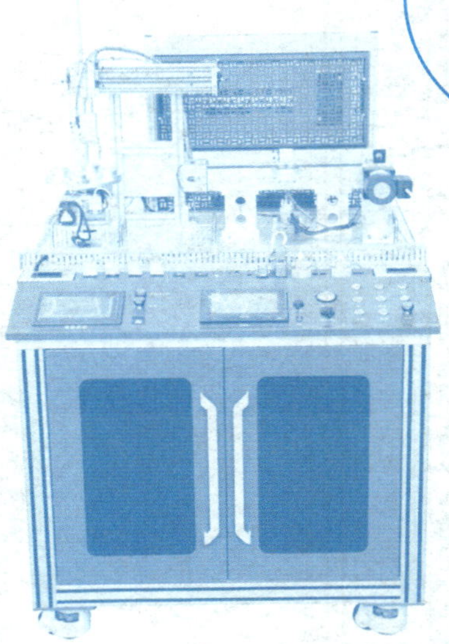

项目学习目标

知识目标：

了解旋转供料模块控制系统结构和工作过程；掌握PLC运动控制指令程序的编写。

技能目标：

掌握步进电动机控制原理和驱动器细分方法，能在编程软件中组态运动控制对象，完成程序编写、下载、安装、调试。

职业素养目标：

根据本项目任务解析的硬件设计和软件设计方案，进一步培养学生的工程意识和团队意识，锻炼学生的工程实施能力。

课程思政目标：

通过对旋转供料模块控制系统的学习，注重学生科学思维方法的训练和科学伦理的教育，培养学生探索未知、追求真理、勇攀科学高峰的责任感和使命感，以及培养学生精益求精的大国工匠精神。

5.1　项目背景

低碳经济是一种以低能耗、低污染、低排放为基础的经济模式，指通过技术创新、制度创新、产业转型、新能源开发等多种手段，尽可能减少温室气体排放，达到经济社会发展与生态环境保护双赢的一种经济发展形态。绿色低碳生产已成为生产设备开发的主流，持续提高生产效率不仅能够降低生产成本，还能节约生产空间，我们应时刻心怀绿色低碳生产理念。

5.2　旋转供料模块控制硬件认知

旋转供料模块控制系统将机械结构和自动控制相结合实现均匀连续配料、输送、卸料设备。它是由减速机、步进电动机、编码器、物料转盘、支撑架、传感器、底板等组成的，旋转供料模块外观图如图 5 - 1 所示。在整个系统中，起着向系统中的其他单元提供原料的作用。该系统按照需要将物料放置在物料转盘中，以便机械手将其抓取，输送到其他单元上。

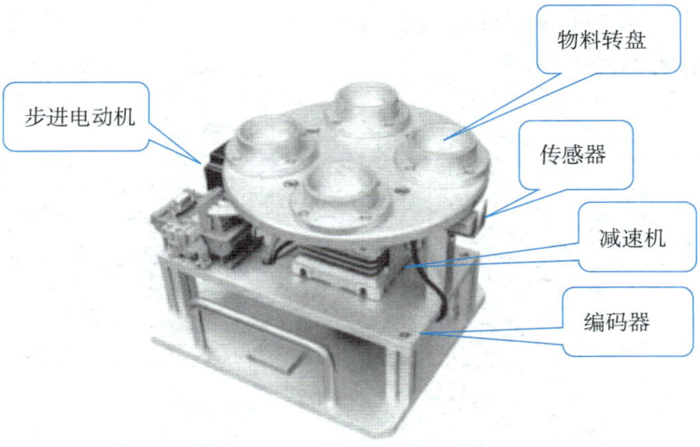

图 5 - 1　旋转供料模块外观图

【微课】
电感式接近开关与旋转编码器

【微课】
旋转供料模块安装与调试

5.2.1　电感式接近开关

电感式接近开关是利用电涡流效应制造的传感器。电涡流效应是指当金属物体处于一个交变的磁场中时，在金属内部会产生交变的电涡流，该涡流又会反作用于产生它的磁场的物理效应。若这个交变的磁场是由一个电感线圈产生的，则这个电感线圈中的电流就会发生变化，用于平衡涡流产生的磁场。

利用这一原理，以高频振荡器（LC 振荡器）中的电感线圈作为检测元件，当被测金属物体接近电感线圈时产生涡流效应，引起振荡器振幅或频率的变化，由传感器的信号调整电路（包括检波、放大、整形、输出等电路）将该变化转换成开关量输出，从而达到检测的目的。电感式传感器工作原理框图如图 5-2 所示。在旋转供料模块中，为了检测物料转盘原点，在底座上安装了一个电感式传感器（图 5-3）。

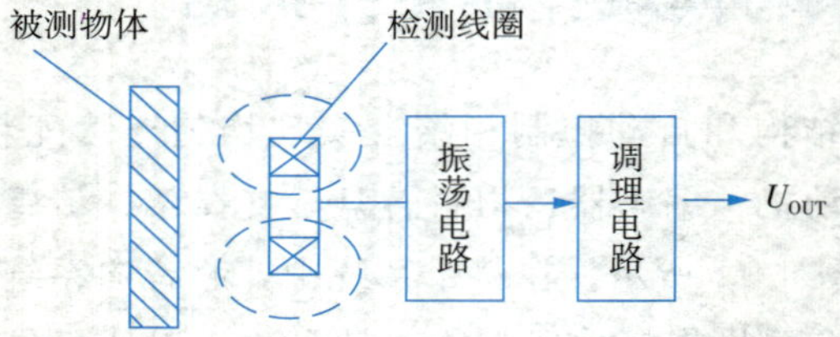

图 5-2　电感式传感器工作原理框图

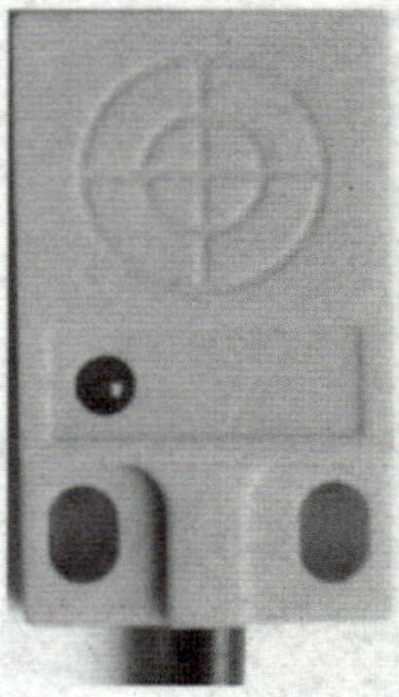

图 5-3　电感式传感器

在接近开关的选用和安装中，必须认真考虑检测距离、设定距离，保证生产线上的传感器可靠动作。安装距离说明如图 5-4 所示。

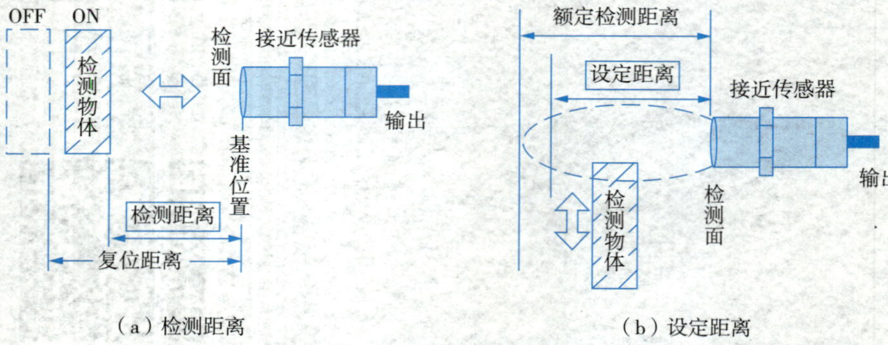

图 5-4　安装距离说明

5.2.2　旋转编码器

旋转编码器是通过光电转换，将输出至轴上的机械、几何位移量转换成脉冲或数字信号的传感器，主要用于速度或位置（角度）的检测。典型的旋转编码器是由光栅盘和光电检测装置组成的。在一定直径的圆板上等分地开通若干个长方形狭缝，从而形成光栅盘。由于光电码盘与电动机同轴，电动机旋转时，光栅盘与电动机同速旋转，经由发光二极管等电子元件组成的检测装置检测输出若干脉冲信号，其原理示意图如图 5－5 所示；通过计算每秒旋转编码器输出脉冲的个数就能反映当前电动机的转速。

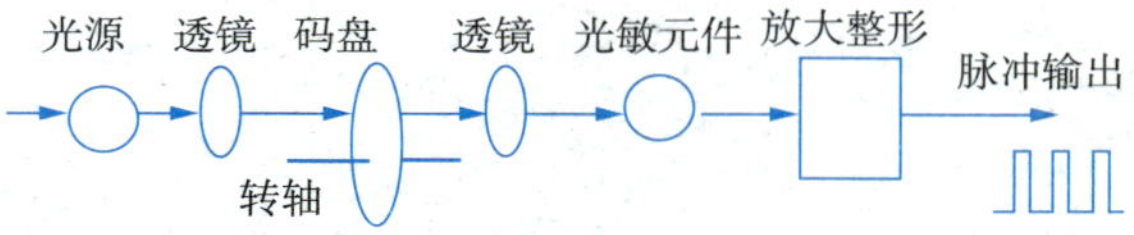

图 5－5 旋转编码器原理示意图

一般来说，旋转编码器根据产生脉冲方式的不同，可以分为增量式、绝对式及复合式 3 类。自动线上常采用的是增量式旋转编码器。增量式旋转编码器直接利用光电转换原理输出三组方波脉冲 A 相、B 相和 Z 相（图 5－6），A、B 两组脉冲相位差为 90°。用于辨向：当 A 相脉冲超前 B 相时为正转方向，当 B 相脉冲超前 A 相时则为反转方向。Z 相为每转一个脉冲，用于基准点定位。

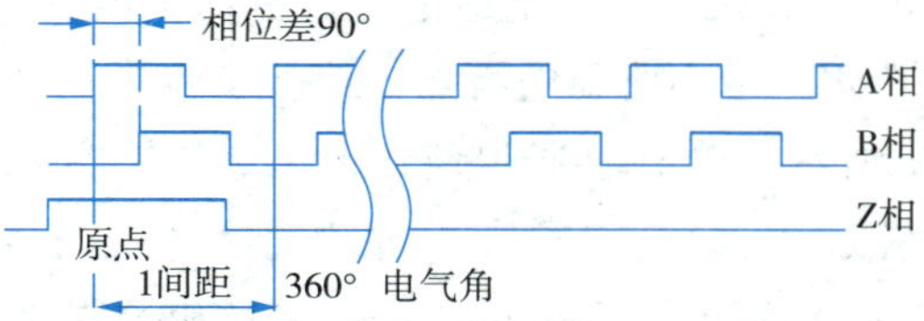

图 5－6 增量式旋转编码器输出的三组方波脉冲

旋转供料模块中使用了这种具有 A、B 两相相位差为 90°的通用型旋转编码器。该旋转编码器的三相脉冲采用 NPN 型集电极开路输出，分辨率为 500 线，工作电源为 DC 12～24 V。本工作单元没有使用 Z 相脉冲，A、B 两相输出端直接与 PLC 主单元的高速计数器输入端相连接。

【微课】

步进驱动器系统

5.2.3 认知步进驱动器系统

1. 步进电动机简介

步进电动机是将电脉冲信号转换为相应的角位移或直线位移的一种特殊执行的电动机。每输入一个电脉冲信号，电动机就转动一个角度，它的运动形式是步进式的，所以称为步进电动机。

2. 步进电动机的工作原理

下面以一台最简单的三相反应式步进电动机为例，简要介绍步进电动机的工作原理。图 5－7 是一台三相反应式步进电动机的原理图。定子铁心为凸极式，共有 3 对（6

个）磁极，每两个空间相对的磁极上绕有一相控制绕组。转子用软磁性材料制成，也是凸极结构，只有 4 个齿，齿宽等于定子的极宽。

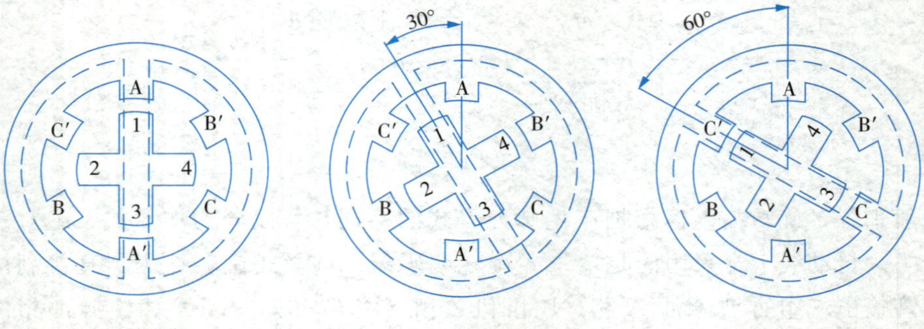

图 5-7　三相反应式步进电动机的原理图

当 A 相控制绕组通电，其余两相均不通电时，电动机内建立以定子 A 相极为轴线的磁场。磁通具有力图走磁阻最小路径的特点，使转子齿 1、3 的轴线与定子 A 相极轴线对齐，如图 5-7（a）所示。若 A 相控制绕组断电、B 相控制绕组通电，转子在反应转矩的作用下，逆时针转过 30°，使转子齿 2、4 的轴线与定子 B 相极轴线对齐，即转子走了一步，如图 5-7（b）所示。若断开 B 相，使 C 相控制绕组通电，转子逆时针方向又转过 30°，使转子齿 1、3 的轴线与定子 C 相极轴线对齐，如图 5-7（c）所示。如此按 A→B→C→A 的顺序轮流通电，转子就会一步一步地按逆时针方向转动。其转速取决于各相控制绕组通电与断电的频率，旋转方向取决于控制绕组轮流通电的顺序。若按 A→C→B→A 的顺序通电，则电动机按顺时针方向转动。

上述通电方式称为三相单三拍。“三相”是指三相步进电动机；“单三拍”是指每次只有一相控制绕组通电；控制绕组每改变一次通电状态称为“一拍”，“三拍”是指改变三次通电状态为一个循环。把每一拍转子转过的角度称为步距角。三相单三拍运行时，步距角为 30°。显然，这个角度太大，不能付诸实用。

如果把控制绕组的通电方式改为 A→AB→B→BC→C→CA→A，即一相通电接着二相通电轮流进行，完成一个循环需要经过 6 次改变通电状态，称为三相单、双六拍通电方式。当 A、B 两相绕组同时通电时，转子齿的位置应同时考虑到两对定子极的作用，A 相极和 B 相极对转子齿所产生的磁拉力相平衡的中间位置，才是转子的平衡位置。这样，单、双六拍通电方式下转子平衡位置增加了 1 倍，步距角为 15°。

进一步减少步距角的措施是采用带有小齿的定子磁极和转子齿数很多的结构。分析表明，这样结构的步进电动机，其步距角可以做得很小。一般地说，实际的步进电动机产品都采用这种方法实现步距角的细分。例如，旋转供料模块所选用的 Kinco 三相步进电动机 3S57Q-04056，在整步方式下它的步距角为 1.8°，半步方式下为 0.9°。步进电动机除了步距角外，还有保持转矩、阻尼转矩等技术参数，这些参数的物理意义请参阅有关步进电动机的专门资料。3S57Q－04056 部分技术参数见表 5－1 所列。

表 5－1　3S57Q－04056 部分技术参数

参数名称	步距角/°	相电流/A	保持扭矩/Nm	阻尼扭矩/Nm	电机惯量/（$kg \cdot cm^2$）
参考值	1.8	5.8	1.0	0.04	0.3

3. 步进电动机的使用

使用步进电动机时，一是要注意正确地安装，二是要正确地接线。安装步进电动机，必须严格按照产品说明的要求进行。步进电动机是一种精密装置，安装时注意不要敲打它的轴端，更不要拆卸电动机。

不同的步进电动机的接线有所不同，3S57Q－04056 的接线图如图 5－8 所示，三个相绕组的六根引出线必须按头尾相连的原则连接成三角形。改变绕组的通电顺序就能改变步进电动机的转动方向。

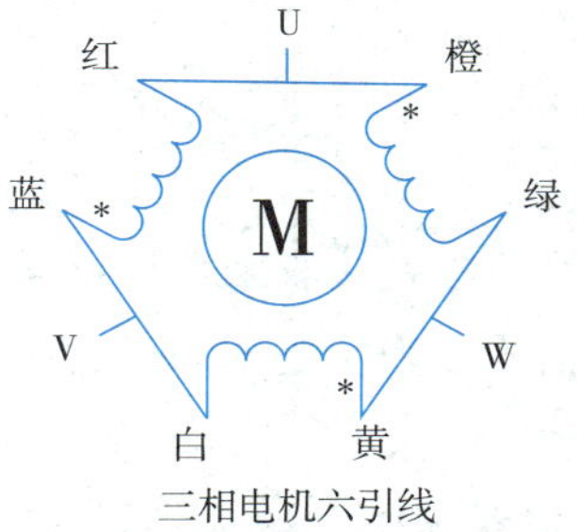

线色	电机信号
红色	U
橙色	
蓝色	V
白色	
黄色	W
绿色	

图 5－8　3S57Q－04056 的接线图

4. 步进电动机的驱动装置

（1）步进电动机驱动器参数

步进电动机需要专门的驱动装置（驱动器）供电，驱动器和步进电动机是一个有机的整体，步进电动机的运行性能是电动机及其驱动器二者配合所反映的综合效果的体现。

一般来说，每一台步进电动机大都有其对应的驱动器。例如，对于 Kinco 三相步进电动机 3S57Q－04056，与之配套的驱动器是 Kinco 3M458 三相步进电动机驱动器。图 5－9 和图 5－10分别是它的外观图和典型接线图。图 5－10 中，驱动器可采用直流 24～40 V 电源供电。该

图 5－9　Kinco 3M458 外观图

电源由专用的开关稳压电源（DC 24 V 8 A）供给。输出电流和输入信号规格如下。

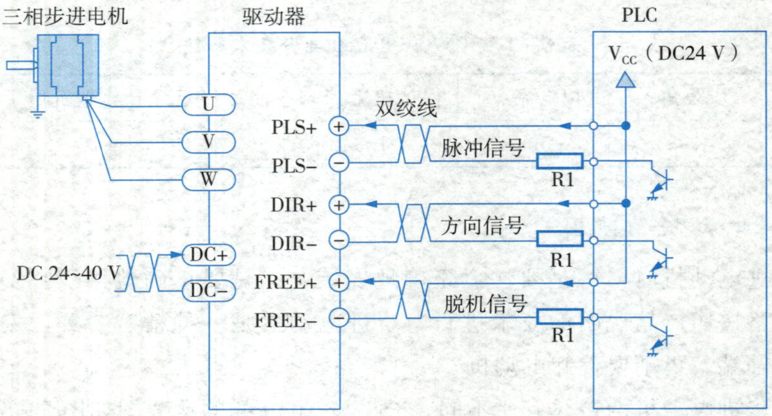

图 5－10 Kinco 3M458 的典型接线图

① 输出相电流为 3.0～5.8 A，输出相电流通过拨动开关设定；驱动器采用自然风冷的冷却方式。

② 控制信号输入电流为 6～20 mA，控制信号的输入电路采用光耦隔离。所使用的限流电阻 R1 为 2 kΩ。

由图 5－10 可见，步进电动机驱动器的功能是接收来自控制器（PLC）的一定数量和频率的脉冲信号以及电动机旋转方向的信号，为步进电动机输出三相功率脉冲信号。

（2）步进电动机驱动组成

步进电动机驱动器的组成包括脉冲分配器和脉冲放大器两部分，主要解决向步进电动机的各相绕组分配输出脉冲和功率放大两个问题。

脉冲分配器是一个数字逻辑单元，它接收来自控制器的脉冲信号和转向信号，把脉冲信号按一定的逻辑关系分配到每一相脉冲放大器上，使步进电动机按选定的运行方式工作。由于步进电动机各相绕组是按一定的通电顺序并不断循环来实现步进功能的，因此脉冲分配器也称为环形分配器。实现这种分配功能的方法有多种，如由双稳态触发器和门电路组成，由可编程逻辑器件组成。

脉冲放大器的功能是将脉冲功率放大。因为从脉冲分配器输出的电流（毫安级）很小，而步进电动机工作时需要的电流较大，因此需要进行功率放大。此外，输出的脉冲波形、幅度、波形前沿陡度等因素对步进电动机的运行性能有重要的影响。Kinco 3M458 驱动器采取如下一些措施，大大改善了步进电动机的运行性能。

① 内部驱动直流电压达 40 V，能提供更好的高速性能。

② 具有电动机静态锁紧状态下的自动半流功能，可大大降低电机的发热量。而为了调试方便，驱动器还有一对脱机信号输入线“FREE＋”和“FREE－”（图 5－10），当这一信号为“ON”时，驱动器将断开输入到步进电动机的电源回路。YL－36 A 没有使用

这一信号，目的是使步进电动机在上电后，即使静止时也保持自动半流的锁紧状态。

③ Kinco 3M458 驱动器采用交流伺服驱动原理，把直流电压通过脉宽调制技术变为相位差为 120°的三相阶梯式正弦波形电流，如图 5－11 所示。

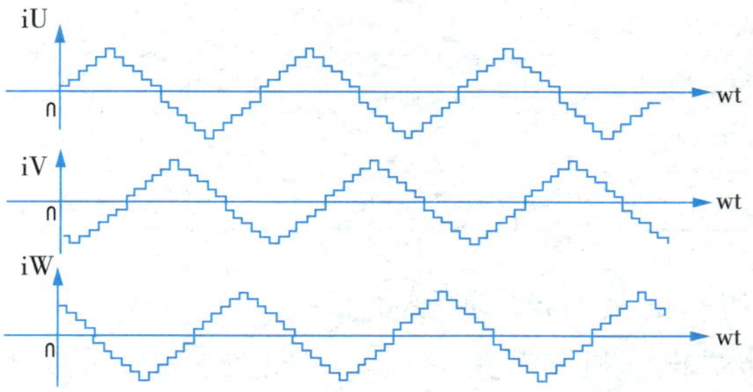

图 5－11　相位差为 120°的三相阶梯式正弦波形电流

阶梯式正弦波形电流按固定时序分别流过三路绕组，其每个阶梯对应电动机转动一步。通过改变驱动器输出正弦电流的频率来改变电机转速，而输出的阶梯数确定了每步转过的角度，旋转角度越小，阶梯数就越多，即细分就越大，从理论上说，此角度可以设计得足够小，所以细分数可以很大。Kinco 3M458 最高可达 10000 步/转的驱动细分功能，细分可以通过拨动开关来设定。

细分驱动方式不仅可以减小步进电动机的步距角，提高分辨率，还可以减少或消除低频振动，使电动机运行得更加平稳均匀。在 Kinco 3M458 驱动器的侧面连接端子中间有一个红色的 8 位 DIP 功能设定开关，可以用来设定驱动器的工作方式和工作参数。图 5－12 是该 DIP 开关功能划分说明，表 5－2 和表 5－3 分别为细分设置表和输出电流设置表。

DIP开关的正视图

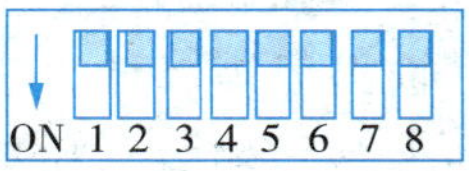

开关序号	ON功能	OFF功能
DIP1~DIP3	细分设置用	细分设置用
DIP4	静态电流全流	静态电流半流
DIP5~DIP8	电流设置用	电流设置用

图 5－12　Kinco 3M458 DIP 开关功能划分说明

表 5－2　Kinco 3M458 细分设置表

DIP1	DIP2	DIP3	细分/（步/转）
ON	ON	ON	400
ON	ON	OFF	500
ON	OFF	ON	600
ON	OFF	OFF	1000
OFF	ON	ON	2000
OFF	ON	OFF	4000
OFF	OFF	ON	5000
OFF	OFF	ON	10000

表 5-3 输出电流设置表

DIP5	DIP6	DIP7	DIP8	输出电流/A
OFF	OFF	OFF	OFF	3.0
OFF	OFF	OFF	ON	4.0
OFF	OFF	ON	ON	4.6
OFF	ON	ON	ON	5.2
ON	ON	ON	ON	5.8

步进电动机传动组件的基本技术数据如下：

3S57Q-04056 步进电动机步距角为 1.8°，即在无细分的条件下，200 个脉冲电动机转一圈（通过驱动器设置细分精度，最高可以达到 10000 个脉冲电动机转一圈）。对于采用步进电动机作为动力源的 36A 系统，出厂时驱动器被细分设置为 5000 步/转，电动机驱动电流设为 3.0 A，静态锁定方式为静态半流。

（3）使用步进电动机时的注意事项

控制步进电动机运行时，应注意考虑在防止步进电动机运行中失步的问题。步进电动机失步包括丢步和越步。丢步时，转子前进的步数小于脉冲数；越步时，转子前进的步数多于脉冲数。丢步严重时，将使转子停留在一个位置上或围绕一个位置振动；越步严重时，设备将发生过冲。

使物料转盘返回原点时，常常会出现越步情况。当机械手装置回到原点时，原点开关动作，使指令输入“OFF”。但如果到达原点前速度过高，惯性转矩将大于步进电动机的保持转矩而使步进电动机越步，因此回原点的操作应确保足够低速。

由于电动机绕组本身是感性负载，输入频率越高，励磁电流就越小。频率高，磁通量变化加剧，涡流损失加大。因此，输入频率增高，输出力矩降低。最高工作频率的输出力矩只能达到低频转矩的 40%～50%。进行高速定位控制时，如果指定频率过高，会出现丢步现象。

此外，如果机械部件调整不当，会使机械负载增大。步进电动机不能过负载运行，哪怕是瞬间，都会造成失步，严重时会停转或不规则原地反复振动。

5.3 项目控制要求

本项目只考虑旋转供料模块作为独立设备运行时的情况，单元工作的主令信号和工作状态显示信号来自控制面板的按钮/指示灯模块，并且按钮/指示灯模块上的工作方式选择开关“SA”应置于“单站方式”位置。

1. 控制要求

（1）接通设备电源和气源后，按下复位按钮，若工作单元的物料转盘处于初始位置，则“正常工作”指示灯 HL1 常亮，表示设备准备好。否则，该指示灯以 1 Hz 的频率闪烁。

（2）若设备准备好，按下启动按钮，工作单元启动，“设备运行”指示灯 HL2 常亮。启动后，人工放入工件，PLC 控制程序驱动物料转盘旋转 90°，完成工件搬运。若没有停止信号，则进行下一次旋转工件操作。

（3）若在运行中按下停止按钮，则在完成本工作周期任务后，工作单元停止工作，HL2 指示灯熄灭。

2. 要求完成的任务

（1）规划装置侧、PLC 侧的 I/O 分配及接线端子分配。

（2）进行系统安装接线。

（3）按控制要求编制 PLC 程序。

（4）进行调试与运行。

5.3.1 装置侧及 PLC 的 I/O 接线

电气接线包括在工作单元装置侧完成的各传感器、电磁阀、电源端子等引线到装置侧接线端口之间的接线，在 PLC 侧进行的电源连接、I/O 点接线等。旋转供料模块装置侧的接线端口信号端子的分配见表 5－4 所列。

表 5－4 旋转供料模块装置侧的接线端口信号端子的分配

输入端口			输出端口		
端子号	设备符号	信号线	端子号	设备符号	信号线
1	PG	编码器 B 相	1		
2	PG	编码器 A 相	2		
3			3		
4	SC1	转盘原点	4		
5			5		
6			6		
7			7		
8	0 V	电源	8		
9	24 V	电源	9		
DB4 端子排					

接线时应注意，装置侧接线端口中 8、9 端子为 24 V 电源接线端口，装置侧接线完成后，应用扎带绑扎，力求整齐美观。电气接线的工艺应符合国家职业标准的规定。

例如，导线连接到端子时，采用压紧端子压接方法；连接线须有符合规定的标号。根据工作单元装置的I/O信号分配和工作任务的要求，旋转供料模块PLC的I/O信号表见表5-5所列。

表5-5 旋转供料模块PLC的I/O信号表

输入端口				输出端口			
序号	PLC输入点	信号名称	信号来源	序号	PLC输入点	信号名称	信号来源
1	I0.0	编码器B相	装置侧	1	Q0.2	脉冲	PLC侧
2	I0.1	编码器A相		2	Q0.3	方向	
3	I0.2	转盘原点		3			
4	I0.5	入料检测		4	Q2.3	黄色指示灯	按钮/指示灯模块
5	I1.5	启动按钮	按钮/指示灯模块	5	Q2.4	绿色指示灯	
6	I2.0	停止按钮		6	Q2.5	红色指示灯	
7	I2.1	复位按钮		7	Q2.6	蜂鸣器	
8	I2.2	转换开关		8			
9	I2.3	急停按钮		9			

5.3.2 编程思路

（1）程序结构：有两个子程序，一个是状态显示，另一个是旋转控制。主程序在每一个扫描周期内都调用状态显示子程序，仅在运行状态已经建立时才可能调用旋转子程序。

（2）PLC上电后应首先进入初始状态检查阶段，确认系统已经准备就绪后，才允许投入运行，这样可及时发现存在的问题，避免出现事故。

（3）旋转供料模块运行的主要过程是旋转控制。

（4）如果没有停止要求，顺控过程将周而复始地不断循环。常见的顺序控制系统正常停止时的要求是接收到停止指令后，系统在完成本工作周期任务（即返回到初始步）后才停止。旋转供料模块的流程图如图5-13所示。

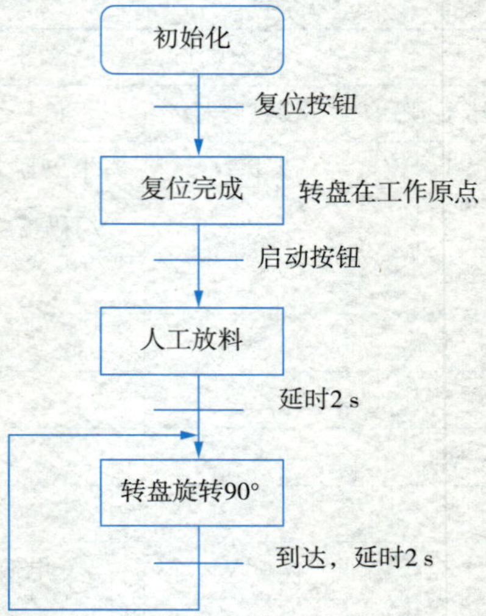

图5-13 旋转供料模块的流程图

5.3.3　程序编写

1. 添加设备

单击“添加新设备”，选择与设备对应的 PLC 型号和版本号，继续添加拓展模块，一般情况下顺延选择插槽 2，为了编程方便需要更改 I/O 地址，本项目更改为“2...3”，如图 5 - 14 所示。

图 5 - 14　更改 I/O 地址

2. 运动控制组态

项目 4 已经介绍了运动指令相关的内容，本项目就不再详细介绍。其中，组态运动工艺流程如下。

(1) 新增工艺对象。在项目树中打开“工艺对象”，点击“新增对象”，在弹出的“新增对象”对话框中点击“运动控制”。将“名称”设为“旋转供料轴”，点击“TO _ Positioning Axis”，点击“确定”。建立工艺对象如图 5 - 15 所示。

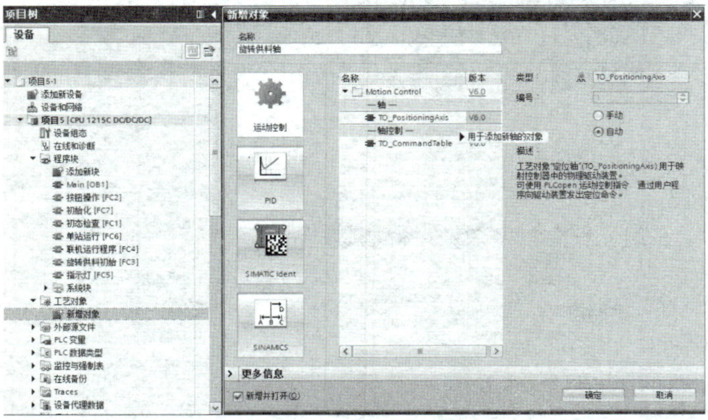

图 5 - 15　建立工艺对象

【微课】

更改 PLC I/O 地址

（2）在“基本参数”中设置位置单位为度（°），工艺对象参数设置如图 5－16 所示。

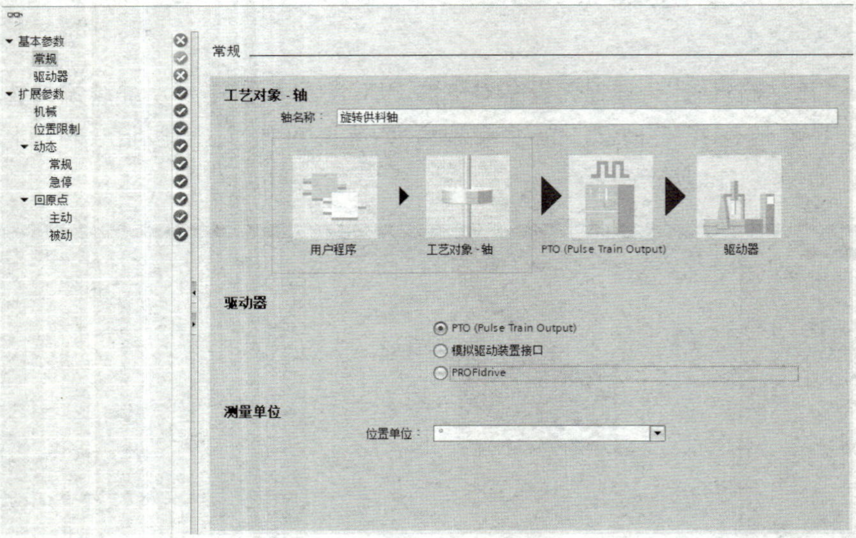

图 5－16 工艺对象参数设置

（3）在“基本参数”的“驱动器”中设置信号类型为“PTO（脉冲 A 和方向 B）”，脉冲输出为 Q0.2，方向输出为 Q0.3，硬件接线保持一致，组态驱动器设置如图 5－17 所示。

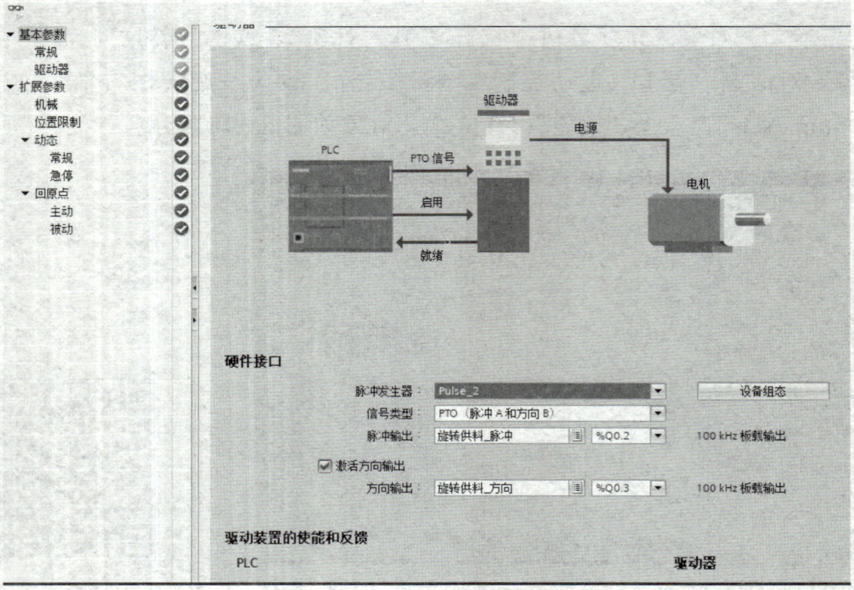

图 5－17 组态驱动器设置

(4) 在“扩展参数”的“机械”中设置“电机每转的脉冲数”为5000，与驱动器设置一致，组态机械设备如图5-18所示。

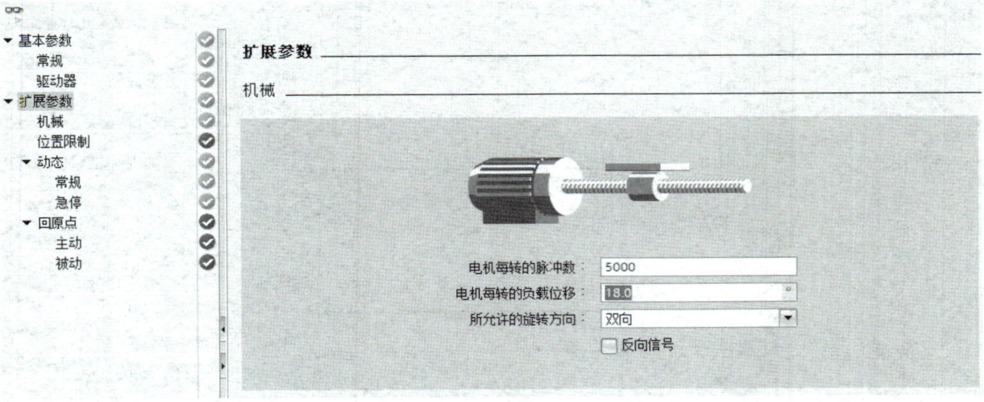

图5-18　组态机械设备

(5) 在“扩展参数”的“动态”中设置“最大转速”为25000，加速时间和减速时间均为0.1 s，组态常规设置如图5-19所示。

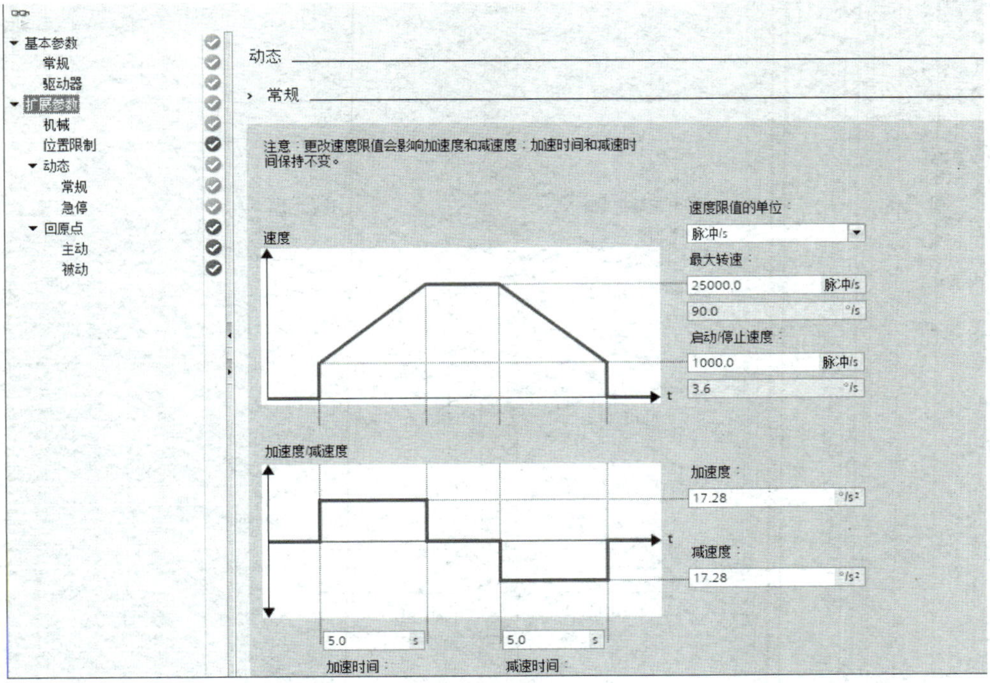

图5-19　组态常规设置

(6) 在“扩展参数”的“动态”→“急停”中设置“急停减速时间”为2 s，动态“急停”如图5-20所示。

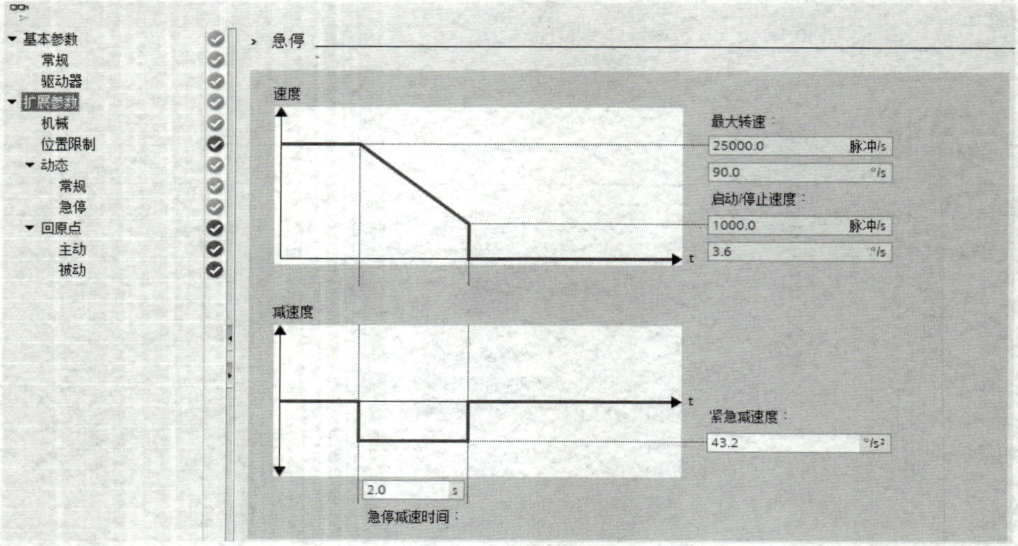

图 5－20 动态“急停”

（7）在“扩展参数”的“回原点”→“主动”中进行关于回原点的设置，如图 5－21 所示。

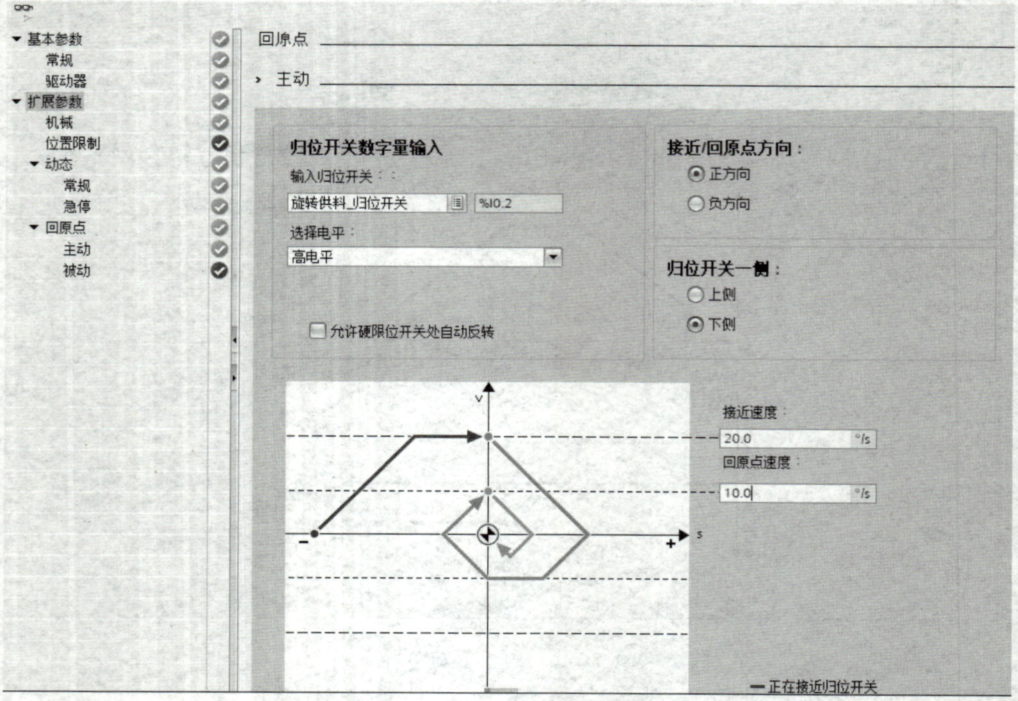

图 5－21 “回原点”的设置

（8）为了编程方便，需要添加 PLC 变量表（图 5 - 22）。

		名称	数据类型	地址	保持	从 H...	从 H...	在 H...
4		编码器B相	Bool	%I0.0	☐	☑	☑	☑
5		入料检测	Bool	%I0.5	☐	☑	☑	☑
6		编码器A相	Bool	%I0.1	☐	☑	☑	☑
7		启动按钮	Bool	%I1.5	☐	☑	☑	☑
8		停止按钮	Bool	%I2.0	☐	☑	☑	☑
9		复位按钮	Bool	%I2.1	☐	☑	☑	☑
10		转换开关	Bool	%I2.2	☐	☑	☑	☑
11		急停按钮	Bool	%I2.3	☐	☑	☑	☑
12		绿色指示灯	Bool	%Q2.4	☐	☑	☑	☑
13		黄色指示灯	Bool	%Q2.3	☐	☑	☑	☑
14		红色指示灯	Bool	%Q2.5	☐	☑	☑	☑
15		蜂鸣器	Bool	%Q2.6	☐	☑	☑	☑
16		System_Byte(1)	Byte	%MB1	☐	☑	☑	☑
17		FirstScan(1)	Bool	%M1.0	☐	☑	☑	☑
18		DiagStatusUpdate(1)	Bool	%M1.1	☐	☑	☑	☑
19		AlwaysTRUE(1)	Bool	%M1.2	☐	☑	☑	☑
20		AlwaysFALSE(1)	Bool	%M1.3	☐	☑	☑	☑

图 5 - 22　PLC 变量表

3. 建立程序

网络1：复位

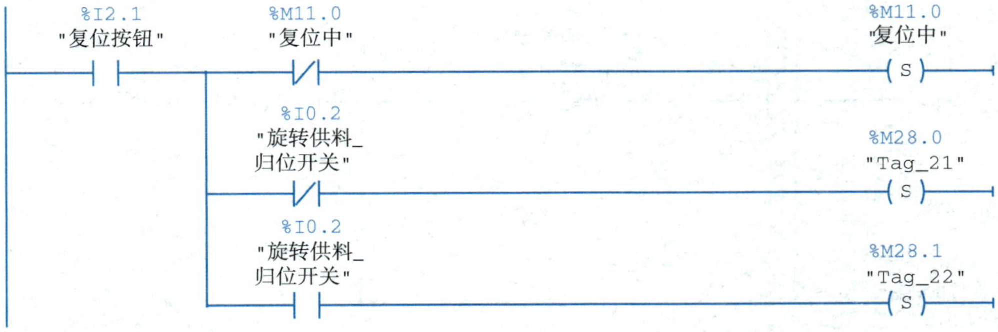

网络2：

网络3：

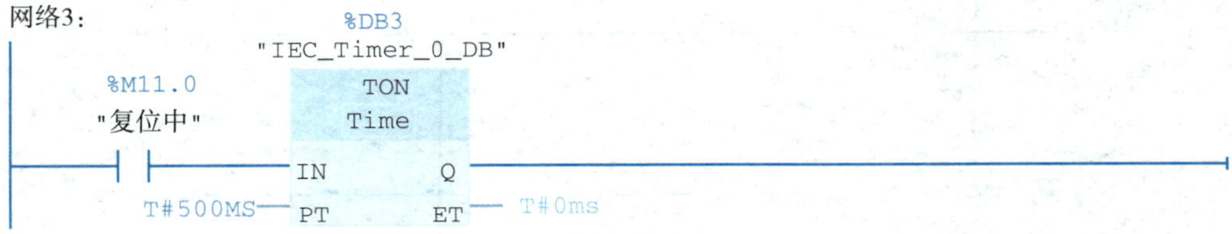

网络4：旋转供料复位

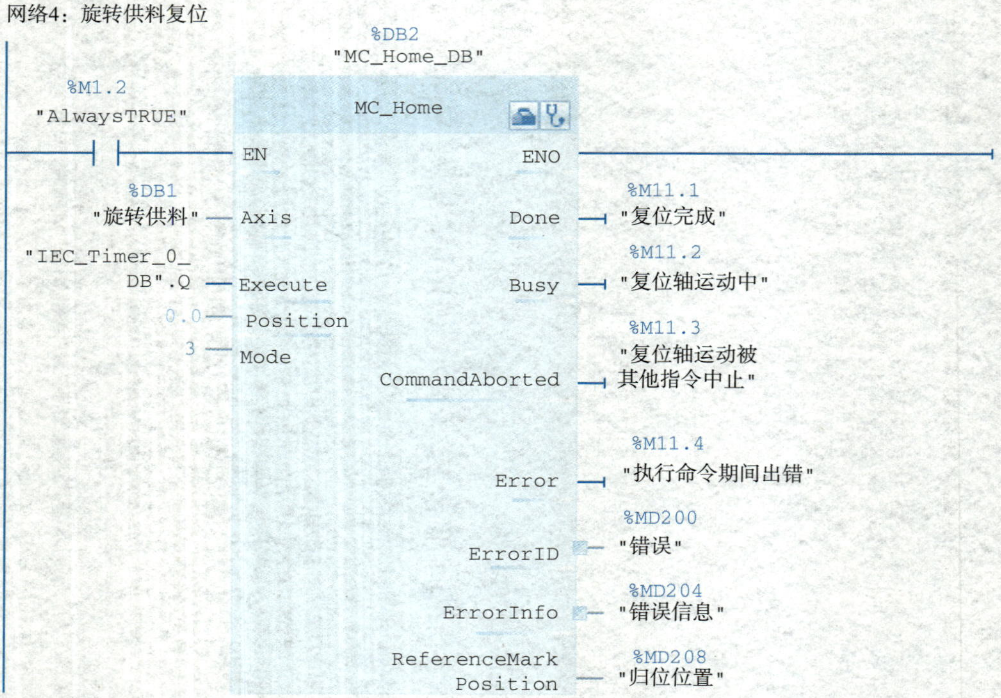

网络5：

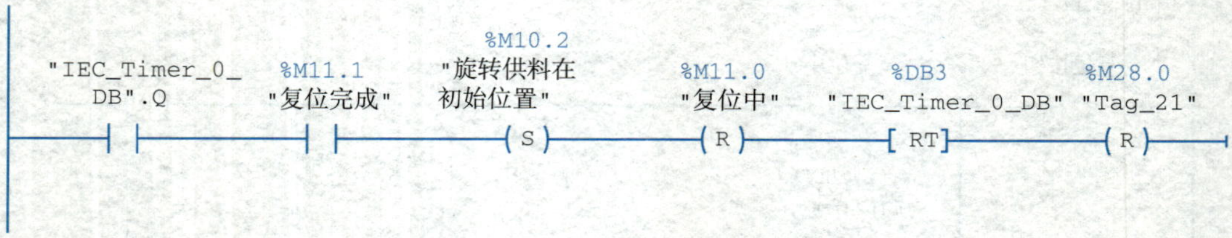

网络6：

网络7：

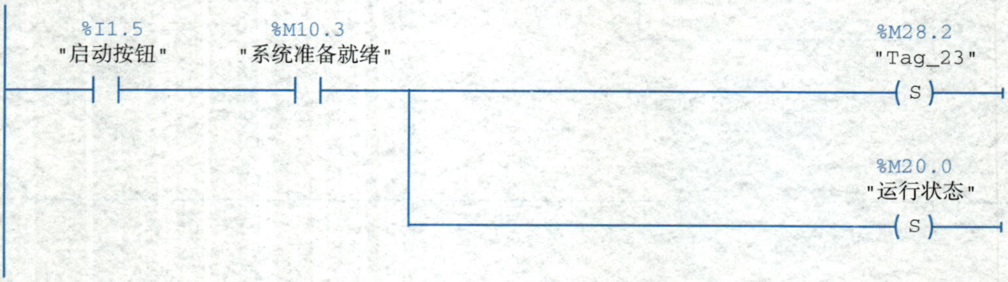

网络8:

%M28.2
"Tag_23"
%Q2.3
"黄色指示灯"

网络9:

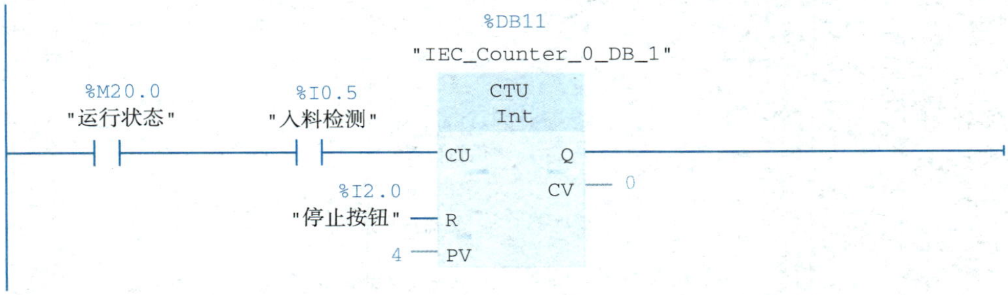

%DB11
"IEC_Counter_0_DB_1"
CTU
Int
%M20.0
"运行状态"
%I0.5
"入料检测"
CU
Q
CV
0
%I2.0
"停止按钮"
R
4
PV

网络10:

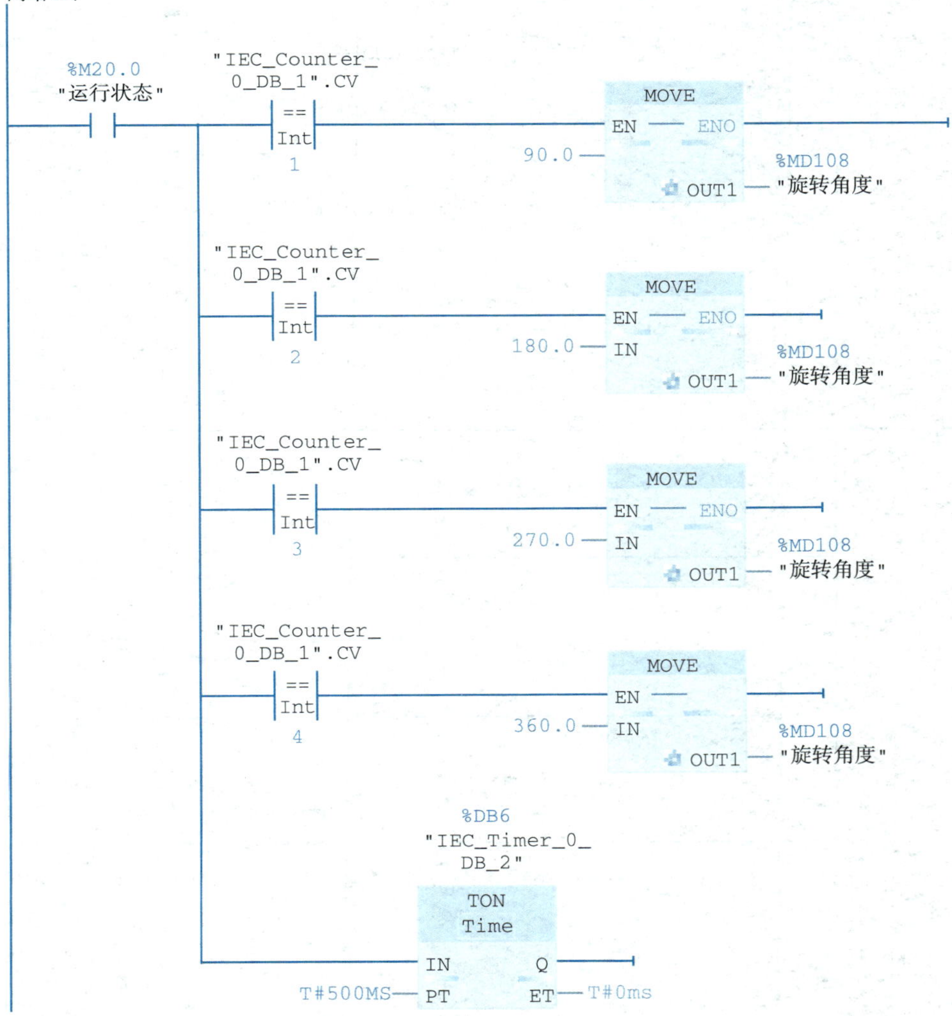

%M20.0
"运行状态"
"IEC_Counter_
0_DB_1".CV
==
Int
1
MOVE
EN
ENO
90.0
OUT1
%MD108
"旋转角度"
"IEC_Counter_
0_DB_1".CV
==
Int
2
MOVE
EN
ENO
180.0
IN
OUT1
%MD108
"旋转角度"
"IEC_Counter_
0_DB_1".CV
==
Int
3
MOVE
EN
ENO
270.0
IN
OUT1
%MD108
"旋转角度"
"IEC_Counter_
0_DB_1".CV
==
Int
4
MOVE
EN
360.0
IN
OUT1
%MD108
"旋转角度"
%DB6
"IEC_Timer_0_
DB_2"
TON
Time
IN
Q
T#500MS
PT
ET
T#0ms

网络11：旋转供料模块旋转轴运动

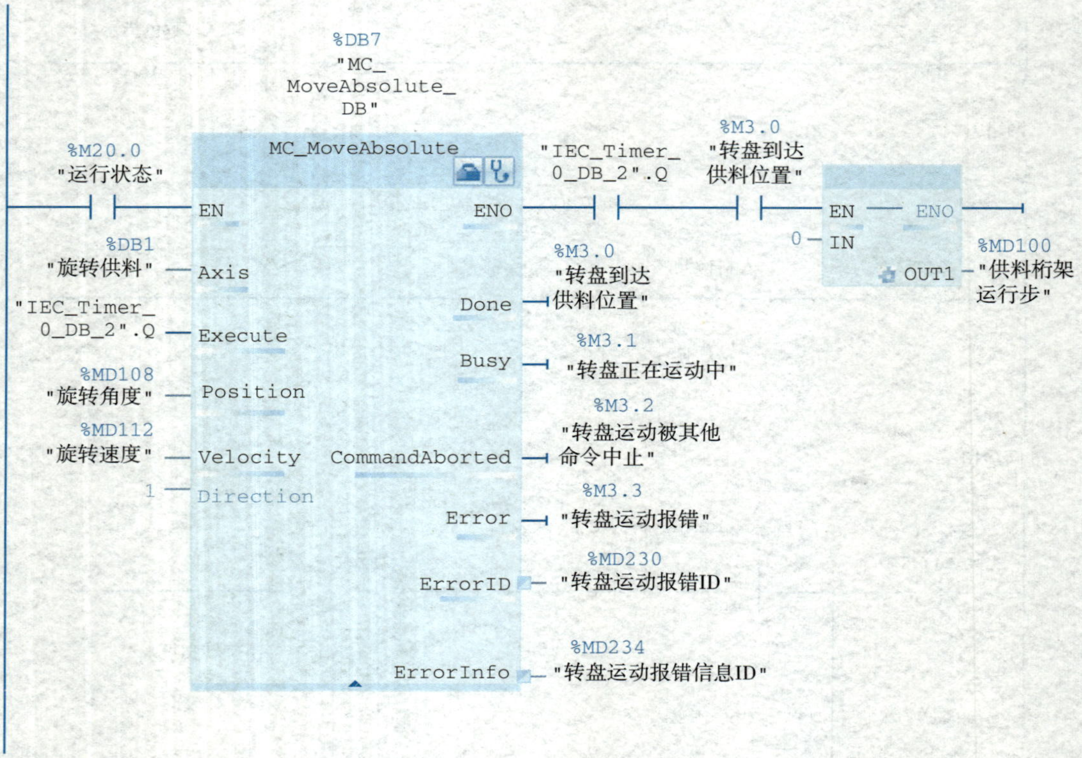

网络12：停止

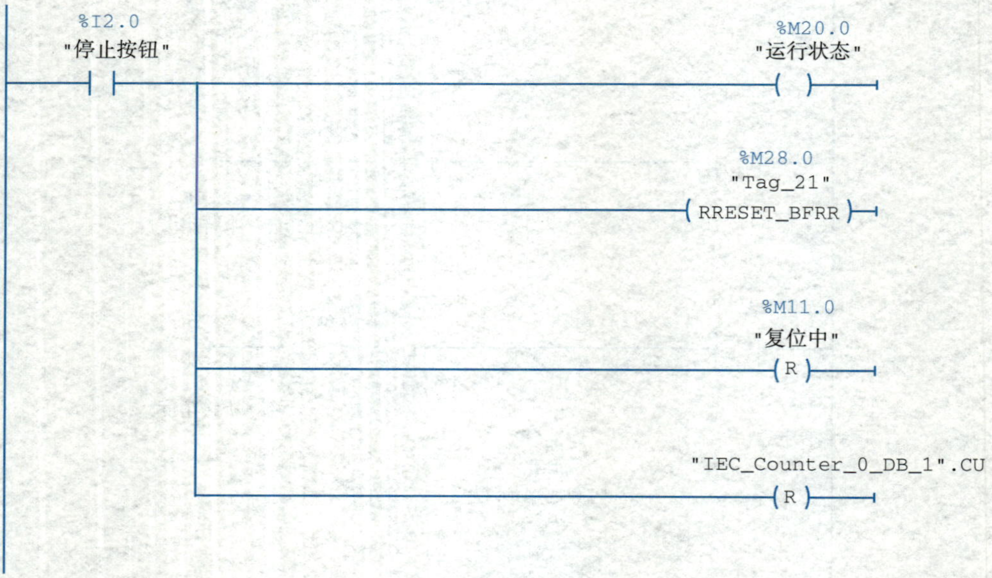

5.3.4　安装与调试

（1）检查接近开关的安装位置是否到位，接近开关工作是否正常。

（2）检查I/O接线是否正确。

（3）检查接近开关的安装是否合理，灵敏度是否合适，保证检测的可靠性。

（4）优化程序。

5.3.5　问题与思考

（1）检查气动连线、传感器接线、I/O检测及故障排除的方法有哪些？

（2）如果在运动过程中出现意外情况，如何处理？

（3）旋转供料模块与其他模块组合运行的工艺流程有哪些？

（4）旋转供料模块可能会出现哪些问题？

5.4　项目拓展

现在我们以西门子S7-1200 PLC系列实现本项目中旋转供料模块控制系统画面工程的运行。

5.4.1　触摸屏画面部件应用

1. 开关量位操作

以按钮部件实现开关量位操作。单击菜单栏“部件（P）/操作键（O）/按钮(B)”，移动光标至画面中，单击鼠标左键放置，单击鼠标右键或通过“ESC”键取消放置。双击“按钮”，或选中“按钮”后单击鼠标右键选择“属性”，对按钮进行属性设置，如颜色、文字等（图5-23）。

➢ 设备：当前进行通信的设备口，选择西门子S7-1200。

➢ 站点：通信设备地址号，以太网通信不需要选择。

➢ 对象：设置按钮的触发信号对象类型以及地址，本例中选择M6.0。按钮属性对象设置如图5-24所示。

2. 按钮操作

各按钮操作说明如下。

➢ 置ON：将控制线圈置为逻辑1状态。

➢ 置OFF：将控制线圈置为逻辑0状态。

➢ 取反：将控制线圈置为相反状态。

【微课】

触摸屏按键灯设置组态

➢ 瞬时 ON：按键按下时线圈为逻辑 1 状态，释放时线圈为逻辑 0 状态。

注意

将触摸屏按钮作为普通按钮使用，所以选择瞬时 ON，也就是按“1”松“0”。按钮属性操作设置如图 5－25 所示。

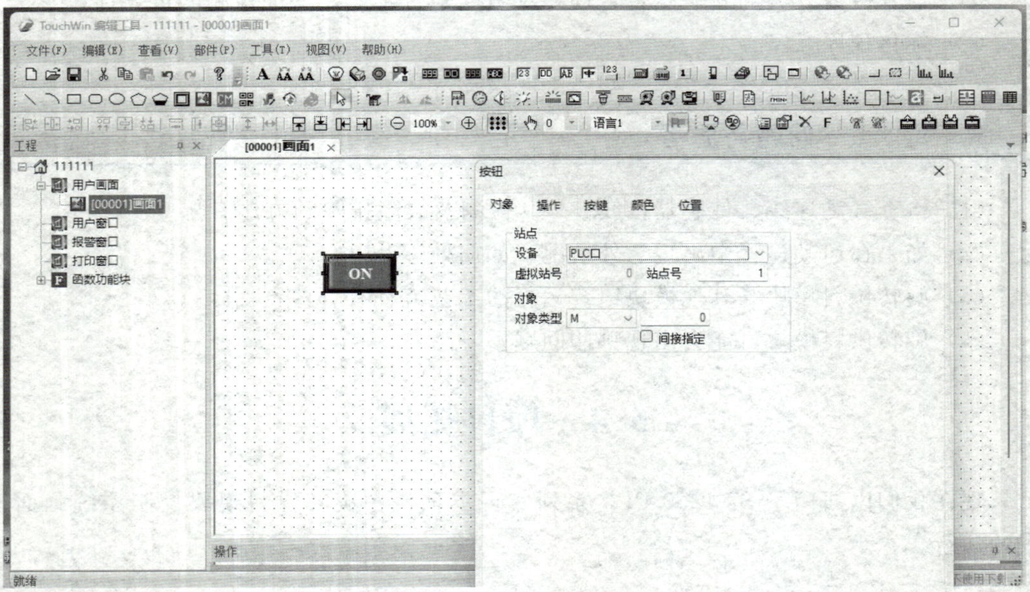

图 5－23 添加按钮

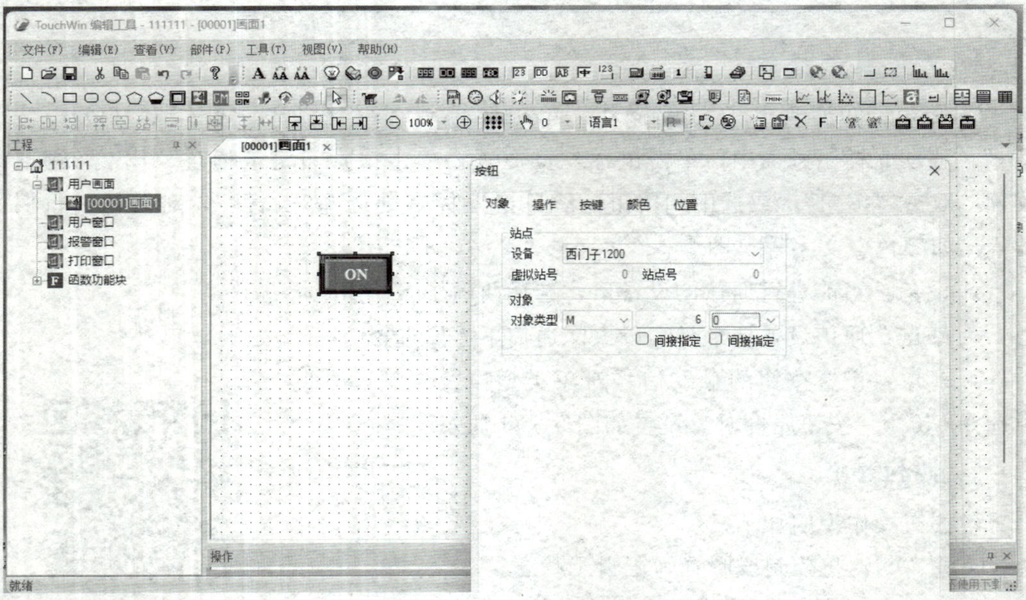

图 5－24 按钮属性对象设置

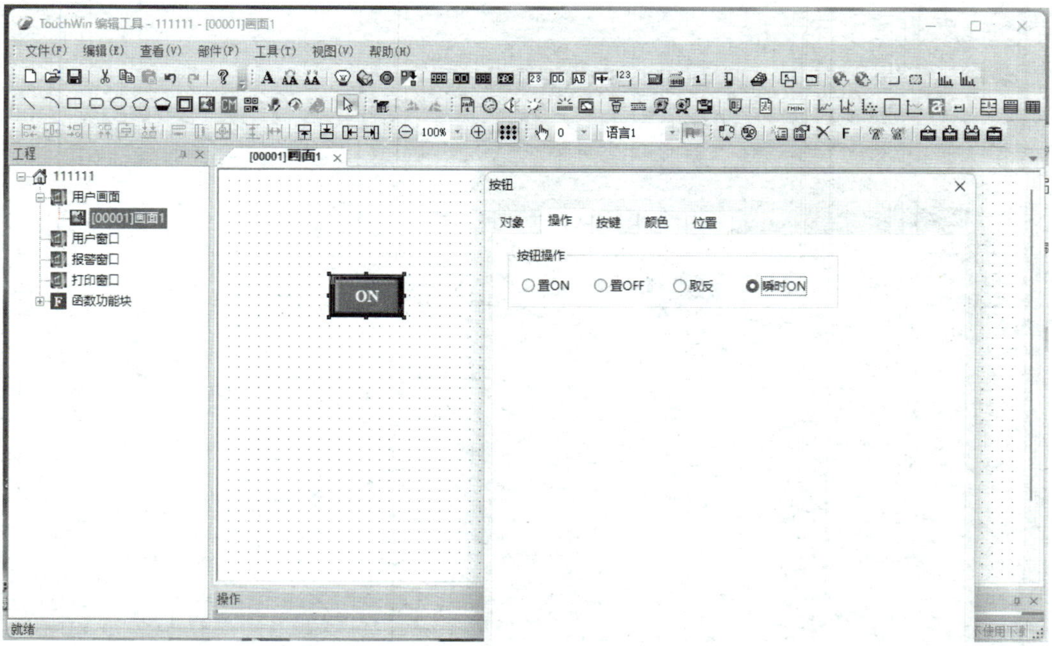

图 5 - 25　按钮属性操作设置

➢ 文字：修改按钮文字内容和字体，可设置使用多语言。

➢ 线圈控制：使用线圈控制按钮是否显示，当该线圈置于“ON”时，显示按钮。

➢ 按键隐形：设置按键运行时是否可见，勾选此选项，按钮外观、文字禁止操作。

➢ 正常：按钮正常显示或按钮释放之后显示的状态图片。

➢ 按下：按钮按下时显示的状态图片。

➢ 更换外观：修改按钮外观，属于软件自带的图库，用户可以自行选择。

➢ 自定义外观：打开素材库修改按钮外观，属于用户定义的图库，正常和按下需分别设置。

➢ 保存外观：存储按钮外观，方便写程序时使用。按钮外观根据需求设置，如图 5 - 26所示。

3. 显示对象状态的指示灯按键

➢ 单击菜单栏“部件（P）/操作键（O）/指示灯（L）”或部件栏“ ”图标，移动光标至画面中，单击鼠标左键放置，单击鼠标右键或通过“ESC”键取消放置。

➢ 双击“指示灯”，或选中“指示灯”后单击鼠标右键，选择“属性”进行属性设置。

➢ 指示灯对象设置，如图 5 - 27 所示。

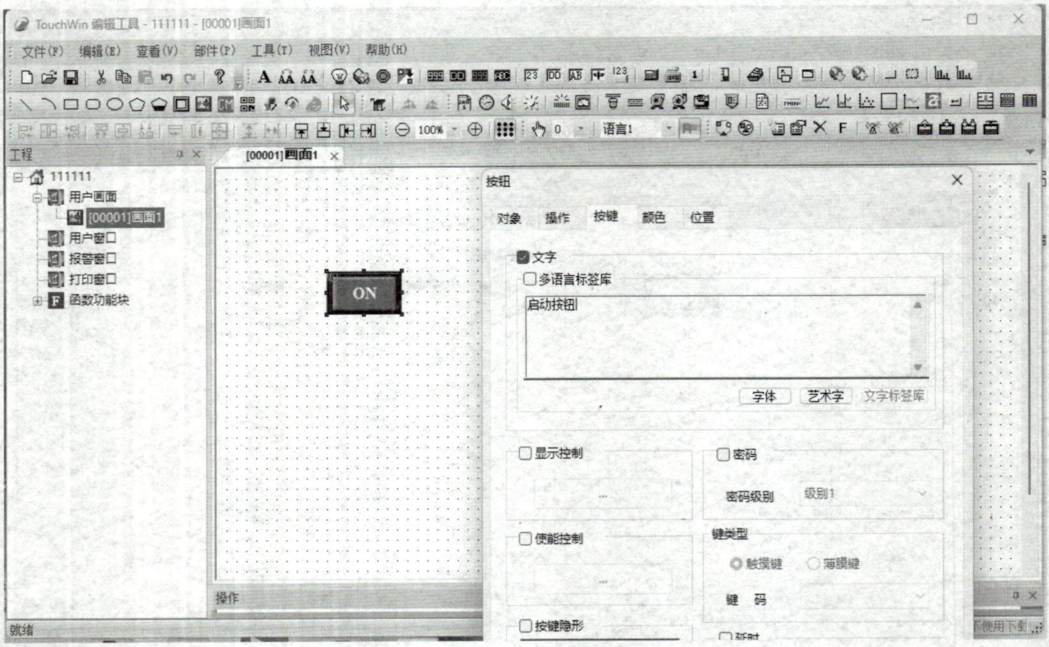

图 5-26 按钮外观设置

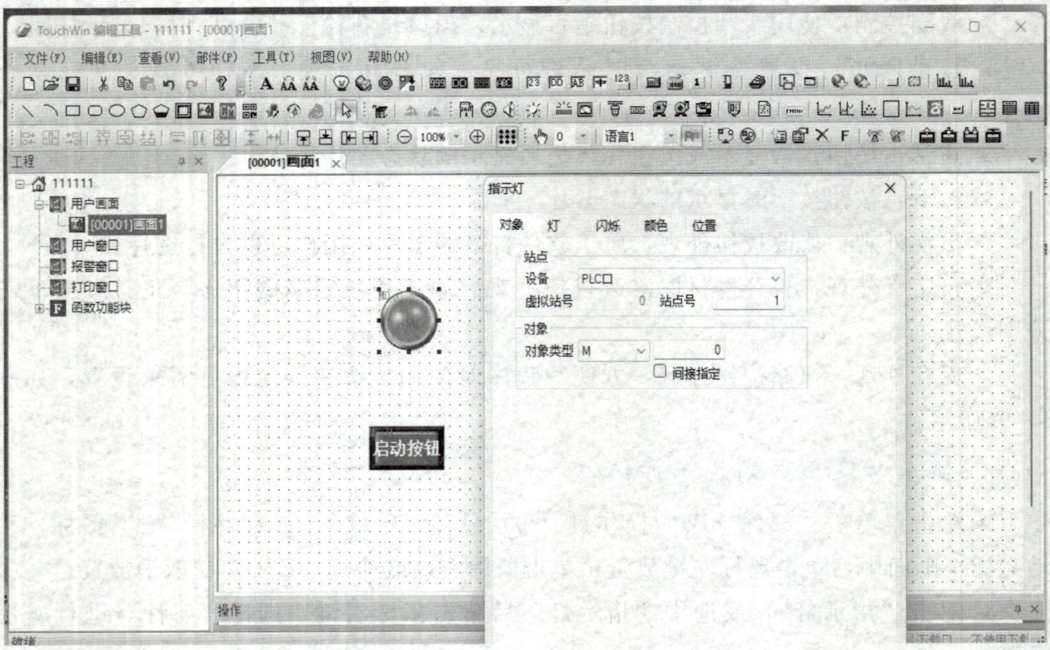

图 5-27 指示灯对象设置

2 站点：

➢ 设备：当前进行通信的设备口选择西门子 1200。

➢ 站点：通信设备地址号，以太网通信不需要选择。

➢ 对象：设置指示灯的触发信号对象类型以及地址，本例中选择 M7.0。指示灯属性设置如图 5－28 所示。

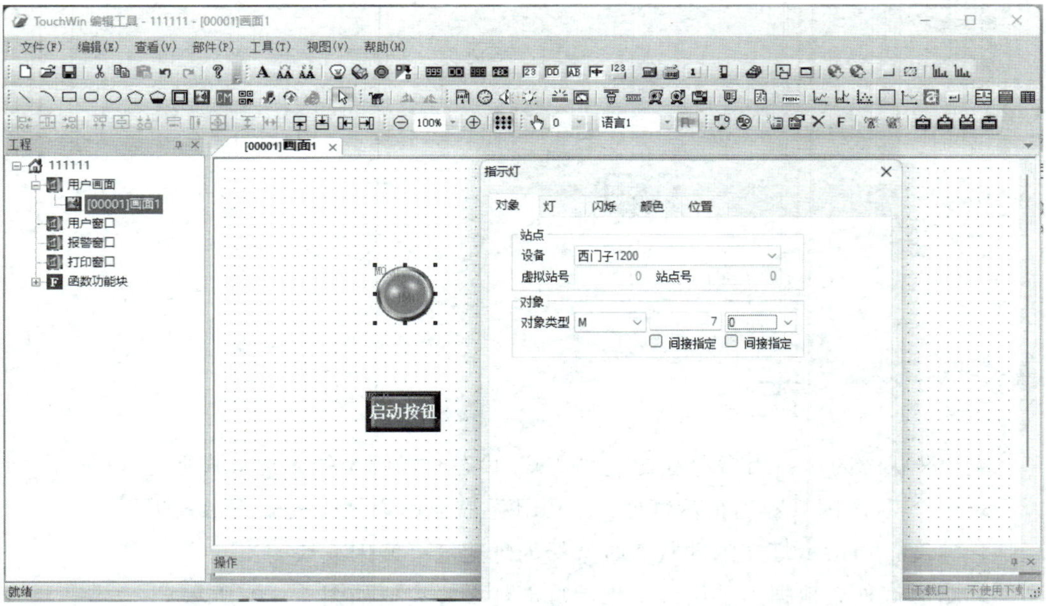

图 5－28　指示灯属性设置

➢ ON 状态：右框即对象线圈处于“ON”状态的指示灯显示。

➢ OFF 状态：右框即对象线圈处于“OFF”状态的指示灯显示。

➢ 更换外观：修改指示灯外观，属于软件自带的图库，用户可以自行选择；选择库 1 和库 2 的外观，除文字颜色外，其他颜色不支持修改。

➢ 自定义外观：打开素材库修改指示灯外观，属于用户定义的图库，“ON”状态和“OFF”状态需分别设置。

➢ 保存外观：存储指示灯外观，方便写程序时使用。

➢ 文字：修改指示灯文字内容、字体、对齐方式，可设置使用多语言。

注意

因为文字直接放在指示上导致外观不够美观，所以文字功能一般不使用。

➢ 线圈控制：使用线圈控制指示灯，当该线圈置于“ON”时，显示指示灯。

➢ 不闪烁：无论指示灯处于“ON”还是“OFF”状态，都不闪烁显示。指示灯闪烁设置，如图 5－29 所示。

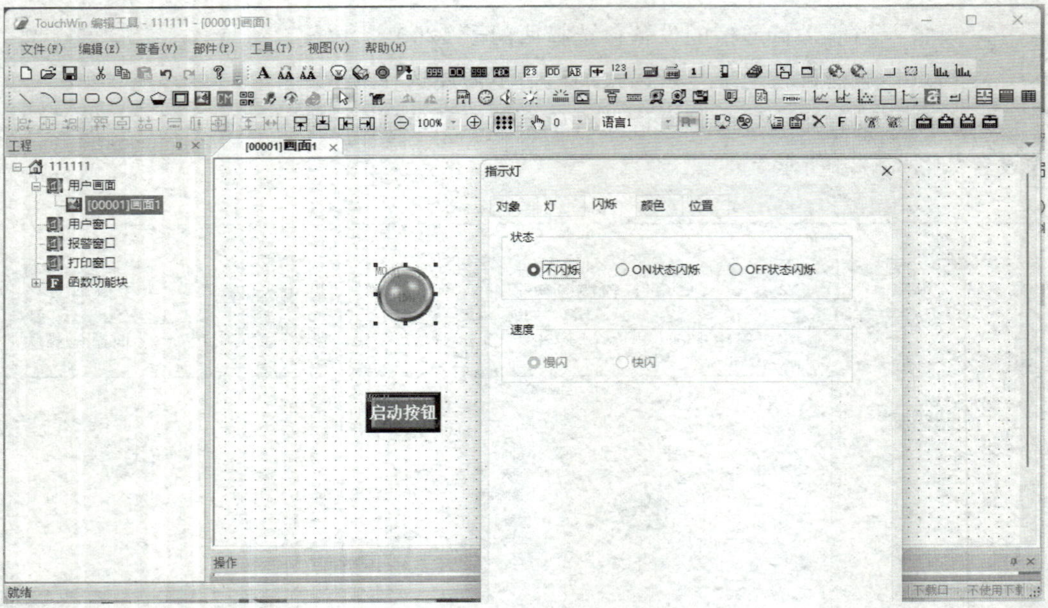

图 5-29 指示灯闪烁设置

➢ ON 状态闪烁：当指示灯处于“ON”状态时以闪烁的表现形式进行。

➢ OFF 状态闪烁：当指示灯处于“OFF”状态时以闪烁的表现形式进行。

➢ 速度：当指示灯在闪烁状态时选择闪烁速度（慢闪或快闪）。

➢ 指示灯外观根据需求设置，指示灯部件设置完成如图 5-30 所示。

图 5-30 指示灯部件设置完成

5.4.2 任务页面制作

下面我们进行本项目画面设计，其中与PLC对应的触发信号对象类型及地址如下："启动按钮"触发信号对象类型及地址为M6.0，"复位按钮"触发信号对象类型及地址为M6.4，"停止按钮"触发信号对象类型及地址为M6.1，"运行指示"触发信号对象类型及地址为M7.0，"复位指示"触发信号对象类型及地址为M10.2，"停止指示"触发信号对象类型及地址为M7.2。

项目5设置完成界面如图5-31所示。

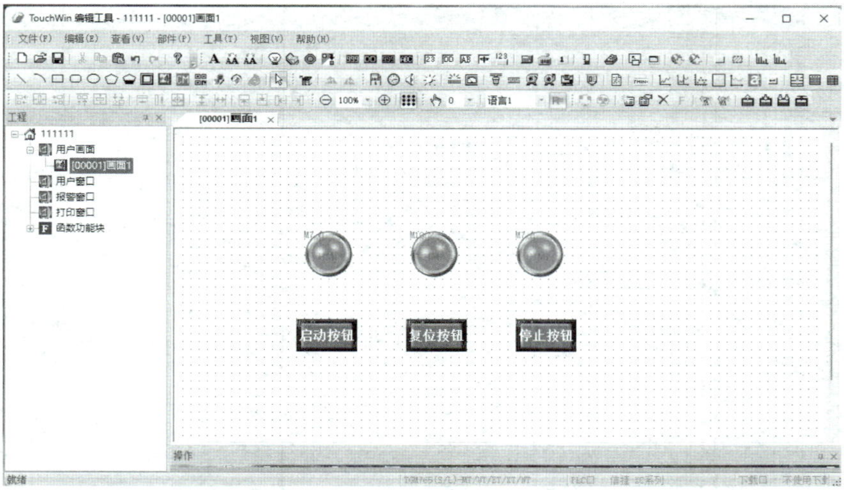

图 5-31 项目 5 设置完成界面

项目6

分拣模块控制系统

分拣模块控制系统采用稳定性较好的工控设备PLC对材料的运输、分拣进行实时控制，具有稳定可靠的运行效果和良好的节能效果，极大地节省了劳动力，具有明显的经济效益和社会效益。本项目综合旋转编码器、光纤传感器、变频器、PLC高速计数功能及基本指令进行综合实训。

【课件】

分拣模块控制系统

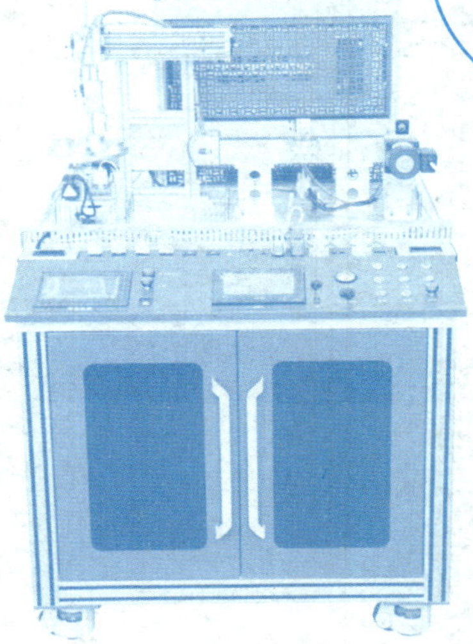

项目学习目标

知识目标：

掌握PLC高速计数指令组态程序的编写；了解分拣模块控制系统的结构和工作过程。

技能目标：

掌握变频器参数设定方法，能够通过旋转编码器控制传送带位置并完成程序编写、下载、安装、调试，锻炼学生处理实时控制系统的能力。

职业素养目标：

通过本项目的学习进一步培养学生的团队协作能力，通过对生产线的安装与调试培养学生的耐心，提升学生做事的效率。

课程思政目标：

通过对分拣模块控制系统的学习，提高学生综合运用多种知识和技能及解决实际问题的能力，使学生在实践中增长智慧才干，在艰苦奋斗中锤炼意志品质。

6.1　项目背景

随着社会的不断进步，市场竞争日趋激烈，各个生产企业都迫切地需要改进生产技术，提高生产效率。尤其是需要进行材料分拣的企业，以往一直采用人工分拣的方法，致使生产效率低、生产成本高、竞争能力差。目前产品自动分拣已成为企业的主要选择。

6.2　分拣模块控制硬件认知

【微课】
分拣模块安装与调试

分拣模块能够把放到分拣皮带上的工件（工件由立体仓库的抓取机械手装置送来）送到输送模块可以抓取物料的位置。在输送过程中先完成一次检测动作，判断是否为非成品。若判断为非成品，则直接将废料推入废料槽里。若判断为成品，分拣模块主要由三相异步电动机、旋转编码器等组成，其外观图如图 6－1 所示。

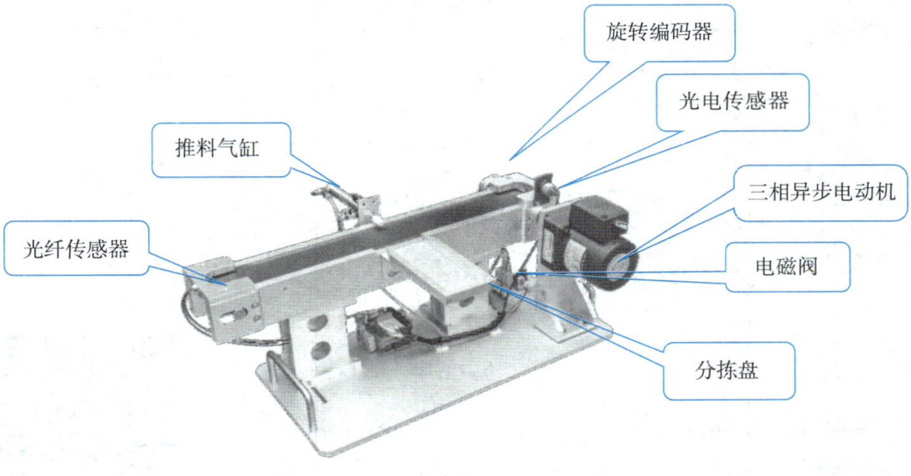

图 6－1　分拣模块外观图

6.2.1　皮带传送机构

皮带传送机构用于传送工件：把工件移到视觉镜头下方进行视觉分拣，并传送视觉检测通过的物料。它主要由三相异步电动机、旋转编码器、传送带等组成。

6.2.2 分拣模块的传感器

1. 光电式接近开关和漫射式光电接近开关

（1）光电式接近开关

光电传感器是利用光的各种性质，检测物体的有无和表面状态的变化等的传感器。其中，输出形式为开关量的传感器称为光电式接近开关。

光电式接近开关主要由光发射器和光接收器构成。如果光发射器发射的光线因检测物体不同而被遮盖或反射，到达光接收器的量将会发生变化。光接收器的敏感元件将检测出这种变化，并转换为电气信号，输出电信号传送到 PLC 中。大多数接近开关使用可视光（主要为红色，也用绿色、蓝色来判断颜色）和红外光。按照接收器接收光的方式的不同，光电式接近开关可分为对射式、漫射式和反射式 3 种，其工作原理示意图如图 6－2 所示。

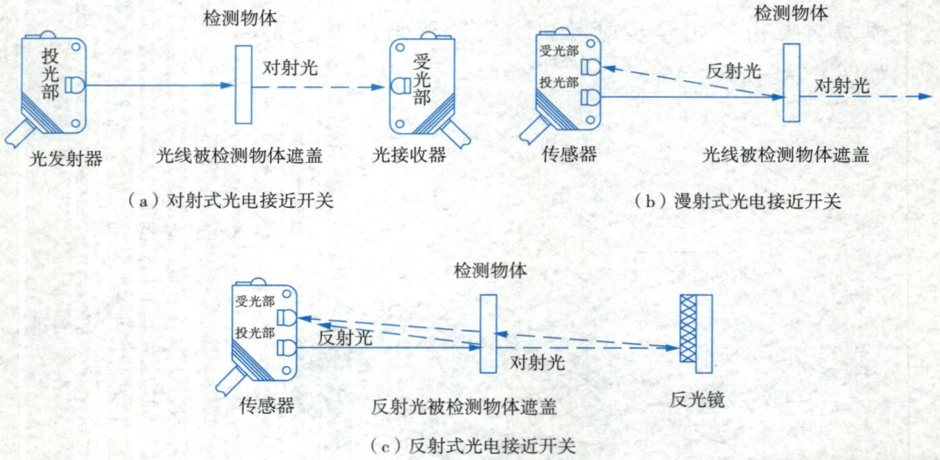

图 6－2 光电式接近开关工作原理示意图

【微课】分拣模块的传感器

（2）漫射式光电接近开关

漫射式光电接近开关是利用光照射到被测物体上后反射回来的光线而工作的，由于物体反射的光线为漫射光，因此称为漫射式光电接近开关。它的光发射器与光接收器处于同一侧位置，且为一体化结构。在工作时，光发射器始终发射检测光，若漫射式光电接近开关前方一定距离内没有物体，则没有光被反射到接收器，漫射式光电接近开关处于常态而不动作；反之，若漫射式光电接近开关的前方一定距离内出现物体，只要反射回来的光强度足够大，接收器接收到足够的漫射光就会使漫射式光电接近开关动作而改变输出的状态。如图 6－2（b）所示为漫射式光电接近开关的工作原理示意图。

用来检测工件有无的漫射式光电接近开关通常选用 SICK 公司的 GTB6－N1211 型放大器内置型光电开关（细小光束型，NPN 型晶体管集电极开路输出）。其外观和调节旋钮、显示灯如图 6－3 所示。

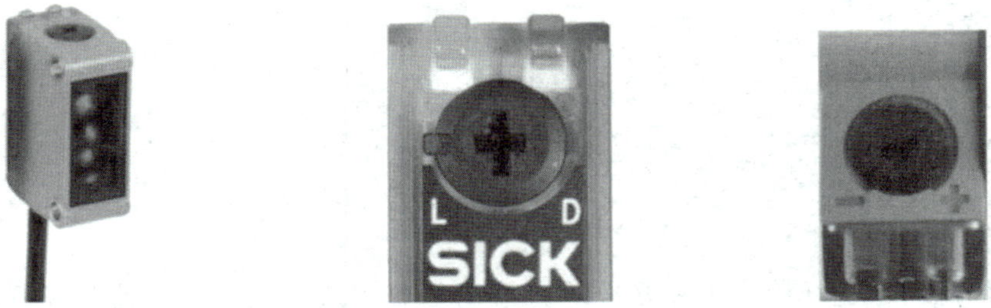

（a）外观　　（b）调节旋钮　　（c）显示灯

图 6－3　GTB6－N1211 型光电开关的外观和调节旋钮、显示灯

如图 6－4 所示为 GTB6－N1211 型光电开关的内部电路原理图。

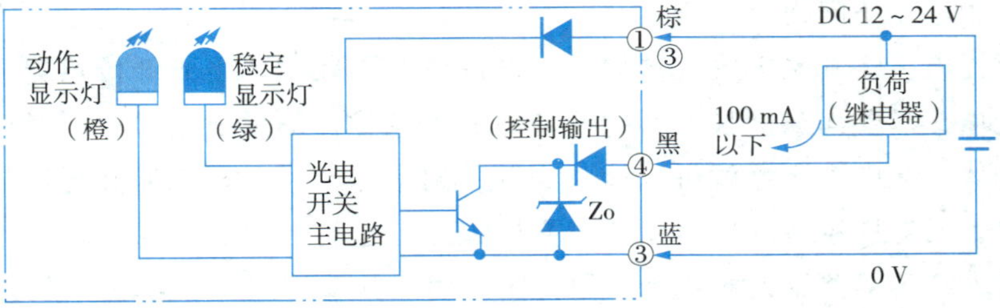

图 6－4　GTB6－N1211 型光电开关的内部电路原理图

图 6－4 中动作选择开关的功能是选择受光动作（Light）或遮光动作（Drag）模式，即当此开关按顺时针方向充分旋转时（L 侧），进入检测“－ON”模式；当此开关按逆时针方向充分旋转时（D 侧），进入检测“－OFF”模式。设定距离时可通过旋钮（－/＋）回转调节，调整距离时注意逐步轻微旋转，否则距离调节器会空转。调整的方法：首先按逆时针方向将距离调节器充分旋到最小检测，然后根据要求距离放置检测物体，按顺时针方向逐步旋转距离调节器，找到传感器进入检测条件的点；拉开检测物体，按顺时针方向进一步旋转距离调节器，找到传感器再次进入检测状态，一旦进入，向后旋转距离调节器直到传感器回到非检测状态的点。两点之间的中点为稳定检测物体的最佳位置。

分拣模块是用来检测入料口上有无物料的光电开关，是一个圆柱形漫射式光电接近开关，工作时发出光线，检测是否有工件存在，该光电开关选用 SICK 公司的 GRTE18S－N1317 型光电开光，其外观图如图 6－5 所示。

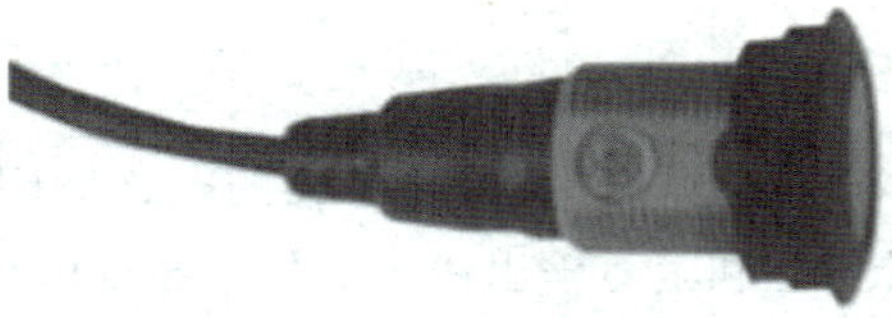

图 6－5　GRTE18S－N1317 型光电开关外观图

部分接近开关的图形符号如图 6-6 所示。图 6-6 中（a）（b）（c）三种情况均使用 NPN 型三极管集电极开路输出。

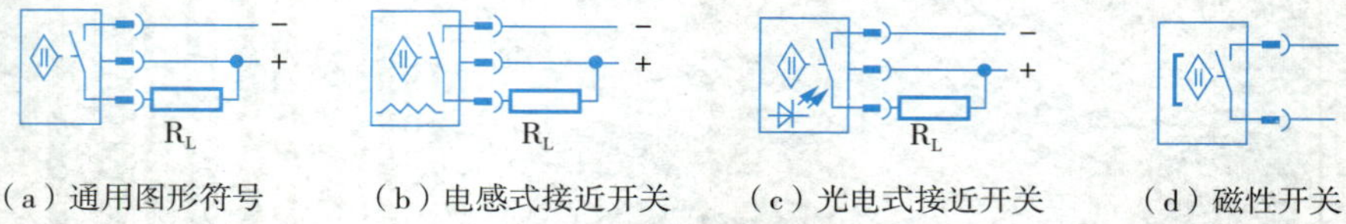

图 6-6　部分接近开关的图形符号

2. 光纤传感器

光纤传感器由光纤检测头和光纤放大器两部分组成，光纤放大器和光纤检测头是分离的两个部分，光纤检测头的尾端部分被分成两条光纤，使用时分别插入放大器的两个光纤孔中。

光纤传感器也是光电传感器中的一种。光纤传感器具有下述优点：抗电磁干扰；可工作于恶劣环境中；传输距离远；使用寿命长；由于光纤头具有较小的体积，因此可以安装在很小的空间内。

光纤式光电接近开关中放大器的灵敏度调节范围较大。当光纤传感器灵敏度调得较小时，光电探测器无法接收到反射性较差的黑色物体的反射信号；而对于反射性较好的白色物体，光电探测器就可以接收到其反射信号。反之，若调高光纤传感器灵敏度，则即使是反射性较差的黑色物体，光电探测器也可以接收到它的反射信号。如图 6-7所示为光纤传感器放大器单元的俯视图，调节其中部的“8 旋转灵敏度高速旋钮”就能调节放大器灵敏度（顺时针旋转灵敏度增大）。调节时，会看到“入光量显示灯”发光的变化情况。当探测器检测到物料时，“动作显示灯”会亮，提示检测到物料。

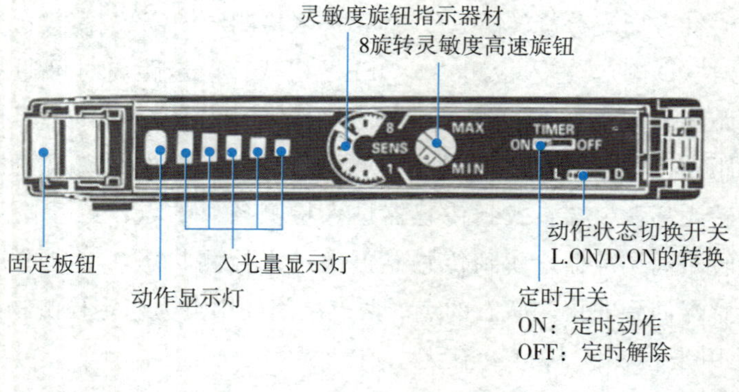

图 6-7　光纤传感器放大器的单元的俯视图

E3X-NA11 型光纤传感器的电路框图如图 6-8 所示，接线时请根据导线颜色判断电源极性和信号输出线，切勿直接将信号输出线与电源＋24 V 端相连接。

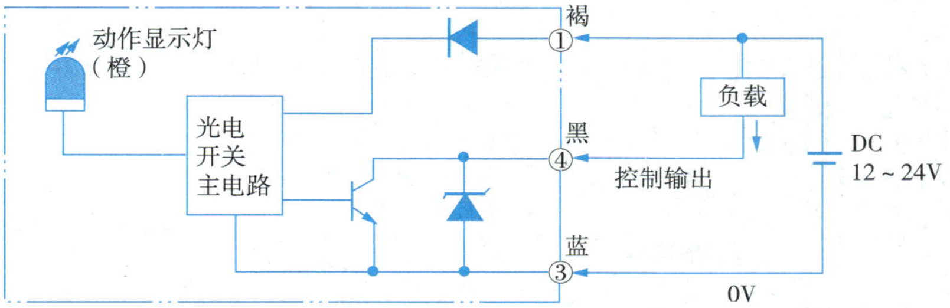

图 6－8　E3X－NA11 型光纤传感器的电路框图

6.2.3　信捷 VB5N－20P7 变频器安装和接线

信捷 VB5N－20P7 变频器是信捷公司的一款高性能、简易型、低噪音变频器。它在提高稳定性的前提下增加了实用的 PI 调节功能，以及灵活的输入/输出端子、参数在线修改、定长控制、摆频控制、RS485 控制、现场总线控制等一系列实用、先进的运行、控制功能，为设备制造和终端客户提供集成度高的一体化解决方案。VB5N－20P7 变频器外观图如图 6－9 所示。该变频器额定参数如下：电源电压为 220 V。单相交流、额定输出功率为 0.75 kW；额定输出电流为 4.7 A。

图 6－9　VB5N－20P7 变频器外观图

1. 变频器的安装

一般情况下应采用立式安装方式，多台变频器采用上下安装方式时，中间应用导流隔板，如图 6－10 所示。

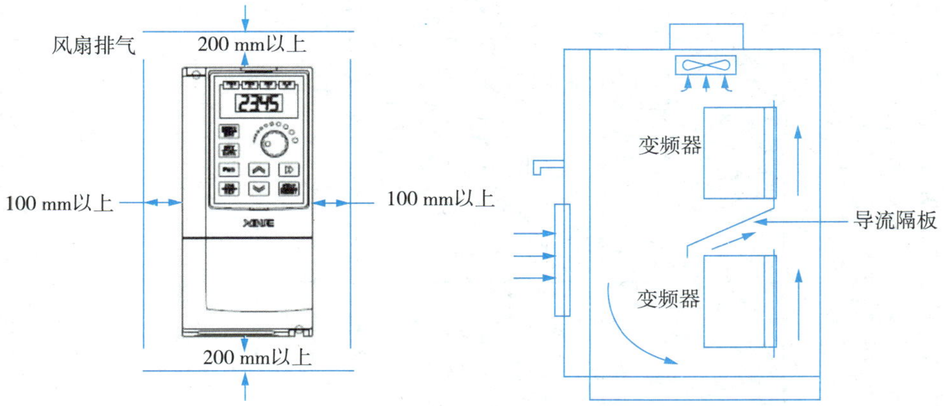

图 6－10　变频器的安装

2. 变频器控制电路接线

控制电路接线图如图 6 - 11 所示，电平转换接线板图如图 6 - 12 所示，变频器简易接线图如图 6 - 13 所示。

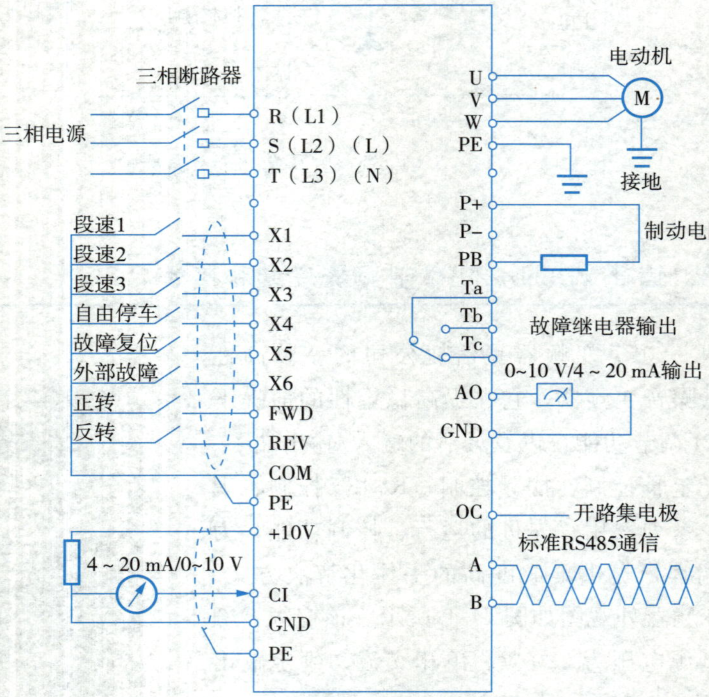

图 6 - 11 控制电路接线图

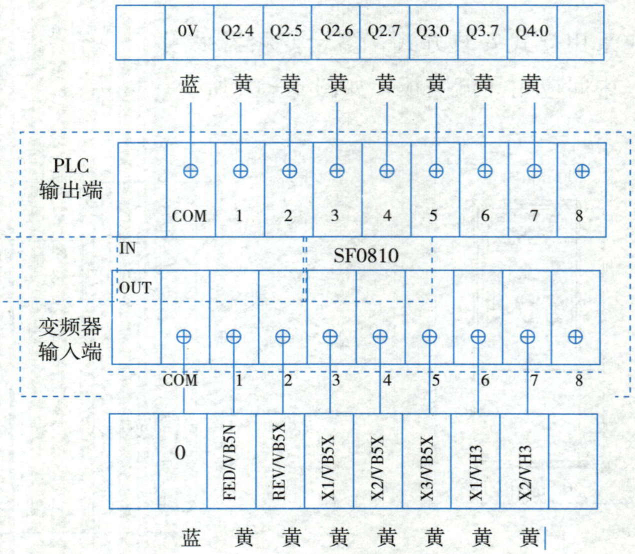

图 6 - 12 电平转换接线板图

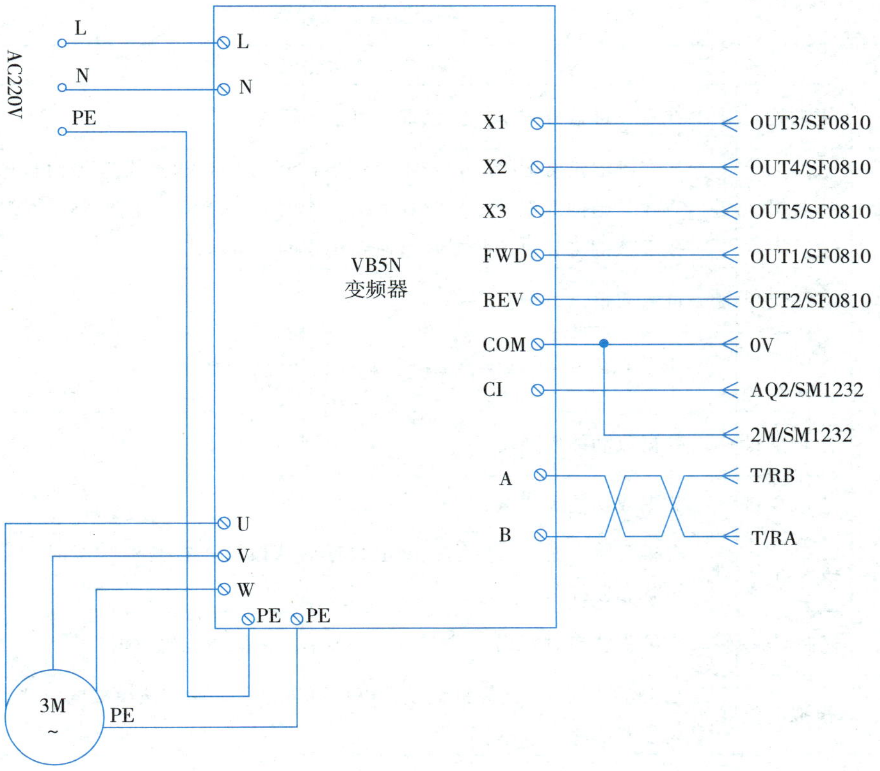

图 6－13 变频器简易接线图

3. VB5N 变频器操作面板

变频器的操作面板及控制端子可对电动机的启动、调速、停机、制动、运行参数设定及外围设备等进行控制。VB5N 变频器操作面板功能图如图 6－14 所示。

VB5N 变频器操作键盘上设有 8 个按键和一个模拟电位器，其按键功能定义见表6－1所列。

VB5N 变频器操作面板上有 4 位 8 段 LED 数码管、1 个单位指示灯、3 个状态指示灯。3 个状态指示灯位于 LED 数码管的上方，自左到右分别为 FWD 正转指示灯、REV 反转指示灯、ALM 报警指示灯，表 6－2 为状态指示灯说明。

图 6－14 VB5N 变频器操作面板功能图

表6-1 VB5N变频器按键功能定义

按 键	名 称	功能说明
FWD	正向运行键	在操作键盘方式下，按该键即可正向运行
STOP RESET	停止/退出键	当变频器正常运行时，若将变频器的运行指令通道设置为面板停机有效方式，则按下该键，变频器将按设定的方式停机；变频器在故障状态时，按下该键将复位变频器，返回到正常的停机状态
MENU ESC	编程/退出键	进入或退出编程状态
JOG REV	点动/反向运行键	P3，45=0，点动运行；P3，45=1，反转运行
	增加键	数据或功能码递增
	减少键	数据或功能码递减
	移位/监控键	在编辑状态时，可以选择设定数据的修改位；在其他状态时，可切换显示状态监控参数
ENTER DATA	存储/切换键	在编程状态时，用于进入下一级菜单或存储功能码数据
	模拟电位器	当P0.01为0，选择键盘模拟电位器给定时，调节该模拟电位器可以控制变频器的输出频率

表6-2 状态指示灯说明

<table>
<tr><th colspan="3">项 目</th><th colspan="2">功能说明</th></tr>
<tr><td rowspan="4">显示功能</td><td colspan="2">LED数码显示</td><td colspan="2">显示变频器当前运行的状态参数及设置参数</td></tr>
<tr><td rowspan="3">状态指示灯</td><td>FWD</td><td>正转指示灯，表明变频器输出正相序，接入电机时电机正转</td><td rowspan="2">FWD、REV指示灯同时亮，表明变频器工作在直流制动状态</td></tr>
<tr><td>REV</td><td>逆转指示灯，表明变频器输出逆相序，接入电机时电机反转</td></tr>
<tr><td>ALM</td><td colspan="2">当变频器发生故障报警时，该指示灯点亮</td></tr>
</table>

4. VB5N变频器参数设置

1）参数修改

以功能码P3.06从5.00 Hz更改设定为8.50 Hz为例说明参数修改的相关内容，参数编辑示例如图6-15所示。

【微课】

VB5N变频器参数设置

在三级菜单状态下，若参数没有闪烁位，则表示该功能码不能被修改，可能的原因如下：

➢ 该功能码为不可修改参数，如实际检测的状态参数、运行记录参数等；

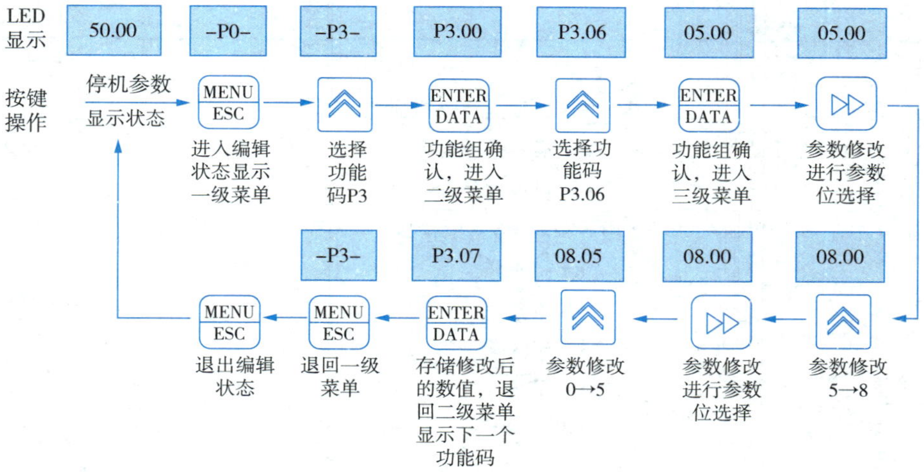

图 6-15　参数编辑示例

➢ 该功能码在运行状态下不可修改，需停机后才能进行修改；

➢ 参数被保护。当功能码 P3.01 个位为 1 或 2 时，功能码均不可修改，这是为了避免错误操作而进行的参数保护。若要编辑功能码参数，需先将功能码 P3.01 个位设为 0。

2）点动运行操作

假设当前运行命令通道为操作面板的停机状态，点动运行频率为 5 Hz，点动运行操作示例如图 6-16 所示。

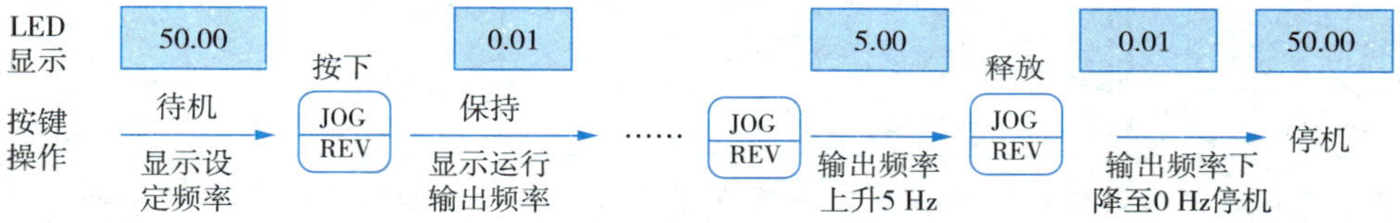

图 6-16　点动运行操作示例

3）关键运行参数介绍

表 6-3 为关键运行参数表。

表 6-3　关键运行参数表

功能码	名　称	设定范围	出厂设定
P0.01	频率给定通道选择	0：面板模拟电位器 1：键盘增加/减少键给定 2：数字给定 1，操作面板 3：数字给定 2，端子 UP/DOWN 调节 4：数字给定 3，串行口给定 5：VI 模拟给定（VI-GND） 6：CI 模拟给定（CI-GND） 7：端子脉冲（PULSE）给定 8：组合设定（见 P3.00 参数）	0

（续表）

功能码	名　称	设定范围	出厂设定
P0.03	运行命令通道选择	0：操作面板运行频率通道 1：端子运行命令通道 2：串行口运行命令通道	0
P3.09	通信配置	LED 个位：波特率选择 0：1200BPS 1：2400BPS 2：4800BPS 3：9600BPS 4：19200BPS 5：38400BPS LED 十位：数据格式 0：1－7－2 格式，无校验 1：1－7－1 格式，奇校验 2：1－7－1 格式，偶校验 3：1－8－2 格式，无校验 4：1－8－1 格式，奇校验 5：1－8－1 格式，偶校验 6：1－8－1 格式，无校验（当通信方式为 Modbus - RTU 时，要求用户数据格式选择 3～6） LED 百位：未定义	054
P3.10	本机地址	0～247	1

注：其他的基本参数设定请参照信捷官方网站（https：//www.xinje.com/xj _ service/xj _ xzzx.html）的相关技术文件。

5. 数字量端子控制 VB5N 变频器

数字量端子控制 VB5N 变频器，只需要设置 2 个参数即可通过控制端子来控制变频器正转和反转，而变频器的频率直接由操作面板上的模拟电位器来调节。具体参数设置见表 6 - 4 所列。数字量端子控制 VB5N 变频器的接线图如图 6 - 17 所示。通过控制 PLC 的输出端子的得电与失电来控制变频器的正转与反转。

表 6 - 4　数字量端子控制 VB5N 变频器的参数设置表

参数号	出厂值	设置值	说　明
P3.01	00	10	参数初始化
P0.01	0	0	频率给定通道选择：面板模拟电位器给定
P0.03	0	1	运行命令通道选择：端子运行命令通道；用外部控制端子 FWD、REV、X1～X6 等进行起停

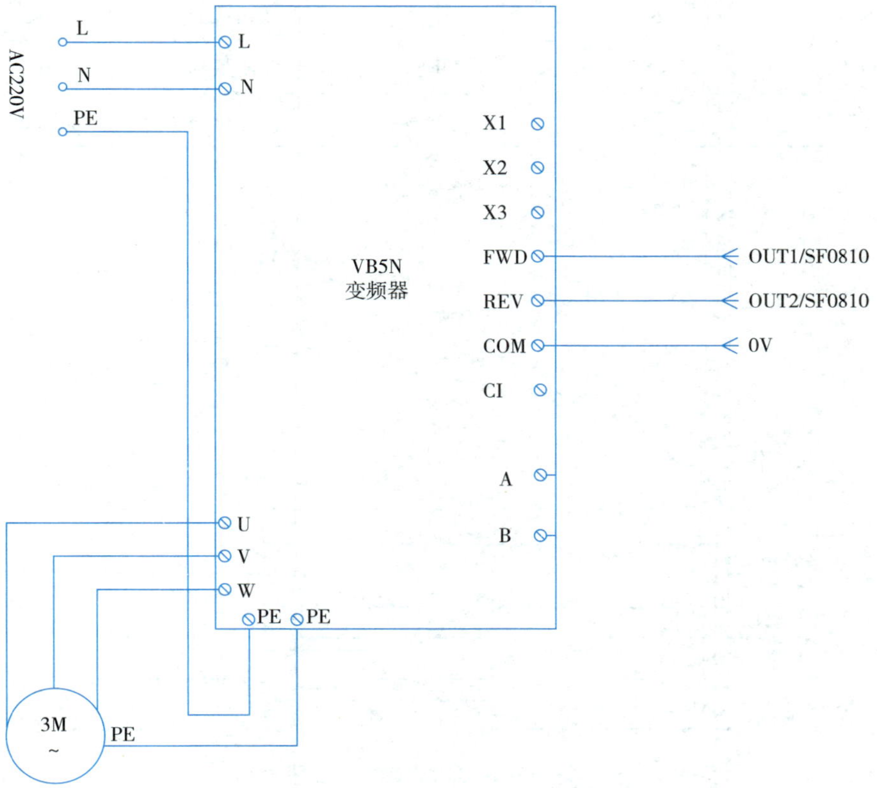

图 6-17　数字量端子控制 VB5N 变频器的接线图

通过数字量端子控制 VB5N 变频器实现 7 段速运行：控制端子 X1、X2、X3 用于实现多段速运行，通过选择具有这些功能的端子 ON/OFF（开/关）组合，最多可设置 7 段速的运行频率。表 6-5 为多段速运行选择表，图 6-18 为多段速运行示意图。

表 6-5　多段速运行选择表

K3	K2	K1	频率设定	加减速时间
OFF	OFF	OFF	普通运行频率	加减速时间 1
OFF	OFF	ON	多段频率 1	加减速时间 1
OFF	ON	OFF	多段频率 2	加减速时间 2
OFF	ON	ON	多段频率 3	加减速时间 3
ON	OFF	OFF	多段频率 4	加减速时间 4
ON	OFF	ON	多段频率 5	加减速时间 5

（续表）

K3	K2	K1	频率设定	加减速时间
ON	ON	OFF	多段频率 6	加减速时间 6
ON	ON	ON	多段频率 7	加减速时间 7

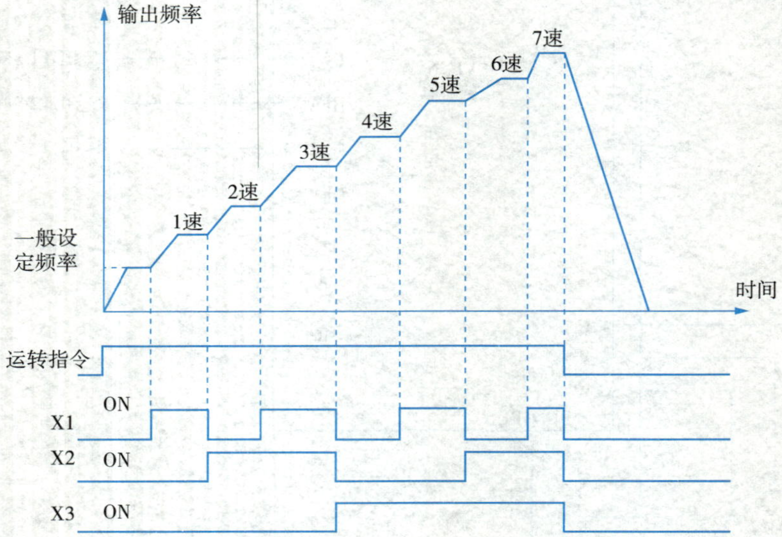

图 6-18　多段速运行示意图

表 6-6 为变频器多段速参数设置表。多段速变频器的接线图如图 6-19 所示。

表 6-6　变频器多段速参数设置表

参数号	出厂值	设置值	说　明
P3.01	00	10	参数初始化
P0.01	0	8	频率给定通道选择：组合设定
P0.03	0	1	运行命令通道选择：端子运行命令通道；用外部控制端子 FWD、REV、X1～X6 等进行起停。
P0.17	10	0.1	加速时间 1
P0.18	10	0.1	减速时间 1
P3.26	5	5	多段频率 1
P3.27	10	10	多段频率 2
P3.28	20	20	多段频率 3
P3.29	30	30	多段频率 4

（续表）

参数号	出厂值	设置值	说　明
P3.30	40	40	多段频率 5
P3.31	45	45	多段频率 6
P3.32	50	50	多段频率 7
P4.00	1	1	多段速选择端子 1
P4.01	2	2	多段速选择端子 2
P4.02	3	3	多段速选择端子 3

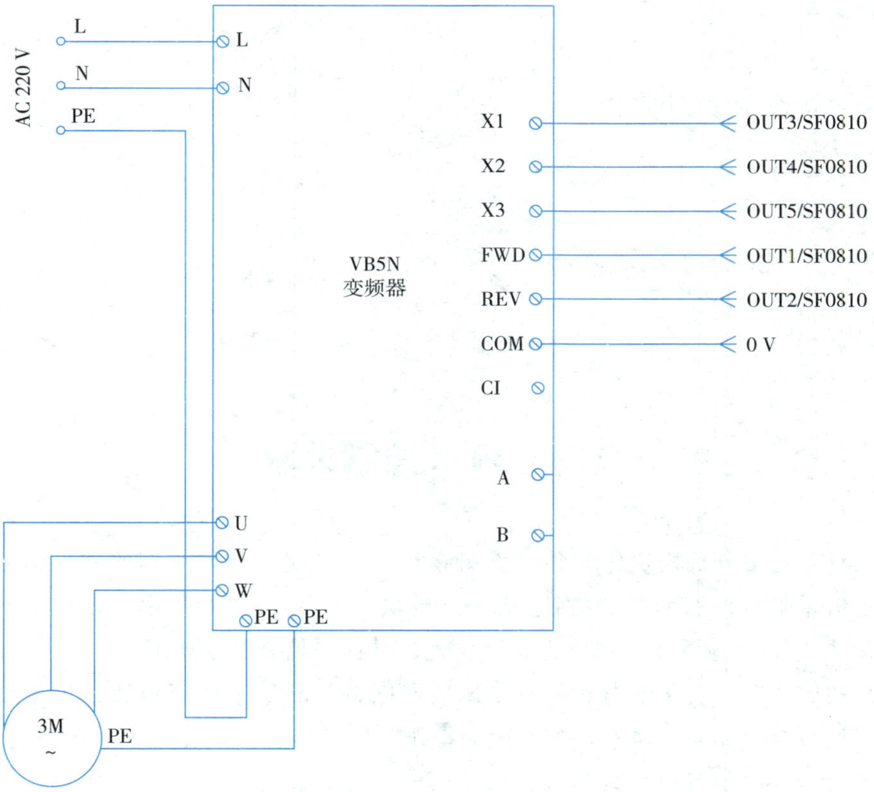

图 6-19　多段速变频器的接线图

6.2.4　气动控制回路原理

分拣模块的气动控制元件均采用二位五通单电控电磁换向阀，各电磁阀均带有手动换向和加锁钮。它们被集中安装成阀组并固定在冲压支撑架后面。分拣模块气动控制回路的工作原理如图6-20所示。“1B”为安装在推料气缸上的磁感应接近开关。“1Y”为控制推料气缸的电磁阀的电磁控制端。

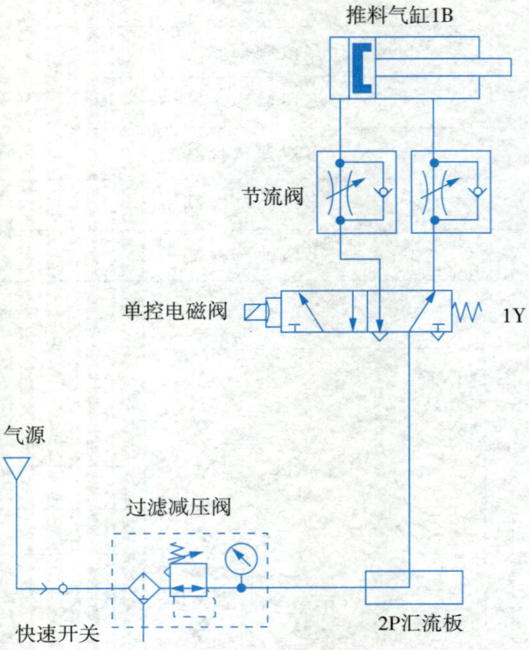

图6-20　分拣模块气动控制回路的工作原理图

6.3　项目控制要求

本项目只考虑分拣模块作为独立设备运行时的情况，单元工作的主令信号和工作状态显示信号来自控制面板的按钮/指示灯模块。另外，按钮/指示灯模块上的工作方式选择开关“SA”应置于“单站方式”位置。具体的控制要求如下。

(1) 初始状态：设备上电和气源接通后，推料气缸处于缩回位置，皮带处于停止状态。若设备在上述初始状态，则“正常工作”黄色指示灯常亮，表示设备已准备好；否则，该指示灯以1 Hz频率闪烁。

(2) 若设备已准备好，按下启动按钮，设备启动，“设备运行”绿色指示灯常亮。当入料口光电传感器检测到工件时，三相异步电动机启动，工件被传送到分料槽区域并被推料气缸推入分料槽中。若没有停止信号输入，当再有工件放到入料口时，分拣模块则开始下一周期工作。

(3) 在工作过程中，若按下停止按钮，分拣模块在完成本周期的动作后停止工作。绿色指示灯熄灭。

要求完成如下任务：

（1）规划装置侧、PLC 侧的 I/O 分配及接线端子分配；

（2）进行系统安装接线；

（3）按控制要求编制 PLC 程序；

（4）进行调试与运行。

6.3.1　装置侧及 PLC 的 I/O 接线

电气接线包括在工作单元装置侧完成各传感器、电磁阀、电源端子等引线到装置侧接线端口之间的接线，在 PLC 侧进行电源连接、I/O 点接线等。

分拣模块装置侧的接线端口上信号端子的分配见表 6－7 所列。

表 6－7　分拣模块装置侧的接线端口上信号端子的分配

输入、输出端口		
端子号	设备符号	信号线
1	PG	编码器 B 相
2	PG	编码器 A 相
3	SC1	入料检测
4	1B	气缸伸出到位
5	SC2	到达检测
6		
7	1Y	推料电磁阀
8	24 V	电源
9	24 V	电源
DB5 端子排		

接线时应注意，装置侧接线端口中 8、9 端子为 24 V 电源接线端口，装置侧接线完成后，应用扎带绑扎，力求整齐美观。

电气接线的工艺应符合国家职业标准的规定。例如，导线连接到端子时，采用压紧端子压接方法；连接线须有符合规定的标号。

根据工作单元装置的 I/O 信号分配和工作任务的要求，分拣模块 PLC 的 I/O 信号表见表 6－8 所列。

表 6-8　分拣模块 PLC 的 I/O 信号表

<table>
<tr><th colspan="4">输入端口</th><th colspan="4">输出端口</th></tr>
<tr><th>序号</th><th>PLC 输入点</th><th>信号名称</th><th>信号来源</th><th>序号</th><th>PLC 输入点</th><th>信号名称</th><th>信号来源</th></tr>
<tr><td>1</td><td>I0.3</td><td>编码器 B 相</td><td rowspan="5">装置侧</td><td>1</td><td>Q0.4</td><td>变频器正转</td><td rowspan="7">PLC 侧</td></tr>
<tr><td>2</td><td>I0.4</td><td>编码器 A 相</td><td>2</td><td>Q0.5</td><td>变频器反转</td></tr>
<tr><td>3</td><td>I0.5</td><td>入料检测</td><td>3</td><td>Q0.6</td><td>多段速 1</td></tr>
<tr><td>4</td><td>I0.6</td><td>气缸伸出到位</td><td>4</td><td>Q0.7</td><td>多段速 2</td></tr>
<tr><td>5</td><td>I0.7</td><td>到达检测</td><td>5</td><td>Q1.0</td><td>多段速 3</td></tr>
<tr><td>6</td><td></td><td></td><td></td><td>6</td><td></td><td></td></tr>
<tr><td>7</td><td></td><td></td><td></td><td>7</td><td>Q1.1</td><td>推料电磁阀</td></tr>
<tr><td>8</td><td>I1.5</td><td>启动按钮</td><td rowspan="5">按钮/指示灯模块</td><td>4</td><td>Q2.3</td><td>黄色指示灯</td><td rowspan="4">按钮/指示灯模块</td></tr>
<tr><td>9</td><td>I2.0</td><td>停止按钮</td><td>5</td><td>Q2.4</td><td>绿色指示灯</td></tr>
<tr><td>10</td><td>I2.1</td><td>复位按钮</td><td>6</td><td>Q2.5</td><td>红色指示灯</td></tr>
<tr><td>11</td><td>I2.2</td><td>转换开关</td><td>7</td><td>Q2.6</td><td>蜂鸣器</td></tr>
<tr><td>12</td><td>I2.3</td><td>急停按钮</td><td>8</td><td></td><td></td><td></td></tr>
</table>

6.3.2 编程思路

（1）程序结构：有两个子程序，一个是系统状态显示，另一个是分拣控制。主程序在每一个扫描周期内都调用系统状态显示子程序，仅在运行状态已经建立的情况下才可能调用供料控制子程序。

（2）PLC 上电后应首先进入初始状态检查阶段，确认系统已经准备就绪后，才允许投入运行，这样可及时地发现存在的问题，避免出现事故。例如，气缸在上电和气源接入时不在初始位置，这是气路连接错误的缘故，显然在这种情况下不允许系统投入运行。通常的 PLC 控制系统往往有这种常规的要求。

（3）分拣模块运行的主要过程是分拣控制，它是一个步进顺序控制过程。

（4）如果没有停止要求，顺序控制过程将周而复始地循环。常见的顺序控制系统正常停止时间要求是接收到停止指令后，系统在完成本工作周期任务，即返回初始步后才停止下来。

【微课】
快速添加设备

6.3.3 程序编写

1. 添加设备

（1）单击“创建新项目”，将项目名称更改为“项目 6”，并确认，单击“添加新设备”，在项目 5 中正确选择订货号和版本号进行设备添加。本项目添加“非指定的 CPU 1200”设备，如图 6 - 21 所示。

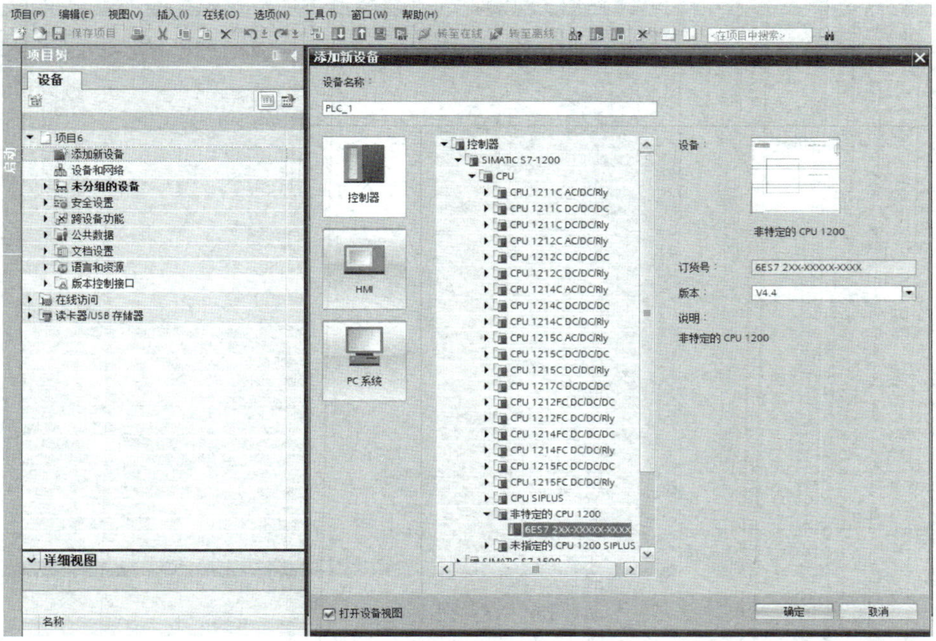

图 6 - 21　添加“非指定的 CPU 1200”设备

（2）跳转到未指定该设备页面后，单击“获取”，如图 6 - 22 所示。

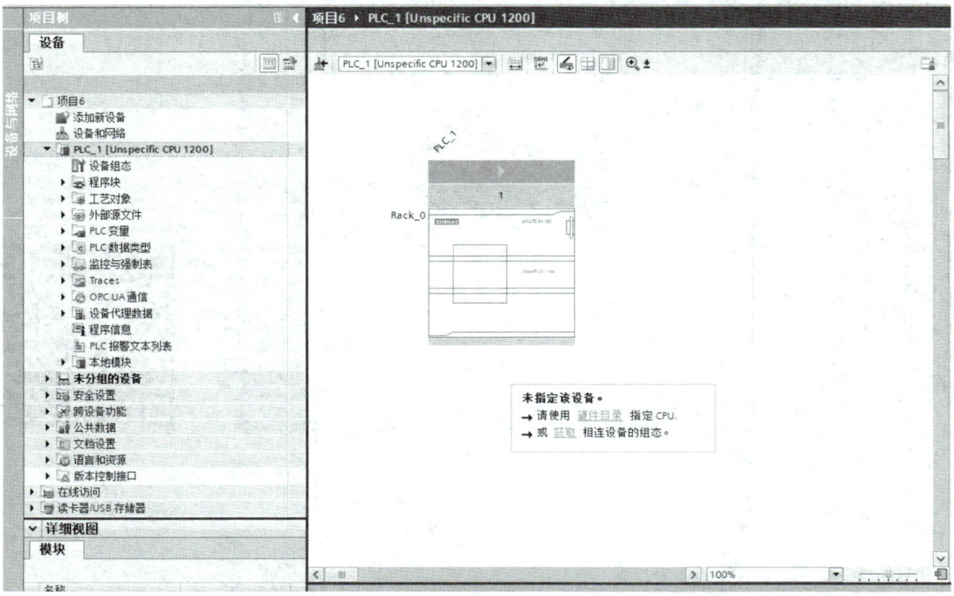

图 6 - 22　未指定该设备页面

（3）进入搜索页面后选择正确的 PG/PC 接口，单击“开始搜索”，等待搜索结果，如图 6－23 所示。

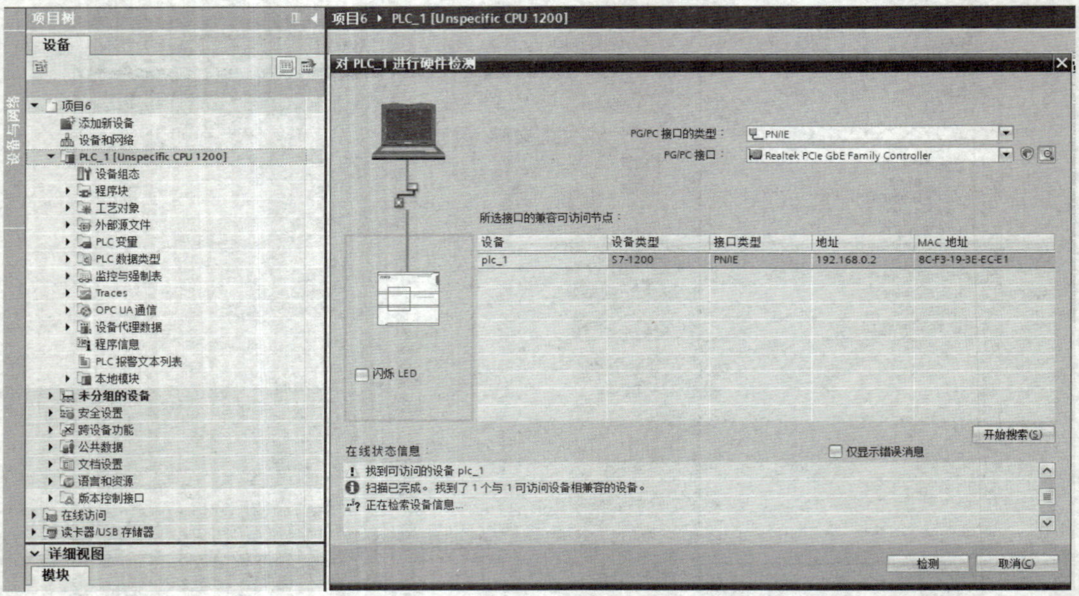

图 6－23　搜索页面

（4）选中搜索出的 PLC，单击“检测”，此时设备已经添加完毕，如图 6－24 所示。

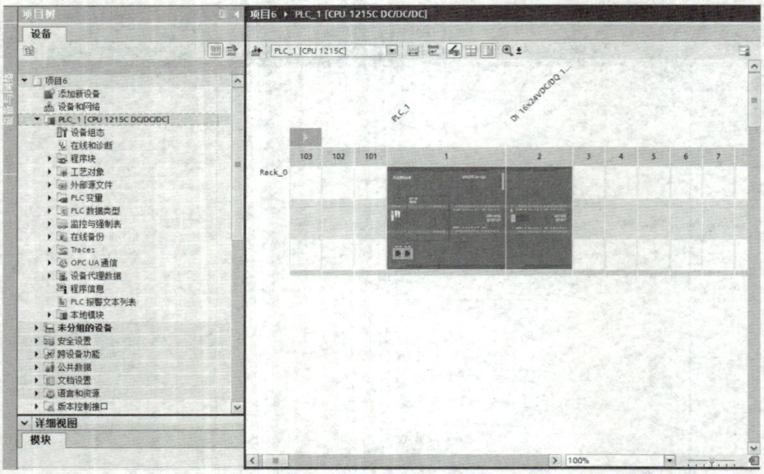

图 6－24　设备添加完毕

【微课】
高速计数器组态

2. 高速计数器组态

（1）在设备组态界面，选择 CPU 的“属性”选项卡，并选择“DI14/DO10”，设置“数字量输入”项通道 3 和通道 4 中“输入滤波器”为“0.8 millisec”，如图 6－25 所示。

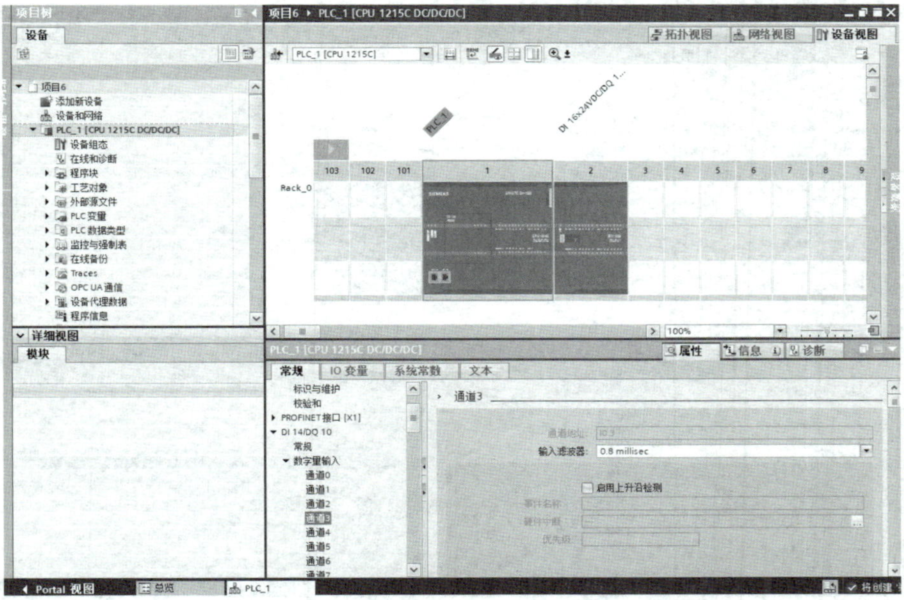

图 6－25　设置“输入滤波器”

（2）在设备组态界面，选择 CPU 的“属性”选项卡，并选择 HSC2 高速计数器，在“常规”栏中选择“启用该高速计数器”复选项，如图 6－26 所示。

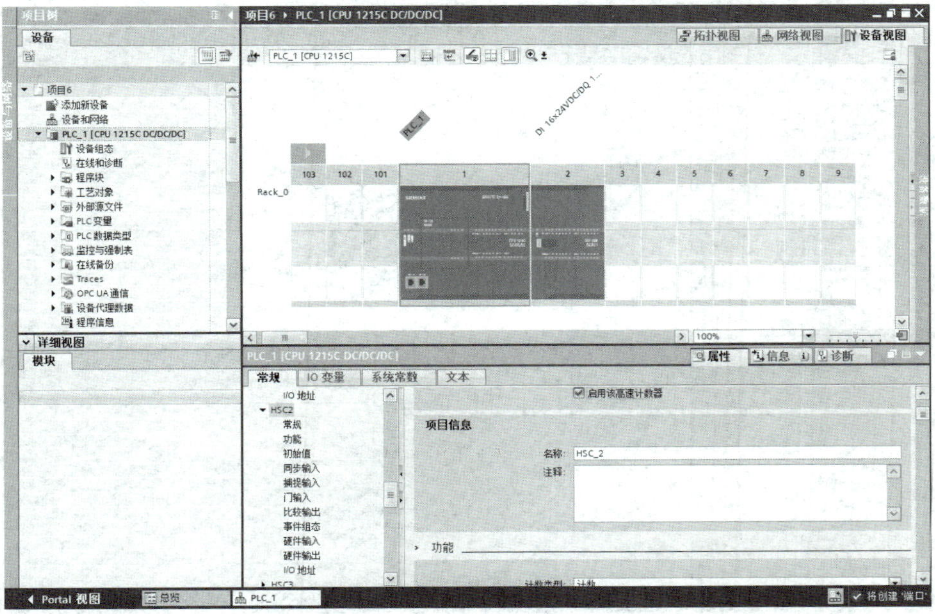

图 6－26　启用高速计数器

在“功能”栏中，设置“计数类型”为“计数”、“工作模式”为“A/B 计数器”、“初始计数方向”为“加计数”。高速计数器功能设置如图 6-27 所示。

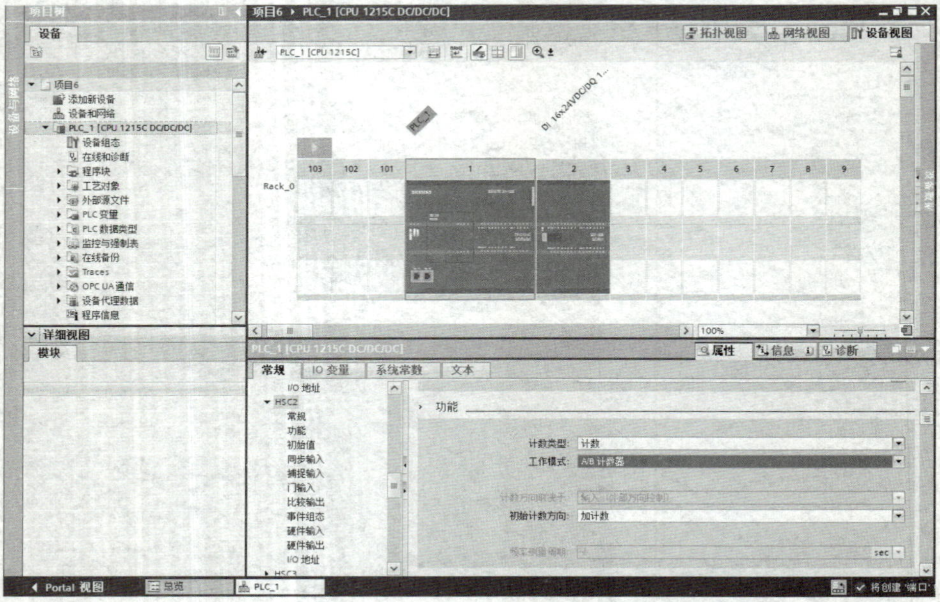

图 6-27　高速计数器功能设置

在“初始值”栏中，将“初始计数器值”“初始参考值”“初始参考值 2”设置为“0”。初始值设置如图 6-28 所示。

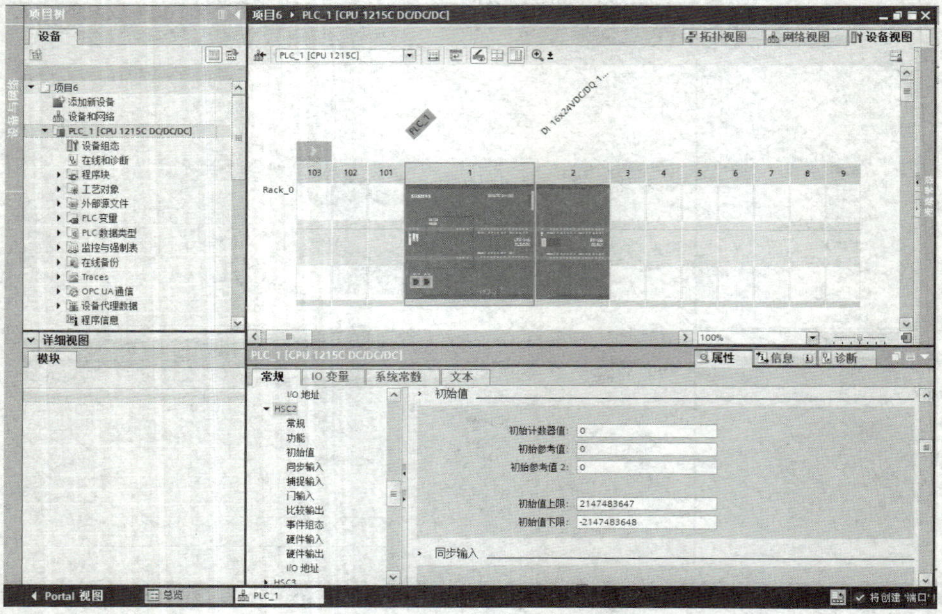

图 6-28　初始值设置

在“同步输入”“捕捉输入”“门输入”栏中使用默认设置（图 6-29）。

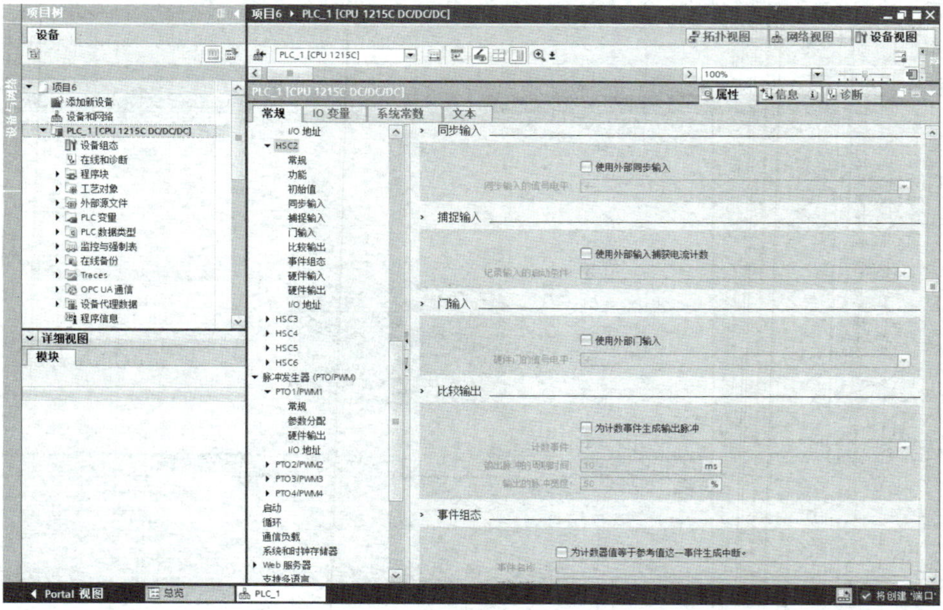

图 6-29　其他输入设置

在“硬件输入”栏中，设置“时钟发生器 A 的输入”为“%I0.4”，设置“时钟发生器 B 的输入”为“%I0.3”。时钟发生器设置如图 6-30 所示。

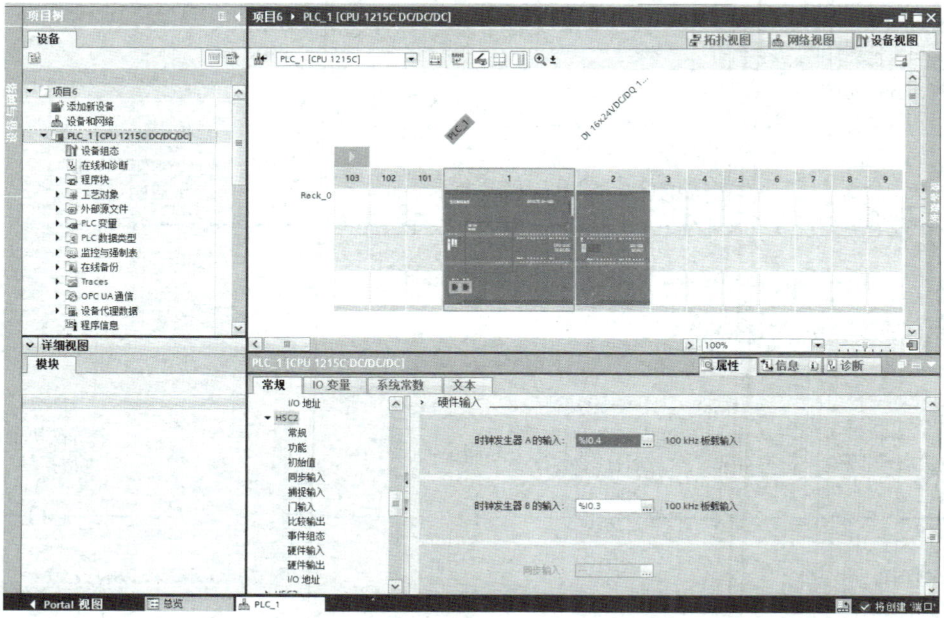

图 6-30　时钟发生器设置

“硬件输出”保持默认设置。

在“I/O 地址”栏中，可以设定“起始地址”，系统提供默认值“1004”，如图 6－31 所示。

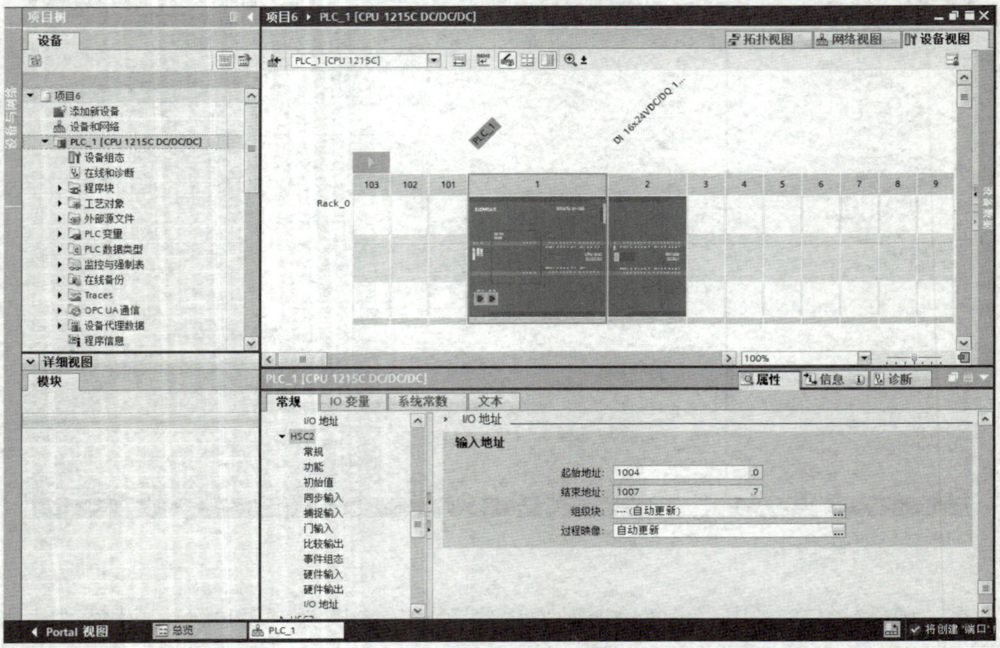

图 6－31　输入地址

3. 建立程序

网络1：分拣初始状态

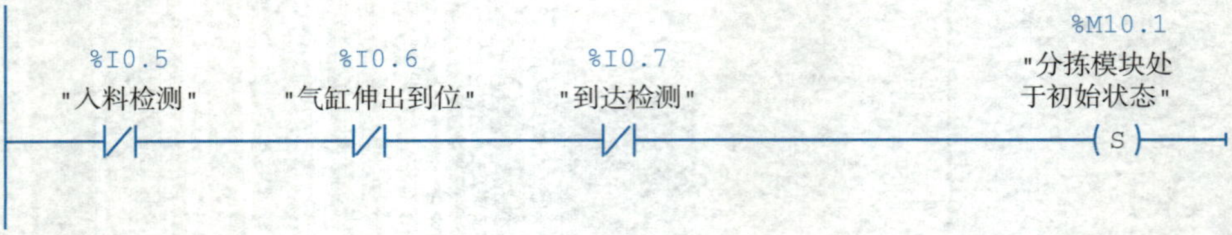

网络2：

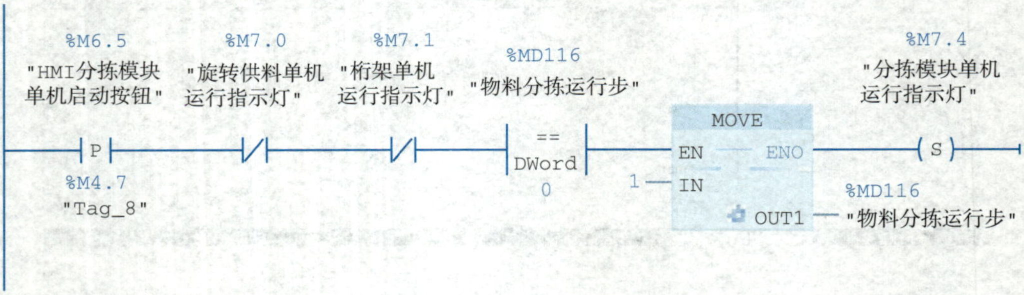

网络3：分拣模块初始步

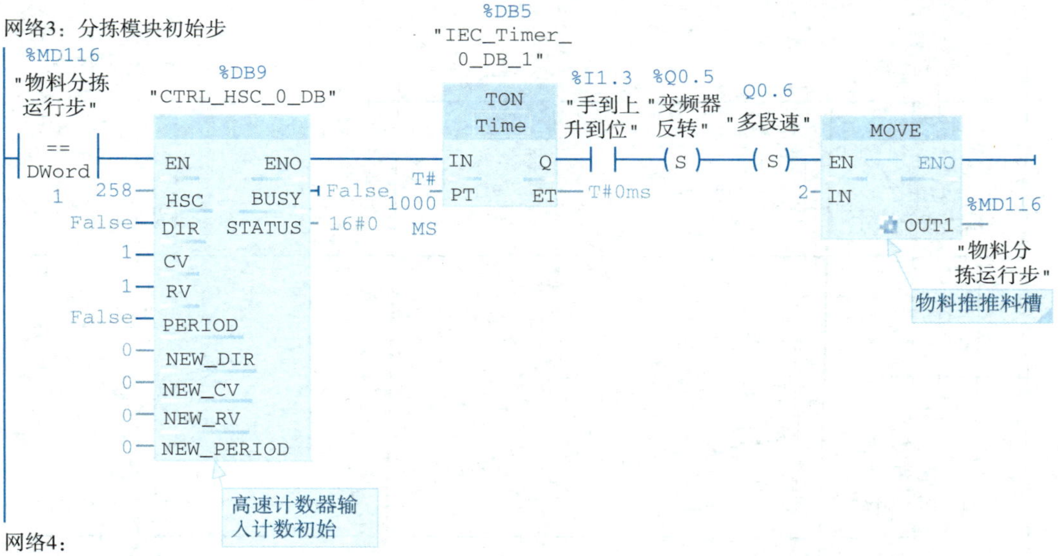

网络4：

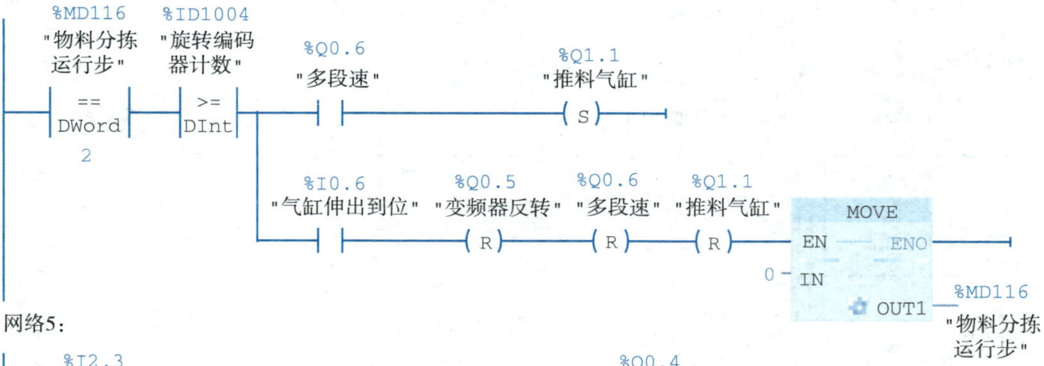

网络5：

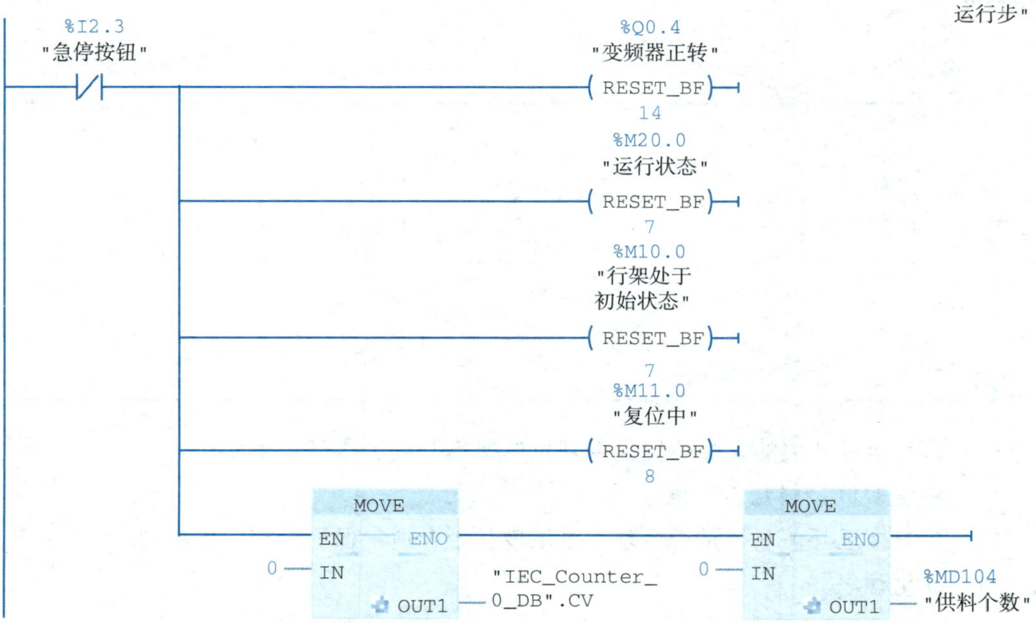

网络6：

网络7：

网络8：

网络9：

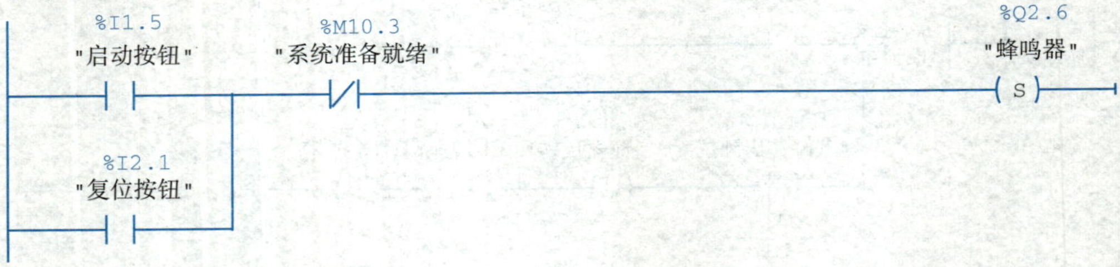

网络10：

6.3.4 安装与调试

（1）检查接近开关的安装位置是否到位，接近开关工作是否正常。

（2）检查 I/O 接线是否正确。

（3）检查接近开关安装是否合理，灵敏度是否合适，保证检测的可靠性。

（4）优化程序。

> **问题与思考**
>
> (1) 检查气动连线、传感器接线、I/O 检测及故障排除方法有哪些？
>
> (2) 如果在加工过程中出现意外情况应该如何处理？
>
> (3) 如果采用网络控制如何实现？
>
> (4) 分拣模块时可能会出现的问题有哪些？

6.4　项目拓展

项目 3、项目 5 探究了信捷触摸屏与 S7-1200 通信、按钮及指示灯应用的相关内容。现在我们以西门子 S7-1200 PLC 通信实现本项目中分拣模块控制系统画面工程。

6.4.1　触摸屏画面部件应用

1. 通过文字串给指示灯做备注

(1) 单击菜单栏“部件（P）/文字（T）/文字串（T）”或部件栏“A”图标，移动光标至画面中，单击鼠标左键放置，单击鼠标右键或通过“ESC”键取消放置。通过边界点进行文字串边框长度、高度的修改。

(2) 双击“文字串”，或选中“文字串”后单击鼠标右键，选择“属性”进行属性设置。

(3) 文字串显示设置，如图 6－32 所示。

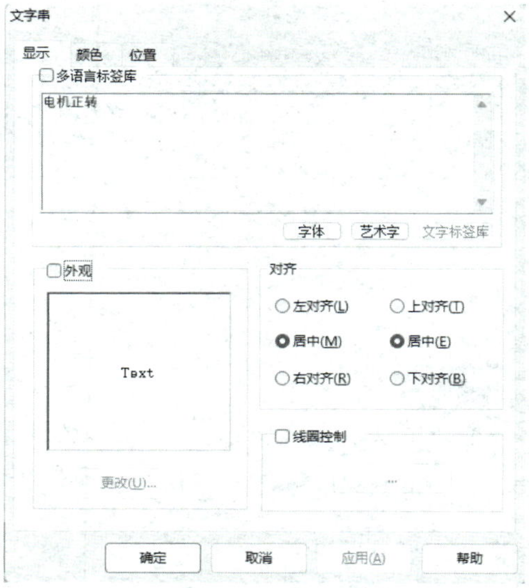

图 6－32　文字串显示设置

（4）多语言标签库：设置文字串显示内容时是否要使用多语言显示。

（5）内容：不使用多语言显示时，输入显示文字串内容。

（6）字体：不使用多语言显示时，设置显示文字串的字体、字形和大小如图 6－33 所示。

（7）艺术字：设置显示文字串字体的艺术风格。

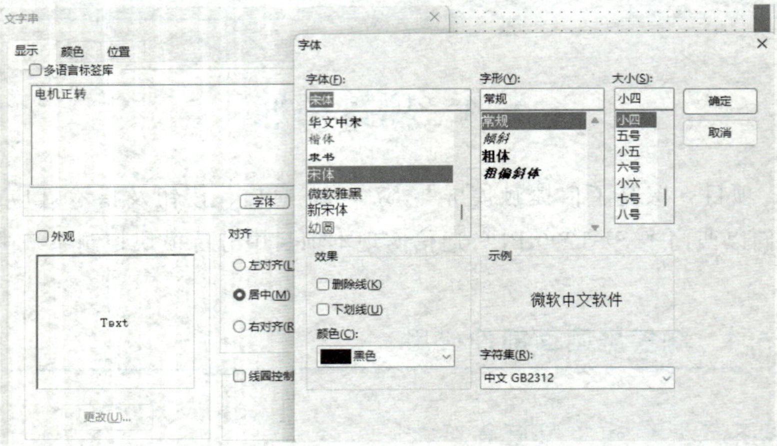

图 6－33　文字串字体显示设置

注意

根据自己备注部件大小选择合适字体、字形和大小。

（8）对文字串指示灯进行备注：将文字串内容字体、大小设置完成后，将文字串用鼠标移动到合适的位置，如图 6－34 所示。

图 6－34　文字串指示灯备注

2. 数据显示框

（1）单击菜单栏“部件（P）/显示（D）/数据显示（D）”或部件栏“▬”图标，移动光标至画面中，单击鼠标左键放置，单击鼠标右键或通过“ESC”键取消放置。

（2）双击“数据显示”，或选中“数据显示”后单击鼠标右键，选择“属性”进行属性设置。

（3）数据显示对象设置，如图 6-35 所示。

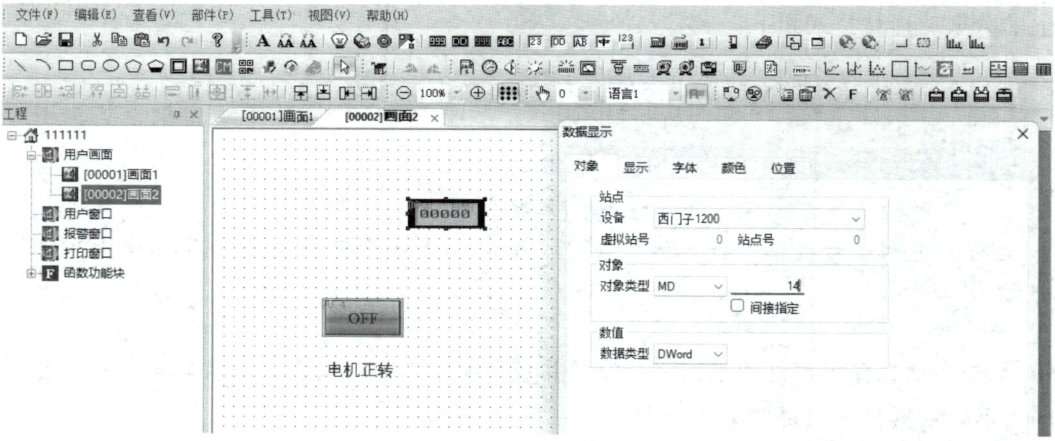

图 6-35　数据显示对象设置

（4）设备：当前进行通信的设备口选择西门子 1200。

（5）站点：对于通信设备地址号，以太网通信不需要选择。

（6）对象：设置寄存器对象类型及地址，选择 MD14。

（7）数据类型：有单字和双字两种，与 PLC 操作数据类型要保持一致，本例选择双字 32 位。如果是浮点数必须设置数据类型为双字（DW）。

（8）数据显示对象设置，如图 6-36 所示。

（9）类型：选择数据显示格式，可以是十进制、十六进制、浮点数和无符号数（根据 PLC 数据选项，本例选择无符号数）。

图 6-36　数据显示对象设置

（10）长度：数据显示的总位数和小数位长度设置，单字（Word）位数最大为5，双字（DW）整数部分位数最大为10。

（11）外观：选择是否需要数据显示边框，可通过“更改”键进行外观修改；选择库1的外观，除文字颜色外，不支持修改其他颜色；

（12）比例转换：显示数据由寄存器中的原始数据经过换算后而获得，选择此项功能需设定数据源和输出结果的上限和下限，上限和下限可以为常数，也可以由数据寄存器指定；数据源为下位通信设备中的数据，结果为经过比例转换后显示在人机界面上的数据。计算公式如下：

$$\text{比例转换后结果}=\frac{B1-B2}{A1-A2}\times（\text{数据源数据}-A2）+B2$$

注意

比例转换后结果类型为十进制或无符号数时，四舍五入；显示格式必须设置为十进制；对数据进行比例转换时，请先设置好上限和下限，再输入待转换数据。

（13）数据显示框外观根据需求设置并且用文字串进行备注；设置转换比例后出现输入框，数据显示设置如图6-37所示。

图6-37 数据显示设置

注意

将转换比例设置为1000∶1，是因为触摸屏上要显示定时器的计时时间单位是（秒，s），在PT中时间单位是毫秒（ms），1 s=1000 ms，所以我们要在触摸屏程序里把输入定时器时间缩短为原来的1/1000。

6.4.2　任务页面制作

下面我们进行项目 6 中的画面设计，其中与 PLC 对应的触发信号对象类型以及地址如下：

“启动按钮”触发信号对象类型以及地址为 M6.5；

“停止按钮”触发信号对象类型以及地址为 M6.6；

“运行指示”触发信号对象类型以及地址为 M7.4；

“停止指示”触发信号对象类型以及地址为 M7.5；

“电机正转”触发信号对象类型以及地址为 Q0.4；

“电机反转”触发信号对象类型以及地址为 Q0.5；

“推料气缸伸出”触发信号对象类型以及地址为 Q1.1；

“多段速 1”触发信号对象类型以及地址为 Q0.6；

“多段速 2”触发信号对象类型以及地址为 Q0.7；

“多段速 3”触发信号对象类型以及地址为 Q1.1；

“入料检测”触发信号对象类型以及地址为 I0.5；

“伸出检测”触发信号对象类型以及地址为 I0.6；

“到达检测”触发信号对象类型以及地址为 I0.7；

“定时器时间”触发信号对象类型以及地址为 MD14。

项目 6 设置完成的整体画面如图 6-38 所示。

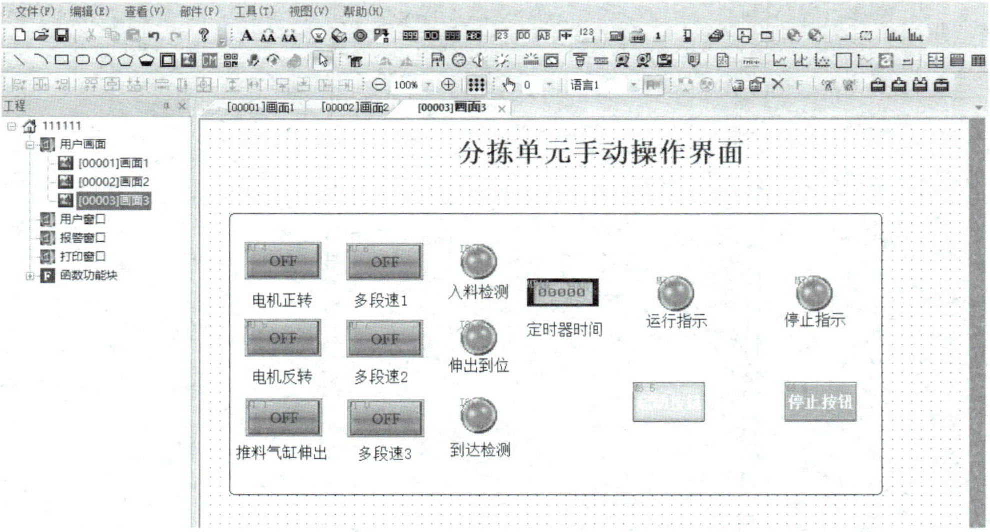

图 6-38　项目 6 设置完成的整体画面

项目7

可编程控制器技能考核综合练习

【课件】

可编程控制器

技能考核综合练习

【微课】

可编程控制器技能

考核综合练习

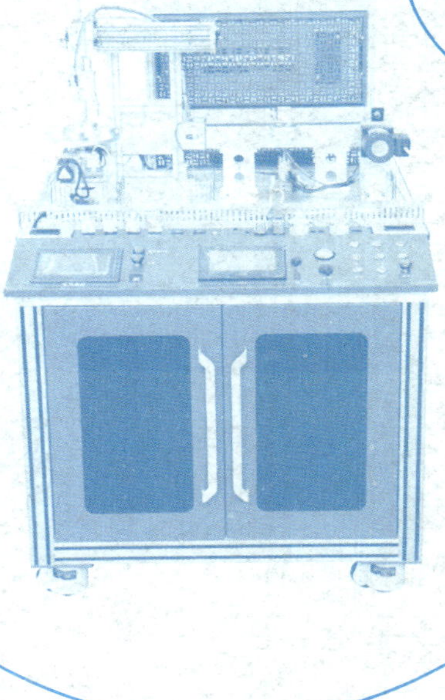

项目学习目标

知识目标：

掌握交通信号灯的控制原理，进一步学习西门子 S7-1200 的程序编写方法。

技能目标：

通过对程序编写、调试、接线、通电、排除故障等操作的学习，提高学生的实操水平和探究能力。

职业素养目标：

让学生边学边练，体验学习的充实与快乐，在团队协作中互相交流促进，增强学生的合作意识与创新能力。

课程思政目标：

贴近工作环境，让学生践行自动化工作领域的职业精神和职业规范，增强职业责任感，培育新时代的技能型人才。

7.1　项目背景

在每个城市的十字路口，四面都悬挂着红、黄、绿三色交通信号灯，它是不出声的“交通警察”。有了它的指挥，我们的城市变得更加有秩序，交通事故率明显减少，人和货物的运输效率得到了很大的改善。

7.2　考核要求

7.2.1　考核模块与分值配比

考核模块与分值配比见表 7－1 所列。

表 7－1　考核模块与分值配比

考核模块	工作任务	分值占比/%
可编程控制器系统基础接线模块	1.1　输入回路连接	30
	1.2　输出回路连接	
	1.3　外围设备连接	
可编程控制器系统编程与调试模块	2.1　可编程控制器参数配置	60
	2.2　人机界面参数配置	
	2.3　扩展模块参数配置	
	3.1　可编程控制器基本逻辑指令编程	
	3.2　可编程控制器应用指令编程	
	3.3　人机界面编程	
	4.1　I/O 口连接调试	
	4.2　人机界面调试	
	4.3　简单控制系统调试	
职业素养		10

7.2.2　考核时间

本场考试限时 120 分钟，请考生在规定时间内完成任务考题。

7.2.3　职业素养

(1) 初级技能实操考核主要考查考生的基础逻辑编程能力及安全操作规范等内容。

（2）考生应爱惜考核场地的设备和器材，减少耗材的浪费。

（3）考生应保持工作台及附近区域干净整洁。

（4）考核过程中如有异议，可向现场考评人员反映，不得扰乱考核场地秩序。

（5）遵守考场纪律，尊重考评人员，服从安排。

7.2.4 注意事项

（1）考生在考核过程中应该遵守相关的规章制度和安全守则，若有违反则按照相关规定和考核评分表细则，扣除相应分数。

（2）如使用纸质试卷，考生应在试卷指定位置填写工位号及考核场次，考生不得将试卷带出考场。若试卷印刷不清晰，考生应及时向考评人员反映，由考评人员更换试卷。

（3）因接线、编程错误而造成设备发生不可逆损坏，考评员有权按照相关规定和考核评分表细则，扣除相应分数。

（4）考生应在 120 分钟内完成试卷要求的内容，试卷满分为 100 分。

（5）考试过程中，禁止夹带、传递等任何考试作弊行为。

7.3 任务要求

7.3.1 可编程控制器系统连接

1. 系统主电路连接

正确连接各电气设备电源线路，正确登录实训考核系统，以脉冲的控制方式进行伺服系统的连接，使可编程控制器等器件能够正常上电且不报错。

2. 系统控制电路连接

要求按钮开关可以通过可编程控制器控制指示灯点亮和熄灭，同时，传感器可以通过可编程控制器控制指示灯熄灭。

7.3.2 可编程控制器系统编程与调试

1. 控制要求

（1）当按下启动按钮之后，信号灯控制系统开始进入运行状态。

（2）东、西红灯亮 15 s（可设），在东、西红灯亮的同时南、北绿灯也亮，并维持 10 s（可设）。

（3）10 s 后，南、北黄灯闪烁，维持 5 s（可设）。

(4) 5 s后，南、北黄灯熄灭，南、北红灯亮，同时东、西红灯熄灭，绿灯亮。

(5) 南、北红灯亮并维持15 s（可设）。东、西绿灯维持10 s（可设），东、西黄灯闪烁，维持5 s（可设）后熄灭。这时东、西红灯亮，南、北绿灯亮。

(6) 所有需要闪烁的灯闪烁速率为1 s循环，即0.5 s亮0.5 s灭，系统运动中不断循环步骤（1）～步骤（5）。

(7) 在运行状态下，按下强制按钮后，当前状态灯开始闪烁，到红灯后闪烁停止；原红灯亮的继续；再次按下强制按钮后，全部信号灯熄灭。

(8) 在运行状态下，按下停止按钮后，所有灯开始向红灯闪烁流程运行，再次按下停止按钮后，全部信号灯熄灭。

(9) 在运行状态下，按下畅通运行按钮，所有灯向黄灯闪烁流程运行，并持续保持黄灯闪烁；再次按下畅通运行按钮后，全部信号灯熄灭。

强制按钮、停止按钮、通畅运行按钮三个按钮相互独立，互不影响（即按下强制按钮后，再按下停止按钮、畅通运行按钮，无反应）。

2. 人机界面设计要求

(1) 触摸屏设有启动按钮、强制按钮、停止按钮、通畅运行按钮，且按钮按下与否有明显区别。

(2) 显示交通信号灯当前所处的工作状态，要做到只看触摸屏也能知道交通信号灯的实时状态。

(3) 倒计时显示东、西、南、北所有灯亮时间，单位为s，精确到1 s，且相关时间可设置。

如图7-1所示为交通灯显示页面，如图7-2所示为交通灯控制及时间设定页面。

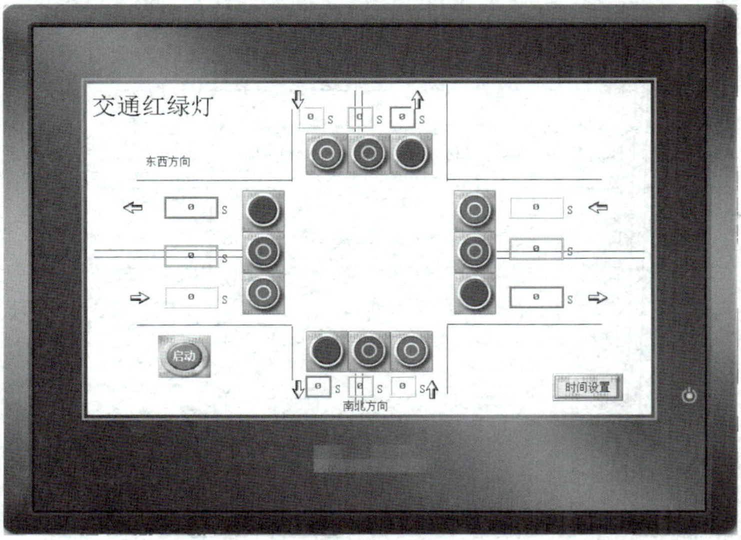

图7-1 交通灯显示页面

页面仅供参考，考生可根据实际情况，合理优化人机界面。

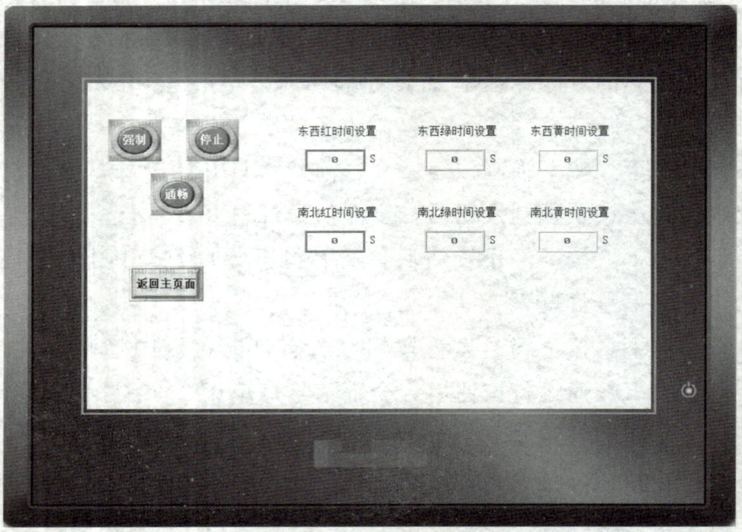

图 7－2　交通灯控制及时间设定页面

7.4　任务实施

程序示例：

网络1：

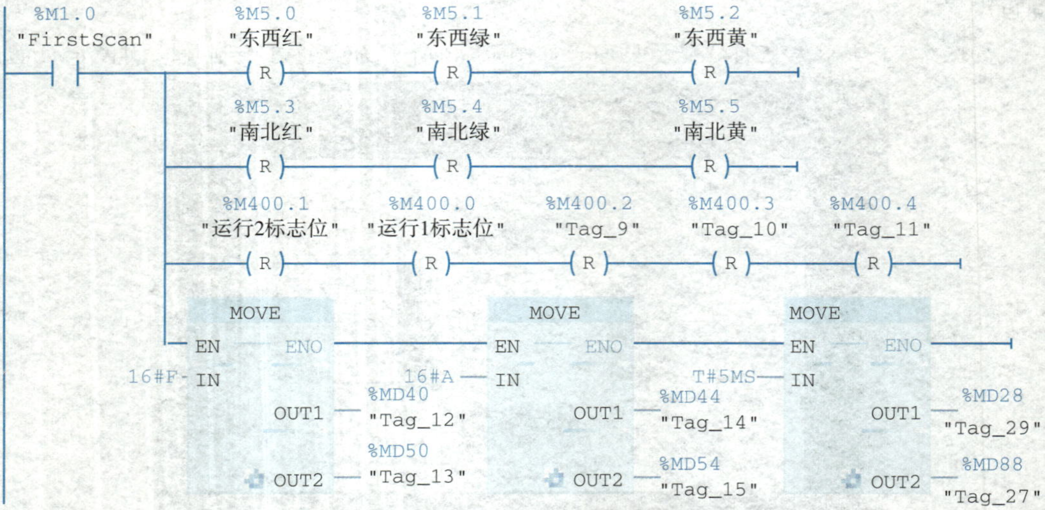

网络2：

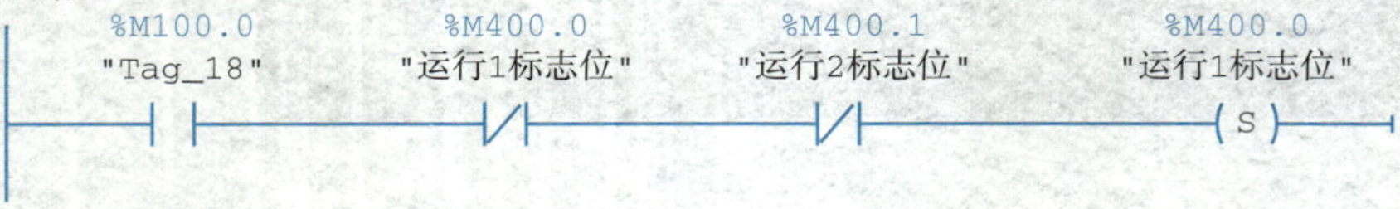

网络3:

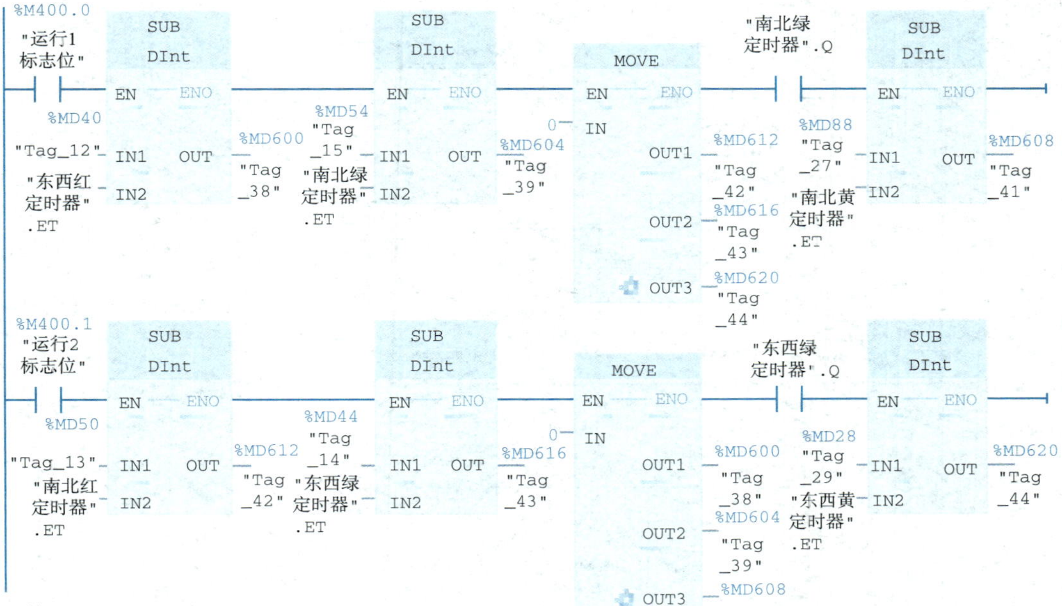
%M400.0
"运行1
标志位"
SUB
DInt
EN
ENO
%MD40
"Tag_12"
IN1
OUT
"东西红
定时器"
.ET
IN2
%MD600
"Tag
_38"
%MD54
"Tag
_15"
"南北绿
定时器"
.ET
MOVE
IN
OUT1
OUT2
OUT3
%MD604
"Tag
_39"
%MD612
"Tag
_42"
%MD616
"Tag
_43"
%MD620
"Tag
_44"
"南北绿
定时器".Q
%MD88
"Tag
_27"
"南北黄
定时器"
.ET
%MD608
"Tag
_41"
%M400.1
"运行2
标志位"
%MD50
"Tag_13"
"南北红
定时器"
.ET
%MD44
"Tag
_14"
"东西绿
定时器"
.ET
"东西绿
定时器".Q
%MD28
"Tag
_29"
"东西黄
定时器"
.ET

网络4:

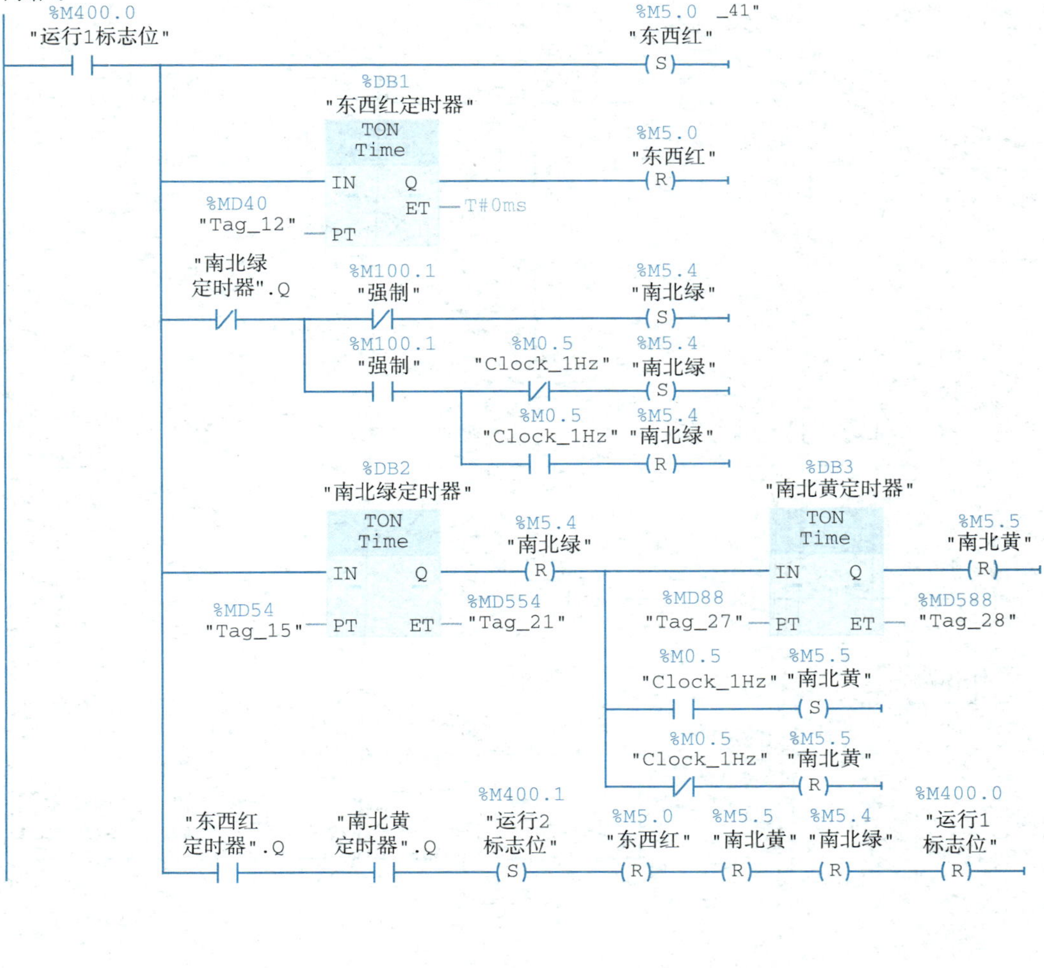
%M400.0
"运行1标志位"
%M5.0
"东西红"
S
%DB1
"东西红定时器"
TON
Time
IN
Q
ET
PT
T#0ms
R
%MD40
"Tag_12"
"南北绿
定时器".Q
%M100.1
"强制"
%M5.4
"南北绿"
%M0.5
"Clock_1Hz"
%DB2
"南北绿定时器"
%MD54
"Tag_15"
%MD554
"Tag_21"
%DB3
"南北黄定时器"
%MD88
"Tag_27"
%MD588
"Tag_28"
%M5.5
"南北黄"
"东西红
定时器".Q
"南北黄
定时器".Q
%M400.1
"运行2
标志位"
%M400.0
"运行1
标志位"

网络5：

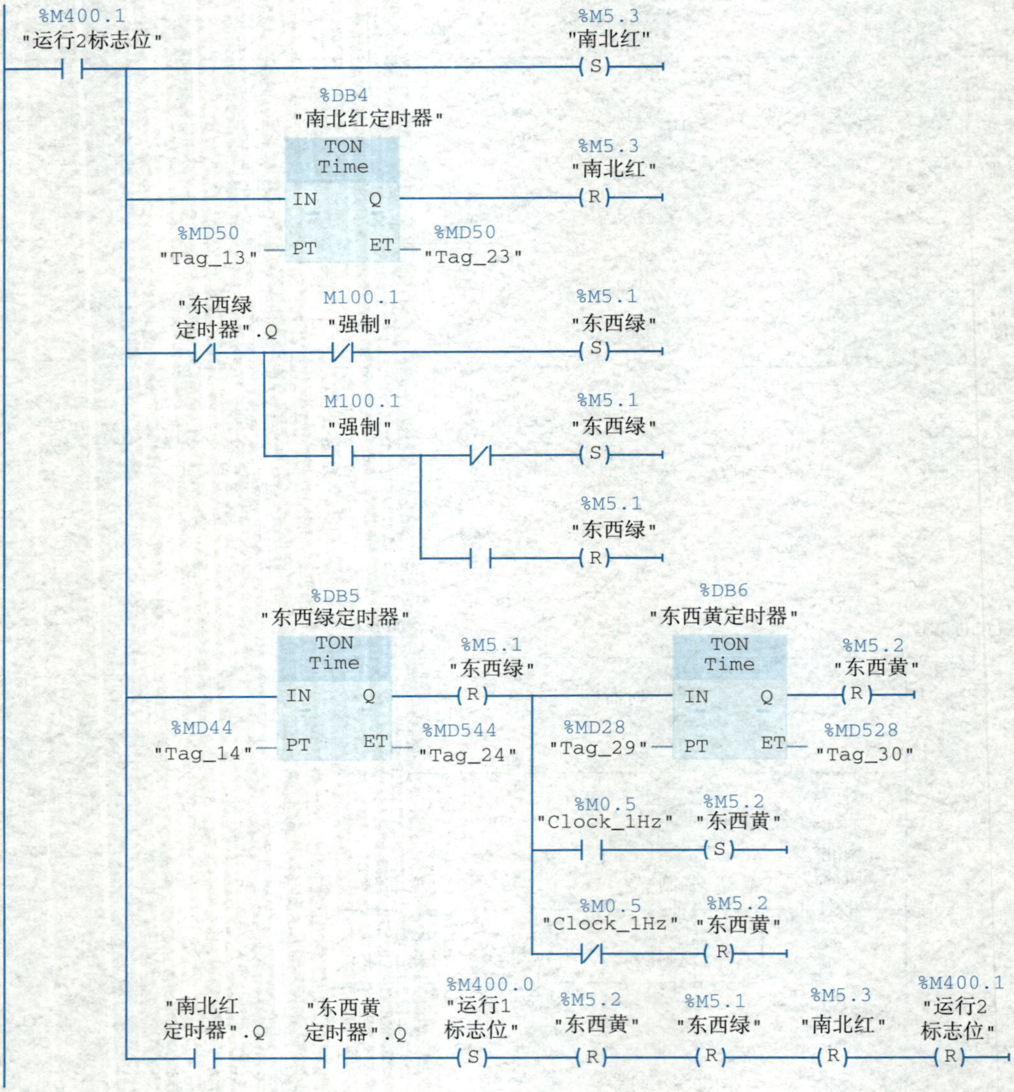
%M400.1
"运行2标志位"
%M5.3
"南北红"
S
%DB4
"南北红定时器"
TON
Time
IN
Q
PT
ET
%M5.3
"南北红"
R
%MD50
"Tag_13"
%MD50
"Tag_23"
"东西绿
定时器".Q
M100.1
"强制"
%M5.1
"东西绿"
S
M100.1
"强制"
%M5.1
"东西绿"
S
%M5.1
"东西绿"
R
%DB5
"东西绿定时器"
TON
Time
IN
Q
PT
ET
%M5.1
"东西绿"
R
%DB6
"东西黄定时器"
TON
Time
IN
Q
PT
ET
%M5.2
"东西黄"
R
%MD44
"Tag_14"
%MD544
"Tag_24"
%MD28
"Tag_29"
%MD528
"Tag_30"
%M0.5
"Clock_1Hz"
%M5.2
"东西黄"
S
%M0.5
"Clock_1Hz"
%M5.2
"东西黄"
R
"南北红
定时器".Q
"东西黄
定时器".Q
%M400.0
"运行1
标志位"
S
%M5.2
"东西黄"
R
%M5.1
"东西绿"
R
%M5.3
"南北红"
R
%M400.1
"运行2
标志位"
R

网络6：

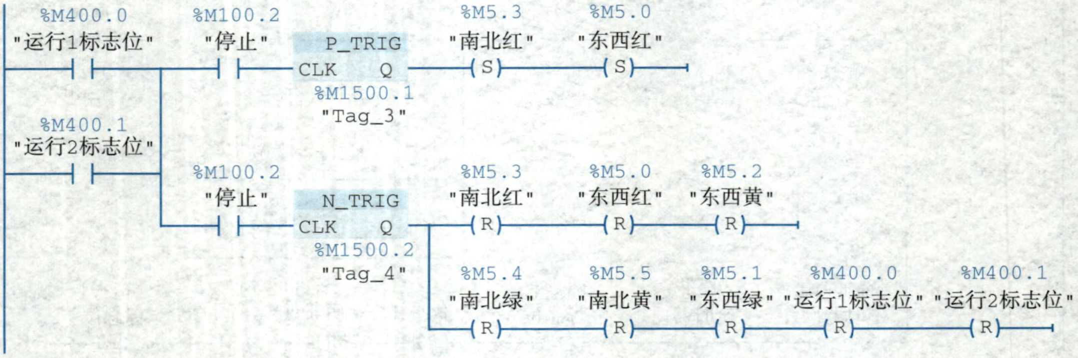
%M400.0
"运行1标志位"
%M100.2
"停止"
P_TRIG
CLK
Q
%M1500.1
"Tag_3"
%M5.3
"南北红"
S
%M5.0
"东西红"
S
%M400.1
"运行2标志位"
%M100.2
"停止"
N_TRIG
CLK
Q
%M1500.2
"Tag_4"
%M5.3
"南北红"
R
%M5.0
"东西红"
R
%M5.2
"东西黄"
R
%M5.4
"南北绿"
R
%M5.5
"南北黄"
R
%M5.1
"东西绿"
R
%M400.0
"运行1标志位"
R
%M400.1
"运行2标志位"
R

网络7:

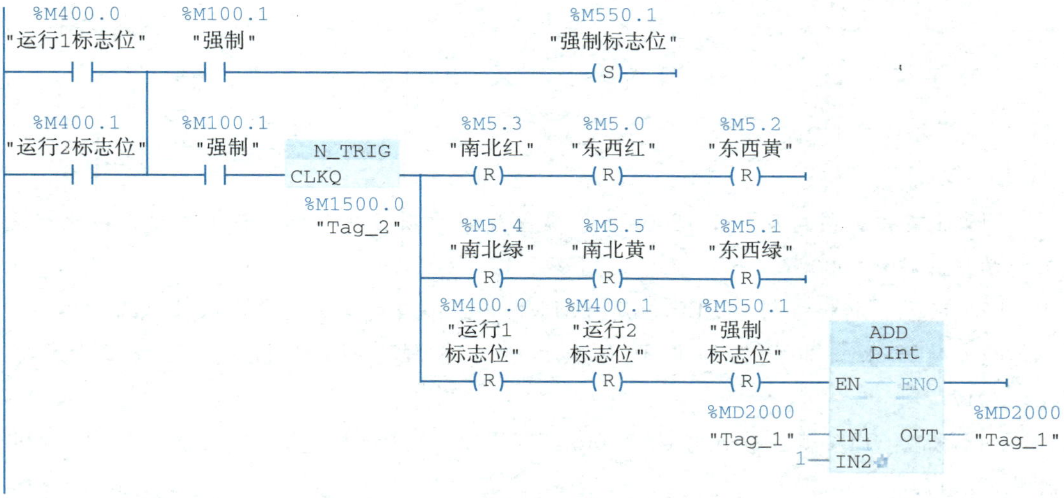

网络8:

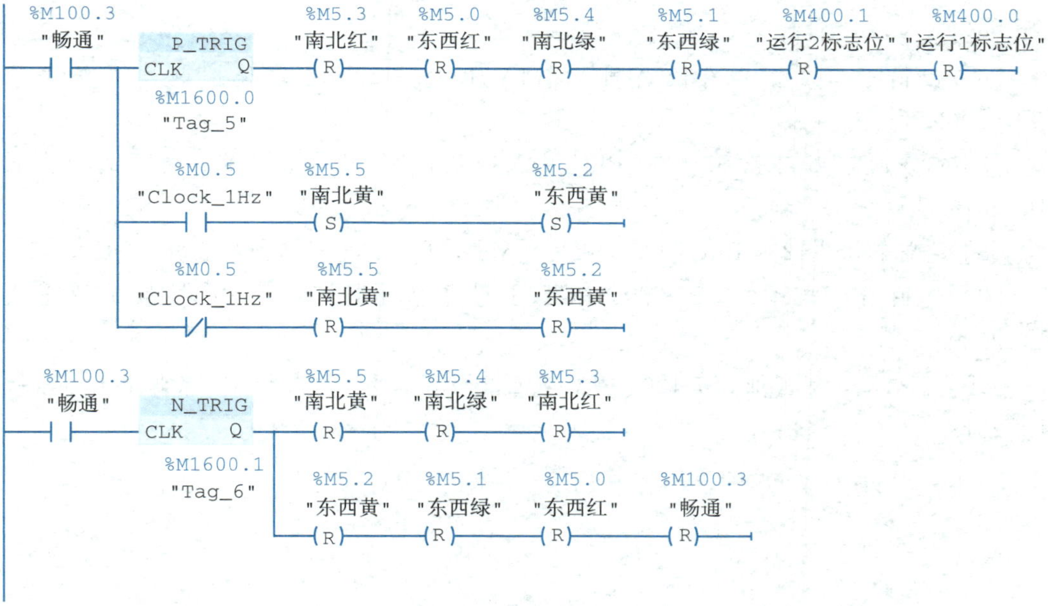

网络9:

【课件】

桁架搬运模块系统实训

参考文献

[1] 张安洁，应再恩．S7-1200 PLC编程与调试项目化教程［M］．北京：北京理工大学出版社，2020.

[2] 许强．电气控制与PLC应用［M］．北京：北京理工大学出版社，2022.

[3] 侍寿永．电气控制与PLC技术应用教程［M］．北京：机械工业出版社，2017.

[4] 张硕．TIA博途软件与S7-1200/1500 PLC应用详解［M］．北京：电子工业出版社，2017.

[5] 廖常初．S7-1200 PLC编程及应用［M］．4版．北京：机械工业出版社，2021.

[6] 西门子（中国）有限公司．SIMATIC S7-1200可编程控制器系统手册［Z］，2009.

[7] 李方园．西门子S7-1200 PLC从入门到精通［M］．北京：电子工业出版社，2018.

[8] 姚晓宁．S7-1200 PLC技术及应用［M］．北京：电子工业出版社，2018.

[9] 赵丽君，路泽永．S7-1200 PLC应用基础［M］．北京：机械工业出版社，2020.

[10] 于福华，熊国灿．S7-1200 PLC项目化教程［M］．北京：北京邮电大学出版社，2018.